地质勘查与资源利用

王金山　邢文进　周伟伟 ◎著

吉林科学技术出版社

图书在版编目(CIP)数据

地质勘查与资源利用 / 王金山，邢文进，周伟伟著
. -- 长春 : 吉林科学技术出版社，2022.4
ISBN 978-7-5578-9311-8

Ⅰ. ①地… Ⅱ. ①王… ②邢… ③周… Ⅲ. ①地质勘
探－基本知识②地质－资源利用－基本知识 Ⅳ.
①P624②P5

中国版本图书馆 CIP 数据核字(2022)第 072671 号

地质勘查与资源利用

著	王金山 邢文进 周伟伟
出 版 人	宛 霞
责任编辑	钟金女
封面设计	北京万瑞铭图文化传媒有限公司
制 版	北京万瑞铭图文化传媒有限公司
幅面尺寸	185mm×260mm
开 本	16
字 数	277 千字
印 张	13
印 数	1－1500 册
版 次	2022年4月第1版
印 次	2022年4月第1次印刷

出 版	吉林科学技术出版社
发 行	吉林科学技术出版社
地 址	长春市南关区福祉大路5788号出版大厦A座
邮 编	130118
发行部电话/传真	0431-81629529　81629530　81629531
	81629532　81629533　81629534
储运部电话	0431-86059116
编辑部电话	0431-81629510
印 刷	廊坊市印艺阁数字科技有限公司

书 号	ISBN 978-7-5578-9311-8
定 价	68.00元

前言

在经济的不断发展进程中，地质矿产资源的勘查与开发利用在经济建设中占据的地位非常重要。但目前地质矿产勘查与开发工作也面临着诸多问题，直接影响着地质矿产的开发质量。因此，很有必要分析探究当前矿产资源勘查开发与利用中存在的主要问题，并提出有效的解决措施，助力我国矿产地质资源勘查与开发工作。

科学技术是第一生产力。近几年来，我国政府从国家层面特别强调以产业需求为导向，以行业应用为重点，全面推进高新技术的发展。实施创新驱动发展战略，把科技创新放在国家发展全局的核心位置；要坚持走中国特色的自主创新道路，以全球视野谋划和推动科技创新，提高原始创新、集成创新和引进消化吸收再创新能力。

为了给地质科技发展提供决策依据，需要在实施创新驱动基础上，面向地质工作的业务需求，深入进行战略研究。本书根据科技发展趋势、我国技术发展现状以及地质工作对科技发展的新要求，对地质勘查高新技术的发展趋势做出了一些理性的战略性、前瞻性判断，研究制定了未来重要技术的发展目标与路线图，厘清了其中的核心问题和关键性技术问题以及实施路径，为今后地质勘查技术发展的科学决策与项目部署提供了依据，为我国地质工作高新技术的发展奠定了基础。本书重视知识结构的系统性和先进性。在撰写上突出以下特点：第一，内容丰富、详尽、系统、科学。第二，实践操作与理论探讨齐头并进，结构严谨，条理清晰，层次分明，重点突出，通俗易懂，具有较强的科学性、系统性和指导性。

在本书的策划和编写过程中，曾参阅了大量国内外有关的文献和资料，从中得到启示；同时也得到了有关领导、同事、朋友及学生的大力支持与帮助。在此致以衷心的感谢！本书的选材和编写还有一些不尽如人意的地方，加上编者学识水平和时间所限，书中难免存在缺点和谬误，敬请同行专家及读者指正，以便进一步完善提高。

目录

第一章 地质的基础理论

第一节 地球及物质组成

一、地壳结构

根据地壳组成物质的差异，又可将地壳分为两层，上层叫硅铝层，下层叫硅镁层。

硅铝层又称花岗岩质层，包括沉积岩层和花岗岩层。前者指分布于地壳表层的未固结或已固结的各种沉积岩，该层是地球外力作用最显著的地带，物质组成极为多样，构造形态和地貌形态也非常复杂。花岗岩层是指平均化学组分和花岗岩成分相似的一层，地震波在此层中的传播速度也与在花岗岩中的传播速度相近似，所以用分布最广的花岗岩为代表。硅铝层在地壳上部不连续分布，厚 0 ~ 22 km，在陆地上较厚，在海洋底部较薄或缺失。该层的化学成分以 Si、Al 为主，密度较小，平均为 2.7 g/cm³，放射性高。

硅镁层又称为玄武岩层，因为它的平均化学组分和玄武岩相似，所以用分布最广的玄武岩为代表。硅镁层是硅铝层下面、位于地壳下部、成连续分布的一层，以莫霍面为下界，厚度在各地不等，大陆地区可达 30 km 厚，在海洋底部则仅厚 5 ~ 8 km。该层化学成分中 Mg、Fe 相对增多，密度为 2.7 ~ 2.9 g/cm³，压力可达 9 000 MPa，温度在 1 000 ℃ 以上。

大陆型地壳和海洋型地壳有很多不同之处。大陆型地壳的厚度较大，在玄武岩层之上有很厚的沉积岩层（有些地方缺失）和花岗岩层，即双层结构；而海洋型地壳的厚度较小，在玄武岩层上只有很薄的或者根本没有花岗岩层，大部分是单层结构。地壳厚度的差异和花岗岩层的不连续分布形成了地壳结构的主要特点。由于地壳物质在水平和垂直方向的不均匀性，势必导致地壳经常进行物质的重新分配调整（物质移动），这是引起地壳运动的因素之一。

二、地壳的物质组成

地球的表面由海洋（约占 60%）、山丘（约占 30%）和平原（约占 10%）组成，其下部由未风化的基岩岩石构成，上部由风化的岩石组成。因此，广义上讲，地壳是由岩石组成的，看到的尘土和耕地土壤只是岩石风化和形成过程中的一种表现而已。

地壳在 0 ~ 33 km 内，无论是地壳的上层——花岗岩质层，或是地壳的下层——玄武岩质层，都是由多种类型的岩石组成的。前者以花岗岩等花岗岩质岩石为代表，按照成因，可将构成地壳的岩石归纳起来分为岩浆岩、沉积岩和变质岩三大类。当人们对岩石进行仔细观察时，就会发现岩石是由许多细小的颗粒组成的，这些细小的颗粒就是矿物。例如：花岗岩之所以五彩缤纷，就是由于它是由无色石英、灰白色斜长石、肉红色正长石和黑色云母等许多种矿物组成的。

另外，有些岩石如大理石主要是由一种粒状方解石组成的。可见岩石是矿物的集合体，它可由单种矿物组成，也可由多种矿物组成。通过对矿物进行化学分析，便可发现它是由各种自然元素或自然化合物组成的，如金刚石是由一种自然元素（碳）组成的、石英是由硅和氧两种元素形成的化合物组成的等。由此可见，地壳是由岩石组成的，岩石是由矿物组成的，矿物是由自然元素或自然化合物组成的，因此，化学元素是组成地壳的基本物质。这里着重介绍地壳的化学组成问题。

地壳中含有的化学元素达百余种，即元素周期表中所列的所有元素。它们在地壳中的分布情况，可以用它们在地壳中的平均质量分数来表示。

地壳中的化学元素，除少量以自然元素产出外，大部分以化合物的形式出现，其中以氧化物最为常见。

在地表分布最广的是硅和铝的氧化物，其次为铁、碱土金属和碱金属（钙、镁、钠、钾）的氧化物。因此，地壳中岩石的主要成分就是由这些氧化物和含氧盐类（如硅酸盐、铝硅酸盐等）构成的。

第二节 造岩矿物

矿物是地壳中各种地质作用的产物，是地壳中由一种或几种化学元素所组成的自然物体。由于自然界中化学元素及它们组合方式的多样性，以及地质作用的复杂性，因而所形成的矿物也是多种多样的。目前，自然界中已知的矿物有 2 000 多种，但其中最主要和最常见的不过百余种。常见矿物多数是几种元素的化合物，常见的有含氧矿物，如石英、磁铁矿、褐铁矿等；硅酸盐矿物，如正长石、云母、角闪石等；碳酸盐矿物，如方解石、白云石；硫酸盐矿物，如石膏、重晶石等。此外还有其他类型化学成分的矿物，如铁、铜、锌的硫化物。

矿物通常以固态存在地壳中，只有极少数是液态（如自然汞）和气态（如天然气、H_2S）。矿物具有一定的化学成分和内部结构，从而导致矿物具有一定的外表形态、物理性质和化学性质，根据每种矿物特有的外表形态和物理、化学性质，就可将矿物区分开来。

任何一种矿物都只有在一定条件下才是稳定的，当外界条件改变至一定程度时，原有矿物就要发生变化，同时生成新矿物。例如：黄铁矿在氧化条件下，就要发生变化生成褐铁矿，在另外的条件下褐铁矿又会脱水变为赤铁矿。因此，矿物的存在是和一定自然条件相联系的，一种矿物只是表示组成这种矿物的元素在一定地质作用过程中一定阶段的产物。

综上所述，矿物是自然元素在地壳中经各种地质作用形成的，在一定的地质条件下相对稳定的单质或化合物，它是组成地壳的肉眼可见的物体单位。

一、矿物的基本特征

（一）矿物的形态

矿物形态是指矿物的单体及同种矿物集合体的形状。在自然界中，矿物多数呈集合体出现，但是发育较好的具有几何多面体形状的晶体也不少见。晶体是原子、离子或分子按照一定的周期性在空间排列，在结晶过程中形成的具有一定规则几何外形的固体。

晶体形态是其成分、内部结构的外在反映，具有一定成分和内部结构的矿物具有一定的晶体形态特征。矿物形态也受外部生成环境的影响，即形态也可反映矿物形成的自然过程（成因）。

对于某一种具体矿物，其本身呈现的形态是由其内部构造决定的，但是自然界的矿物绝大多数呈不规则的外表形态，这是由于矿物结晶时受到许多因素控制，条件不适宜就不能形成完好的晶形，呈现不规则的形状。

影响晶体生长的主要外界因素是有足够的自由空间和充分的结晶时间。如果在一个有限的空间内，有许多个结晶中心同时快速结晶，它们必然互相争夺空间，结果矿物不能长成完好的晶形。在这种情况下，由于矿物内在因素的作用，它们的形态仍然具有一定的趋向性，一般称之为结晶习性。

（二）矿物的物理性质

每种矿物均具有一定的物理性质，它主要取决于矿物本身的化学成分与内部结构。矿物的物理性质包括光学性质（颜色、条痕、光泽）和解理、断口、密度、硬度等。

1. 颜色

矿物的颜色是多种多样的，主要取决于矿物的化学成分和内部结构，按矿物成色原因可分为自色、他色和假色。矿物固有的颜色比较稳定的称自色，如黄铁矿是铜黄色，橄榄石是橄榄绿色。矿物中混有杂质时形成的颜色称他色。他色不固定，与矿物本身性质无关，对鉴定矿物意义不大，如纯石英晶体是无色透明的，而当石英含有不同杂质时，就可能出现乳白色、紫红色、绿色、烟黑色等多种颜色。由于矿物内部裂隙或表面氧化膜对光的折射、散射形成的颜色称假色，如方解石解理面上常出现的虹彩。

2. 条痕

矿物在白色无釉的瓷板上划擦时留下的粉末痕迹色，称为条痕。条痕可消除假色，减弱他色，常用于矿物鉴定。例如：角闪石为黑绿色，条痕是淡绿色；辉石为黑色，条痕是浅绿色；黄铁矿为铜黄色，条痕是黑色；等等。

3. 光泽

光泽指矿物表面反射光线的能力。根据矿物平滑表面反射光的强弱，光泽可分为：

（1）金属光泽

指矿物平滑表面反射光强烈闪耀，如金、银、方铅矿、黄铁矿等。

（2）半金属光泽

指矿物表面反射光较强，如磁铁矿等。

（3）非金属光泽

一般造岩矿物多呈非金属光泽，根据反光程度和特征又可划分为：

金刚光泽：矿物平面反光较强，状若钻石，如金刚石。

玻璃光泽：状若玻璃板反光，如石英晶体表面。

油脂光泽：状若染上油脂后的反光，多出现在矿物凹凸不平的断口上，如石英断口。

珍珠光泽：状若珍珠或贝壳内面出现的乳白色彩光，如白云母薄片等。

丝绢光泽：出现在纤维状矿物集合体表面，状若丝绢，如石棉、绢云母等。

土状光泽：矿物表面反光暗淡如土，如高岭石和某些褐铁矿等。

4. 透明度

透明度指矿物透过可见光的程度。根据矿物透明程度，将矿物划分为透明矿物、半透明矿物和不透明矿物。大部分金属、半金属光泽矿物都是不透明矿物（如方铅矿、黄铜矿、磁铁矿）；玻璃光泽矿物均为透明矿物（如石英晶体和方解石晶体）；介于二者之间的矿物为半透明矿物，很多浅色的造岩矿物都是半透明矿物（如石英、滑石），用肉眼进行矿物鉴定时，应注意观察等厚条件下的矿物碎片边缘，用来确定矿物的透明度。

5. 硬度

硬度指矿物抵抗外力作用（如压入、研磨）的能力。由于矿物的化学成分和内部结构不同，其硬度也不相同，所以硬度是进行矿物鉴定的一个重要特征。

6. 解理

在外力敲打下沿一定结晶平面破裂的固有特性称为解理，开裂的平面称为解理面。由于矿物晶体内部质点间的结合力在不同方向上不均一，所以矿物的解理面方向和完全程度都有差异。如果某个矿物晶体内部几个方向上结合力都比较弱，那么这种矿物就具有多组解理（如方解石）。

根据矿物产生解理面的完全程度，可将解理分为四级：

（1）极完全解理

矿物极易裂开成薄片，解理面大而完整，平滑光亮，如云母。

（2）完全解理

矿物易沿三组劈开面裂开成块状、板状，解理面平坦光亮，如方解石。

（3）中等解理

矿物常在两个方向上出现两组不连续、不平坦的解理面，第三个方向上为不规则断裂面，如长石和角闪石。

（4）不完全解理

矿物很难出现完整的解理面，如橄榄石、磷灰石等。

7. 断口

不具有解理的矿物，在锤击后沿任意方向产生不规则断裂，其断裂面称为断口。常见的断口形状有贝壳状断口（如石英）、平坦状断口（如蛇纹石）、参差粗糙状断口（如黄铁矿、磷灰石等）、锯齿状断口（如自然铜等）。

8. 弹性、挠性、延展性

矿物受外力作用后发生弯曲变形，外力解除后仍能恢复原状的性质称为弹性，如云母的薄片具有弹性。矿物受外力作用发生弯曲变形，当外力解除后不能恢复原状的性质称为挠性。矿物能锤击成薄片或拉长成细丝的特性称为延展性，如自然金、自然银、自然铜。用小刀刻画时，这些矿物表面留下光亮的刻痕而不产生粉末。

二、主要造岩矿物及其特征

常见的主要造岩矿物有 20 多种。它们的共生组合规律及其含量不但是鉴定岩石名称的依据，而且显著地影响岩石的物理力学性质。准确地鉴定矿物需要借助偏光显微镜、电子显微镜等仪器，也可以用化学分析等方法。对于常见的造岩矿物可以用简易鉴定法（肉眼鉴定法）进行初步确定。简易鉴定法通常借助小刀、放大镜、条痕板等简易工具，对矿物进行直接观察测试。为了便于鉴定，现把常见的 18 种主要造岩矿物的鉴定特征说明如下。

（一）石英 SiO_2

石英是岩石中最常见的矿物之一。石英结晶常形成单晶或丛生为晶簇。纯净的石英晶体为无色透明的六方双锥，称为水晶。一般岩石中的石英多呈致密的块状或粒状集合体，通常为白色、乳白色，含杂质时呈紫红色、烟色、黑色、绿色等颜色，无条痕，晶面为玻璃光泽，块状和粒状石英为油脂光泽，无解理，断口呈贝壳状，硬度为 7，相对密度为 2.65。

（二）正长石 $KAlSi_3O_8$

正长石单晶为柱状或板状，在岩石中多为肉红色或淡玫瑰红色，条痕为白色，两组正交完全解理或一组完全解理和一组中等解理，粗糙断口，解理面为玻璃光泽，硬度为 6，相对密度为 2.54 ~ 2.57，常和石英伴生于酸性花岗岩中。

（三）斜长石 $Na（AlSi_3O_8）$ ~ $Ca（Al_2Si_2O_8）$

斜长石晶体多为板状或柱状，晶面上有平行条纹，多为灰白、灰黄色，条痕为白色，玻璃光泽，有两组近正交 86° 完全解理或一组中等解理和一组完全解理，粗糙断口，硬度为 6 ~ 6.5，相对密度为 2.61 ~ 2.75，常与角闪石和辉石共生于较深色的岩浆岩（如闪长岩、辉长岩）中。

（四）白云母 $KAl_2（AlSi_3O_{10}）（OH）_2$

白云母单晶体为板状、片状，横截面为六边形，有一组极完全解理，易剥成薄片，薄片无色透明，具玻璃光泽；集合体常呈浅黄、淡绿色，具珍珠光泽，条痕为白色，薄片有弹性，硬度为

2 ~ 3，相对密度为 3.02 ~ 3.12。

（五）黑云母 K（Mg, Fe）$_3$（AlSi$_3$O$_{10}$）（OH, F）$_2$

黑云母单晶体为板状、片状，横截面为六边形，有一组完全解理，易剥成薄片，薄片有弹性，颜色为棕褐至棕黑色，条痕为白色、淡绿色，珍珠光泽，半透明，硬度为 2 ~ 3，相对密度为 3.02 ~ 3.12。

（六）普通角闪石 Ca$_2$Na（Mg, Fe）$_4$（Al, Fe）[（Si, Al）$_4$O$_{11}$]$_2$（OH）$_2$

普通角闪石多以单晶体出现，一般呈长柱状或近三向等长状，横截面为六边形，集合体为针状、粒状，多为深绿色至黑色，条痕为淡绿色，玻璃光泽，两组完全解理，交角为 56°（124°），平行柱面，硬度为 5.5 ~ 6，相对密度为 3.1 ~ 3.6。

（七）普通辉石（Ca, Mg, Fe, Al）（Si, Al）$_2$O$_6$

普通辉石晶体常呈短柱状，横截面为近八角形；集合体为块状、粒状，暗绿、黑色，有时带褐色，条痕为浅棕色，玻璃光泽，两组完全解理，交角为 87°（93°），硬度为 5.5 ~ 6.0，相对密度为 3.2 ~ 3.6，普通辉石是颜色较深的基性和超基性岩浆岩中很常见的矿物，多有斜长石伴生。

（八）橄榄石（Mg, Fe）$_2$SiO$_4$

橄榄石晶体为短柱状，多不完整，常呈粒状集合体，颜色为橄榄绿、黄绿、绿黑色，含铁越多颜色越深，晶面具玻璃光泽，不完全解理，断口油脂光泽，硬度为 6.5 ~ 7，相对密度为 3.3 ~ 3.5，常见于基性和超基性岩浆岩中。

（九）方解石 CaCO$_3$

方解石晶体为菱形六面体，在岩石中常呈粒状，纯净方解石晶体无色透明，因含杂质多呈灰白色，有时为浅黄、黄褐、浅红等色，条痕为白色，三组完全解理，玻璃光泽，硬度为 3，相对密度为 2.6 ~ 2.8，遇冷稀盐酸剧烈起泡，是石灰岩和大理岩的主要矿物成分。

（十）白云石 CaMg（CO$_3$）$_2$

白云石晶体为菱形六面体，岩石中多为粒状，白色，含杂质时为浅黄、灰褐、灰黑等色，完全解理，玻璃光泽，硬度为 3.5 ~ 4，相对密度为 2.8 ~ 2.9，遇热稀盐酸有起泡反应，是白云岩的主要矿物成分。

（十一）滑石 Mg（SiO$_4$）（OH）$_2$

滑石完整的六方菱形晶体很少见，多为板状或片状集合体，常呈浅黄色、浅褐或白色，条痕为白色，半透明，有一组完全解理，断口油脂光泽，解理面上为珍珠光泽，薄片有挠性，手摸有滑感，硬度为 1，相对密度为 2.7 ~ 2.8。

（十二）绿泥石（Mg, Fe, Al）$_6$[（Si, Al）$_4$O$_{10}$]（OH）$_8$

绿泥石是一族种类繁多的矿物，多呈鳞片状或片状集合体状态，颜色暗绿，条痕为绿色，珍珠光泽，有一组完全解理，薄片有挠性，硬度为 2 ~ 3，相对密度为 2.6 ~ 2.85，常见于温度不高的热液变质岩中。由绿泥石组成的岩石强度低，易风化。

（十三）硬石膏 $CaSO_4$

硬石膏晶体为近正方形的厚板状或柱状，一般呈粒状；纯净晶体无色透明，一般为白色，玻璃光泽，有三组完全解理，硬度为 3 ~ 3.5，相对密度为 2.8 ~ 3.0。硬石膏在常温常压下遇水能生成石膏，体积膨胀近 30%，同时产生膨胀压力，可能引起建筑物基础及隧道衬砌等变形。

（十四）石膏 $CaSO_4 \cdot 2H_2O$

石膏晶体多为板状，一般为纤维状和块状集合体，颜色灰白，含杂质时有灰、黄、褐色；纯晶体无色透明，玻璃光泽，有一组极完全解理，能劈裂成薄片，薄片无弹性，硬度为 2，相对密度为 2.3。石膏在适当条件下脱水可变成硬石膏。

（十五）黄铁矿 FeS_2

黄铁矿单晶体为立方体或五角十二面体，晶面上有条纹，在岩石中黄铁矿多为粒状或块状集合体，颜色为铜黄色，金属光泽，参差状断口，条痕为绿黑色，硬度为 6 ~ 6.5，相对密度为 4.9 ~ 5.2。黄铁矿经风化易产生腐蚀性硫酸。

（十六）赤铁矿 Fe_2O_3

赤铁矿的显晶质矿物为板状、鳞片状、粒状，隐晶质为块状、鲕状、豆状、肾状等集合体，多为赤红色、铁黑色和钢灰色，条痕为砖红色，半金属光泽，无解理，硬度 5 ~ 6，相对密度为 5.0 ~ 5.3。土状赤铁矿硬度很低，可染手。

（十七）高岭石 $Al_2Si_2O_5(OH)_4$

高岭石通常为疏松土状或鳞片状、细粒土状矿物集合体，纯者白色，含杂质时为浅黄、浅灰等色，条痕为白色，土状或蜡状光泽，硬度为 1 ~ 2，相对密度为 2.60 ~ 2.63。高岭石吸水性强，潮湿时可塑，有滑感。

（十八）蒙脱石 $(Na,Ca)_{0.33}(Al,Mg)_2[Si_4O_{10}(OH)_2 \cdot nH_2O]$

蒙脱石通常为隐晶质土状，有时为鳞片状集合体，浅灰白、浅粉红色，有时带微绿色，条痕为白色，土状光泽或蜡状光泽；鳞片状集合体有一组完全解理，硬度为 2 ~ 2.5，相对密度为 2 ~ 2.7，吸水性强，吸水后体积可膨胀几倍，具有很强的吸附能力和阳离子交换能力，具有高度的胶体性、可塑性和很高的黏结力，是膨胀土的主要成分。

地壳中的矿物有 3 000 多种，它们对于人类的生活和发展具有重要的作用和影响，其中，铁矿石的开采和冶炼更是人类文明标志。我国目前正处在大力发展和建设的时期，其中房地产、高速铁路、国防军工、飞机场、水电站等基础设施对于钢铁的需求量非常大。

第三节 岩石

岩石是在各种不同地质作用下所产生的、由一种或多种矿物有规律地组合而成的矿物集合体。例如：大理岩主要由方解石组成，花岗岩则由长石、石英、云母等多种矿物所组成。根据成因，岩石可以分为岩浆岩、沉积岩和变质岩三大类。

一、岩浆岩

火山喷发时，从地壳深部喷出大量炽热气体和熔融物质，这些熔融物质就是岩浆。岩浆具有很高的温度（800℃～1 300℃）和很大的压力（大约在几百兆帕以上），它从地壳深部向上侵入的过程中，有的在地下即冷凝结晶成岩石，叫侵入岩；有的喷射或溢出地表后才冷凝而成岩石，叫喷出岩。这些由岩浆冷凝、固结而成的岩石通称岩浆岩。

（一）岩浆岩的产状、结构和构造

1.岩浆岩的产状

岩浆岩产状是指岩体的大小、形状及其与围岩的接触关系。由于岩浆侵入的深度、岩浆的规模与成分以及围岩的产出状态不同，故岩浆岩的产状不一。

（1）喷出岩的产状

最常见的喷出岩有火山锥和熔岩流。火山锥是岩浆沿着一个孔道喷出地面形成的圆锥形岩体，由火山口、火山颈及火山锥状体组成。熔岩流是岩浆流出地表顺山坡和河谷流动冷凝而形成的层状或条带状岩体，大面积分布的熔岩流叫熔岩被。

（2）侵入岩的产状

侵入岩按距地表的深浅程度，又分为浅成岩（成岩深度＜3 km）和深成岩，它们的产状多种多样。浅成岩一般为小型岩体，产状包括岩脉、岩床和岩盘；深成岩常为大型岩体，产状包括岩株和岩基等。

岩脉：岩浆沿着岩层裂隙侵入并切断岩层所形成的狭长形岩体。岩脉规模变化较大，宽可由几厘米（或更小）到数十米（或更大），长由数米（或更小）到数千米或数十千米。

岩床：流动性较大的岩浆顺着岩层层面侵入形成的板状岩体。形成岩床的岩浆成分常为基性，岩床规模变化也大，厚度常为数米至数百米。

岩盘：岩盘又称岩盖，是指黏性较大的岩浆顺岩层侵入，并使上覆岩层拱起而形成的穹隆状岩体。岩盘主要由酸性岩构成，也有由中、基性岩浆构成的岩盘。

岩基：规模巨大的侵入体，其面积一般在100 km² 以上，甚至可超过几万平方千米。岩基的成分是比较稳定的，通常由花岗岩、花岗闪长岩等酸性岩组成。

岩株：面积不超过100 km² 的深层侵入体。其形态不规则，与围岩的接触面不平直。岩株的成分多样，但以酸性和中性较为普遍。

2.岩浆岩的结构

岩浆岩的结构是指岩石中矿物的结晶程度、晶粒大小、晶体形状以及矿物间的结合关系。由于岩浆的化学成分和冷凝环境不同、冷凝速度不一样，因此，岩浆岩的结构也就存在差异。

（1）粒状结晶结构（显晶质结构）

岩石全部由肉眼能辨认的矿物晶体组成，一般见于侵入岩。按结晶颗粒大小，可进一步划分为粗粒结构（颗粒直径大于 5 mm）中粒结构（颗粒直径为 2 ~ 5 mm）和细粒结构（颗粒直径为 0.2 ~ 2 mm）。颗粒越粗，反映岩浆冷却速度越慢，结晶的时间越充裕。

（2）隐晶质结构

岩石由肉眼不能辨认的细小晶粒组成，颗粒直径一般小于 0.2 mm。岩石外观呈致密状，反映岩浆冷却速度较快，主要见于喷出岩。

（3）玻璃质结构

岩石由没有结晶的物质组成，常具贝壳状断口，性较脆。它反映当时岩浆的急剧冷凝，来不及结晶，主要见于喷出岩。

（4）斑状结构

斑状结构是一些较大的晶体分布在较细的物质（主要为隐晶质和玻璃质）当中的一种结构。大的晶体称斑晶，较细的物质称基质。这种结构反映岩浆在经由地壳的不同深浅部位和喷出地表过程中，小部分先结晶形成斑晶，剩余部分较快冷凝形成基质，主要见于小型侵入体和喷出岩中。

3. 岩浆岩的构造

岩浆岩的构造是指岩石中矿物集合体的形态、大小及其相互关系，它是岩浆岩形成条件的反映。常见的构造有如下几种：

（1）块状构造

块状构造指岩石各组成部分均匀分布，无定向排列，是侵入岩特别是深成岩所具有的构造。

（2）流纹构造

流纹构造指岩浆岩中由不同成分和颜色的条带以及拉长气孔等定向排列所形成的构造，它反映了岩浆在流动冷凝过程中物质分异和流动的痕迹，常见于酸性和中性熔岩，尤以流纹岩为典型。

（3）气孔构造与杏仁构造

喷出地表的岩浆迅速冷凝，其中所含气体和挥发成分因压力减小而逸出，因而在岩石中留下许多气孔，这种构造称气孔构造。这些气孔被后期外来物质（方解石、蛋白石等）充填后，似杏仁状，称为杏仁构造，这种构造为某些喷出岩（如玄武岩）的特点。

（二）岩浆岩的分类

自然界的岩浆岩是多种多样的，目前所知的就有 1 000 余种，它们之间存在着矿物成分、结构、构造、产状及成因等方面的差异，而且在各种岩浆岩之间又有一系列过渡类型。为了掌握各种岩石之间的共性、特性以及彼此之间的共生和成因关系，就必须对岩浆岩进行分类。

（三）常见岩浆岩

自然界的岩浆岩有 1 000 多种，较常见的只是基性、中性和酸性岩类的 10 多种。碱性、超基性岩分布稀少，各种脉岩往往较为复杂。

1. 花岗岩

花岗岩的主要矿物为石英、正长石和斜长石，次要矿物为黑云母、角闪石等。其颜色多为肉红、灰白色，全晶质粒状结构，是酸性深成岩，产状多为岩基和岩株，是分布最广的深成岩。花岗岩可作为良好的建筑地基及天然建筑材料。

2. 正长岩

正长岩属于中性深成岩，主要矿物为正长石、黑云母、辉石等。其颜色为浅灰或肉红色，全晶质粒状结构，块状构造，多为小型侵入体。

3. 闪长岩

闪长岩属于中性深成岩，主要矿物为角闪石和斜长石，次要矿物有辉石、黑云母、正长石和石英。其颜色多为灰或灰绿色，全晶质中、细粒结构，块状构造，常以岩株、岩床等小型侵入体产出。闪长岩分布广泛，多与辉长岩或花岗岩共生，也可呈岩墙产出，可作为各种建筑物的地基和建筑材料。

4. 辉长岩

辉长岩属于基性深成岩，主要矿物是辉石和斜长石，次要矿物为角闪石和橄榄石。其颜色为灰黑至暗绿色，具有中粒全晶质结构，块状构造，多为小型侵入体，常以岩盆、岩株、岩床等产出。

5. 橄榄岩

橄榄岩属超基性深成岩，主要矿物为橄榄石和辉石，岩石是橄榄绿色，岩体中矿物全为橄榄石时，称为纯橄榄岩。其具有全晶质中、粗粒结构，块状构造。橄榄岩中的橄榄石易风化转变为蛇纹石和绿泥石，所以新鲜橄榄岩很少见。

6. 花岗斑岩

花岗斑岩为酸性浅成岩，矿物成分与花岗岩相同，具有板状或似斑状结构，块状构造。其斑晶体积大于基质，斑晶和基质均主要由钾长石、酸性斜长石、石英组成。产状多为岩株等小型岩体或为大岩体边缘。

7. 正长斑岩

正长斑岩属于中性浅成侵入岩，主要矿物与正长岩相同，有正长石、黑云母、辉石等。其颜色多为浅灰或肉红色，斑状结构，斑晶多为正长石，有时为斜长石，基质为微晶或隐晶结构，块状构造。

8. 闪长玫岩

闪长玫岩属于中性浅成侵入岩，矿物成分同闪长岩，即主要矿物为角闪石和斜长石，次要矿物为辉石、黑云母、正长石和石英。颜色为灰绿色至灰褐色。斑状结构，斑晶多为灰白色斜长石，少量为角闪石，基质为细粒至隐晶质，块状构造。多为岩脉，相当于闪长岩的浅成岩。

9. 辉绿岩

辉绿岩属于基性浅成侵入岩，主要矿物为辉石和斜长石，二者含量相近，颜色为暗绿色和绿黑色，具有典型的辉绿结构。其特征是由柱状或针状斜长石晶体构成中空的格架，粒状微晶辉石等暗色矿物填充其中，块状构造，多以岩床、岩墙等小型侵入体产出。辉绿岩蚀变后易产生绿泥石等次生矿物，使岩石强度降低。

10. 脉岩类

脉岩类是以脉状或岩墙产出的浅成侵入岩，经常以脉状充填于岩体裂隙中。据脉岩的矿物成分和结构特征，其可分为伟晶岩、细晶岩和煌斑岩。

（1）伟晶岩

常见的有伟晶花岗岩，矿物成分与花岗岩相似，但深色矿物含量较少。其矿物晶体粗大，多在 2 cm 以上，个别可达几米，具有伟晶结构，块状构造，常以脉体和透镜体产于母岩及其围岩中，常形成长石、石英、云母、宝石及稀有元素矿床。

（2）细晶岩

细晶岩的主要矿物为正长石、斜长石和石英等浅色矿物，含量达 90% 以上，少量深色矿物有黑云母、角闪石和辉石。其为均匀的细晶结构，块状构造。

（3）煌斑岩

煌斑岩的 SiO_2 含量约 40%，属超基性侵入岩，主要矿物为黑云母、角闪石、辉石等，间有长石。其常为黑色或黑褐色，多为全晶质，具有斑状结构，当斑晶几乎全部由自形程度较高的暗色矿物组成时，称煌斑结构，是煌斑岩的特有结构。

11. 流纹岩

流纹岩属酸性喷出岩类，矿物成分与花岗岩相似。其颜色常为灰白、粉红、浅紫色，具有斑状结构或隐晶结构，斑晶为钾长石、石英，基质为隐晶质或玻璃质，块状构造，具有明显的流纹和气孔状构造。

12. 粗面岩

粗面岩属于中性喷出岩，矿物成分同正长岩，颜色为浅红或灰白，具有斑状结构或隐晶结构，基质致密多孔。粗面岩为块状构造，含有气孔状构造。

13. 安山岩

安山岩属中性喷出岩，矿物成分同闪长岩，颜色为灰、灰棕、灰绿等色，具有斑状结构，斑晶多为斜长石，基质为隐晶质或玻璃质，块状构造，有时含气孔、杏仁状构造。

14. 玄武岩

玄武岩属基性喷出岩，矿物成分同辉长岩，颜色为辉绿、绿灰或暗紫色。其多为隐晶和斑状结构，斑晶为斜长石、辉石和橄榄石，块状构造，常有气孔、杏仁状构造。玄武岩分布很广，如二叠系峨眉山玄武岩广泛分布在我国西南各省。

15. 火山碎屑岩

火山碎屑岩是由火山喷发的火山碎屑物质，在火山附近的堆积物，经胶结或熔结而成的岩石，常见的有凝灰岩和火山角砾岩。

（1）凝灰岩

凝灰岩是分布最广的火山碎屑岩，粒径小于 2 mm 的火山碎屑占 90% 以上，颜色多为灰白、灰绿、灰紫、褐黑色。凝灰岩的碎屑呈角砾状，一般胶熔不紧，宏观上有不规则的层状构造，易风化成蒙脱石黏土。

（2）火山角砾岩

火山角砾岩的碎屑粒径多在 2 ~ 100 mm，呈角粒状，经压密胶结成岩石。火山角砾岩分布较少，只见于火山锥。

二、沉积岩

沉积岩一般是指由地壳上原有的岩石遭风化、剥蚀作用破坏所形成的各种松散物质和溶解于水的化合物质，经搬运、沉积和成岩作用而形成的层状岩石。此外，还有一些是由火山喷出的碎屑物质和由生物遗体组成的特殊沉积岩。

沉积岩分布很广，占大陆面积的 3/4 左右。沉积岩是在地壳表面常温常压条件下形成的，故在物质成分、结构构造、产状等方面都不同于岩浆岩，而具有自己的特征。

（一）沉积岩的物质组成

沉积岩的物质成分来源有三个方面，其中主要是母岩风化的产物，其次是火山喷发的物质和生物及其作用的产物。

1. 母岩风化产物

母岩是指早已形成的岩浆岩、变质岩和沉积岩。当这些母岩出露地表后，由于风化作用使母岩遭到破坏，形成新的物质，这就是母岩风化产物。这些物质主要是碎屑物质、新生成的矿物和溶于水的物质。碎屑物质是母岩破碎后的岩屑和比较稳定的矿物碎屑，如石英、长石等；新生成的矿物有黏土矿物、褐铁矿、蛋白石等。

2. 火山喷发物质

火山喷发物质主要是指由于火山喷发作用而形成的火山碎屑物质，如火山弹、熔岩和矿物碎屑及火山灰等。

3. 生物及其作用产物

生物及其作用产物为生物的作用直接或间接形成的产物，如贝壳、煤、石油等。

（二）沉积岩的结构

沉积岩的结构是指构成沉积岩颗粒的性质、大小、形态及其相互关系。常见的沉积岩结构有以下几种：

1. 碎屑结构

碎屑结构是由胶结物将碎屑胶结起来而形成的一种结构，是碎屑岩的主要结构。碎屑物成分可以是岩石碎屑、矿物碎屑、石化的生物有机体或碎片以及火山碎屑等。按粒径大小，碎屑可分为砾（粒径大于 2 mm）、砂（粒径为 2 ~ 0.075 mm）和粉砂（粒径为 0.075 ~ 0.005 mm）等。胶结物常见的有硅质、黏土质、钙质和火山灰等。

2. 泥质结构

泥质结构主要由极细的黏土矿物颗粒（粒径小于 0.005 mm）组成，外表呈致密状，是黏土岩的主要结构。

3. 结晶粒状结构。

结晶粒状结构主要由结晶的矿物组成，是化学岩的主要结构。

4. 生物结构

生物结构是由未经搬运的生物遗体或原生生物活动遗迹组成结构，是生物化学岩主要结构。

（三）沉积岩的构造

沉积岩的构造是指沉积岩各组成部分的空间分布和配置关系，如层理、层面构造、结核等。

1. 层理构造

层理是沉积岩中由于物质成分、结构、颜色不同而在垂直方向上显示出来的成层现象，它是沉积岩最典型、最重要的特征之一。层理按形态分为水平层理、波状层理和斜层理三种，它反映了当时的沉积环境和介质运动强度及特征。水平层理的各层层理面平直且互相平行，是在水动力较平稳的海、湖环境中形成的；波状层理的层理面呈波状起伏，显示沉积环境的动荡，在海岸、湖岸地带表现明显；斜层理的层理面倾斜与大层层面斜交，倾斜方向表示介质（水或风）的运动方向。根据层的厚度，层理可划分为巨厚层状（大于 1.0 m）、厚层状（1.0 ~ 0.5 m）、中厚层状（0.5 ~ 0.1 m）和薄层状（小于 0.1m）。

2. 层面构造

层面构造是指在沉积岩的层面上保留有一些外力作用的痕迹，最常见的有波痕和泥裂。波痕是指岩石层面上保存原沉积物受风和水的运动影响形成的波浪痕迹；泥裂是指沉积物露出地表后干燥而裂开的痕迹。这种痕迹一般上宽下窄，为泥沙所充填。

3. 结核

岩石中成分与周围物质有显著不同的呈圆球或不规则状的无机物包裹体叫结核，如石灰岩中含有燧石结核，砂岩中含有铁质结核等。

（四）常见沉积岩

1. 碎屑岩

碎屑岩是沉积岩中常见的岩石之一，其中碎屑物质（包括岩石碎屑、矿物碎屑及火山喷发的碎屑）不能少于 50%。按其成因，碎屑岩可以分为火山碎屑岩和正常沉积碎屑岩。

（1）火山碎屑岩

火山碎屑岩主要由火山喷发的碎屑物质在地表经短距离搬运或就地沉积而成。由于它在成因上有火山喷出和沉积的双重特性，因此是介于喷出岩和沉积岩之间的过渡类型。火山碎屑物质包括熔岩碎屑（岩屑）、矿物碎屑（晶屑）和火山玻璃（玻屑）三种，一般火山碎屑岩含火山碎屑物在 50% 以上。常见的火山碎屑岩有：

火山集块岩：粒径大于 100 mm 的火山碎屑物质的质量分数超过 50%，碎屑大部分是带棱角的，但也有经过搬运磨圆的。火山集块岩的碎屑成分往往以一种火山岩为主，根据碎屑成分可称安山集块岩、流纹集块岩等；胶结物主要为火山灰及熔岩，有时候被 $CaCO_3$ SiO_2 泥质等所胶结。

火山角砾岩：粒径在 2 ~ 100 mm 的火山碎屑物的质量分数超过 50%，碎屑具棱角或稍经磨圆。根据碎屑成分，火山角砾岩可分为安山火山角砾岩、流纹火山角砾岩等，其胶结物与火山集块岩相同。

火山凝灰岩：粒径小于 2 mm 的火山碎屑物质的质量分数超过 50%，即主要由火山灰所构成的岩石。火山凝灰岩分选很差，碎屑多具棱角，层理不十分清楚。凝灰岩的碎屑可能是细小的岩屑、玻屑或晶屑，在晶屑中可以发现石英、长石、云母等晶体，但外形多为棱角状。凝灰岩因碎屑成分不同，常有黄、灰、白、棕、紫等各种颜色。

（2）正常沉积碎屑岩

正常沉积碎屑岩是母岩风化和剥蚀的碎屑物质，经搬运、沉积、胶结而成的岩石。碎屑物可以是岩屑，也可以是矿物碎屑。由于搬运介质和搬运距离等不同，碎屑形状可以是带棱角的，或是浑圆的。碎屑岩的胶结物主要有铝、铁质物质和黏土。根据碎屑颗粒大小，碎屑岩可分为砾岩、砂岩和粉砂岩等。

砾岩及角砾岩：沉积砾石胶结而成的岩石，即粒径大于 2mm 的砾石的质量分数大于 50% 的岩石，砾石大部分由岩石碎屑组成。砾石形状呈次圆状或圆状的叫砾岩，砾石形状呈棱角状的叫角砾岩。

砂岩：沉积砂粒经胶结而成的岩石，即粒径在 2 ~ 0.075 mm 的砂粒的质量分数大于 50% 的岩石。砂粒成分主要是石英、长石、云母等岩石碎屑。

按粒度，砂岩又分为粗砂岩（粒径为 2 ~ 0.5 mm 的砂粒的质量分数大于 50%）、中粒砂岩（粒径为 0.5 ~ 0.25 mm 的砂粒的质量分数大于 50%）和细砂岩（粒径为 0.25 ~ 0.075 mm 的砂粒的质量分数大于 50%）。

砂岩按成分进一步分为石英砂岩（石英碎屑占 90% 以上）、长石砂岩（长石碎屑的质量分数在 25% 以上）和硬砂岩（岩石碎屑的质量分数在 25% 以上。）

粉砂岩：粒径在 0.075 ~ 0.005 mm 的碎屑的质量分数大于 50% 的碎屑岩叫粉砂岩。粉砂岩的成分以矿物碎屑为主，大部分是石英；胶结物以黏土质为主，常发育有水平层理。

2. 黏土岩

黏土岩是指粒径小于 0.005 mm 的颗粒的质量分数大于 50% 的岩石，主要由黏土矿物组成，其次有少量碎屑矿物、自生的非黏土矿物及有机质。黏土矿物有高岭石、蒙脱石和伊利石等，碎屑矿物有石英、长石、绿泥石等，自生非黏土矿物有铁和铝的氧化物和氢氧化物、碳酸盐（方解石、白云石、菱铁矿等）、硫酸盐、磷酸盐、硫化物等，有机质主要是煤和石油的原始物质。

黏土岩具有典型的泥质结构，质地均匀，有细腻感，断口光滑。

常见的黏土岩有页岩和泥岩，页岩是页片构造发育的黏土岩，其特点是能沿层理面分裂成薄片或页片，常具有清晰的层理，风化后是碎片状。泥岩是一种呈厚层状的黏土岩，岩层中层理不清，风化后呈碎块状。

3. 化学岩和生物化学岩

本类岩石大部分是各种母岩在化学、风化和剥蚀作用中所形成的溶液和胶体溶液，经化学作用或生物化学作用沉淀而成，按照成分不同可分为：铝质岩、铁质岩、硅质岩、锰质岩、磷质岩、碳酸盐岩、盐岩和可燃有机岩。这类岩石除碳酸盐岩外，一般分布较少，但大部分是具有经济价值的有用矿产。

（1）碳酸盐岩

碳酸盐岩主要包括石灰岩、白云岩、泥灰岩等。

石灰岩：主要由方解石（50%以上）组成；质纯者呈灰白色，含杂质呈灰色到灰黑色；具结晶结构、生物结构和内碎屑结构，遇冷稀盐酸可产生大量气泡。

白云岩：主要由白云石（50%以上）组成；颜色为灰白色、灰色和灰黑色；加冷稀盐酸不起泡，而加热的稀盐酸起泡。在白云岩和石灰岩之间还有些过渡的岩石，通常把含有白云石25%～50%的灰岩称白云质灰岩。

泥灰岩：石灰岩中泥质成分增加到25%～50%的称泥灰岩。它是黏土岩和石灰岩之间的过渡类型；颜色一般较浅，有灰色、淡黄色、浅灰色、紫红色等；岩石呈致密状。

（2）铁质岩

铁质岩是富含铁矿物的沉积岩，其主要铁矿物有赤铁矿、褐铁矿、菱铁矿、铁的硫化物及硅酸盐。铁质岩的结构主要是豆状及鲕状，隐晶质结构。

（3）铝质岩

富含三氧化二铝（Al_2O_3）的岩石称为铝质岩，因含杂质不同，颜色种类很多，有白、灰、黄等。铝质岩的常见结构有鲕状、豆状和致密状。

（4）锰质岩

锰质岩是富含锰的沉积岩，主要含锰矿物。有硬锰矿、软锰矿和菱锰矿等。

（5）磷质岩

通常把含有五氧化二磷在5%以上的沉积岩称作磷质岩或磷块岩。磷质岩主要由各种磷灰石及非晶胶磷矿组成。

（6）硅质岩

硅质岩是由溶于水的SiO_2在化学及生物化学作用下形成的富含SiO_2（70%～90%）的沉积岩。硅质岩石中的矿物成分有非晶质的蛋白石、隐晶质的玉髓和结晶质的石英。硅质岩按其成因可分为生物成因（硅藻土、海绵岩、放射虫岩）和非生物成因（板状硅藻土、蛋白石、碧玉、罐石、硅华）两大类。

（7）盐岩

盐岩是一种纯化学成因的岩石，由蒸发沉淀而成。盐岩主要由钾、钠、镁的卤化物和硫酸盐组成，如食盐（NaCl）、钾盐（KCl）、光卤石（KCl·MgCl$_2$·6H$_2$O）、钾盐镁矾 [K$_2$Mg（SO$_4$）$_2$·3H$_2$O]、芒硝（Na$_2$SO$_4$·10H$_2$O）、硬石膏（CaSO$_4$）、石膏（CaSO$_4$·2H$_2$O）等。盐岩有原生结晶粒状、纤维状、次生的交代结构和变晶结构，构造有层状、透镜状和致密块状。

（8）可燃有机岩

可燃有机岩是煤、油页岩和石油及天然气等含有可燃性有机岩石的总称。

煤：由植物转变而来的可燃岩石。由高等植物转化而形成腐植煤，由低等植物残体转化而形成腐泥煤。腐泥煤少见。腐植煤又可分为泥炭、褐煤、烟煤和无烟煤。

油页岩：多呈薄层状，颜色多为棕黑色、黑色。油页岩质地细致，具弹性，坚韧不易破碎。

石油：一种可燃的液体矿产。天然石油也称原油，一般是绿色、棕色、黑色或稍带黄色的油脂状液体。

三、变质岩

已有的岩浆岩或沉积岩在高温、高压及其他因素作用下，矿物成分、结构构造方面发生质变，形成新的岩石，这种变了质的岩石称变质岩。由岩浆岩变质的叫正变质岩，由沉积岩变质的叫副变质岩。变质岩无论岩性或工程地质性质都和原岩有共同之处，又有很大差别。

（一）变质岩的矿物成分

组成变质岩的矿物

除含有岩浆岩和沉积岩中的矿物外，还有一部分为变质岩所特有的矿物。

1. 岩浆岩中的主要矿物

如石英、长石、云母、角闪石、辉石等，在变质岩中也是主要矿物。但岩浆岩的一些次要矿物，如绢云母、绿泥石等片状矿物，也经常是一些变质岩的主要矿物。

2. 沉积岩中常见的典型矿物

如方解石、白云母等，在变质岩（主要是大理岩）中也可大量出现。但沉积岩中的高岭石、蒙脱石、伊利石等黏土矿物，则仅在变质作用很浅时呈残留矿物保留在变质岩中。变质作用较深时，都变为红柱石、蓝晶石、十字石、方柱石、夕线石、硅灰石、绢云母等特殊的变质矿物。

3. 变质岩中广泛分布片状、纤维状、针状、柱状矿物

如云母、阳起石、滑石、蛇纹石、夕线石等，并常呈定向排列。同时，这些变质矿物常有共生组合规律。

（二）变质岩的结构

变质岩的最主要结构是重结晶作用形成的变晶结构。根据组成矿物的粒度、形态及相互关系，变晶结构又分为等粒变晶结构、斑状变晶结构、鳞片和纤维状变晶结构三种，此外还有变余结构。

1. 等粒变晶结构

等粒变晶结构的岩石主要由长石、石英及方解石等粒状矿物组成，矿物晶粒大小大致相等，颗粒之间互相镶嵌很紧，不定向排列。

2. 斑状变晶结构

在粒度较小的矿物集合体（也称基质）中分布着一些由重结晶形成的较大斑状晶体（称为变斑晶），变斑晶通常是石榴石、十字石、蓝晶石等晶形完好的变质矿物。

3. 鳞片和纤维状变晶结构

鳞片和纤维状变晶结构是由片状、柱状或纤维状矿物定向排列形成的结构，主要由云母、绿泥石等鳞片状矿物组成的岩石具有鳞片状变晶结构；主要由角闪石、透闪石等柱状或纤维状矿物所组成的岩石具有纤维状变晶结构。

4. 变余结构

变余结构指在变质岩形成后尚保留某些原岩的结构残余。变余结构表明变质作用不彻底性。

（三）变质岩的构造

变质岩的构造是指矿物排列的特点。除某些岩石外，大部分变质岩具有定向构造，这是变质岩的最大特点。变质岩的常见构造有：

1. 片麻构造

片麻构造是深变质岩中的常见构造。岩石主要具有由粒状矿物（长石、石英）以及片状矿物、柱状矿物（黑云母、白云母、绢云母、绿泥石、角闪石等）相间排列所形成的深浅色泽相间的断续的条带状构造。

2. 片状构造

片状构造是岩石中由大量片状矿物（如云母、绿泥石、滑石、石墨等）平行排列所成的薄层片状构造。

3. 千枚构造

千枚构造是岩石中重结晶形成的绢云母微细鳞片平行排列所形成的构造，片理面上具丝绢光泽，有时可见细小的绢云母。

4. 板状构造

板状构造是岩石中由片状矿物平行排列所形成的具有平整板状劈理的构造，沿着板理易劈成薄板，板面微具光泽。

5. 块状构造

块状构造是岩石中的矿物成分和结构都较均匀，没有明显定向排列所表现出来的构造。

（四）常见的变质岩

1. 板岩类

板岩类为板状构造，一般岩性致密坚硬，敲之会发出清脆的响声，原岩成分基本没有重结晶。常见的板岩有灰绿色板岩、黑色碳质板岩、硅质板岩、钙质板岩等，一般是由黏土岩、页岩等经低级区域变质所形成，也有火山岩变质形成的板岩。

2. 千枚岩类

千枚岩类为千枚状构造，主要矿物成分是绢云母、绿泥石和石英，有些还含有一定量的斜长石，颗粒很细，片理面上可见绢云母呈绢丝光泽，有些千枚岩中还可见黑云母、石榴石、硬绿泥石等变斑晶。银灰色及黄绿色千枚岩是最常见的类型。千枚岩的原岩和板岩相同，但变质程度稍高，矿物已基本重结晶。

3. 片岩类

片岩类一般为鳞片或纤状变晶结构，片状构造，片状或柱状矿物占优势，其次是石英，长石则较少。常见片岩按矿物成分可分为以下几种：云母片岩，由黑云母、白云母、石英等组成，常含有石榴石、十字石、蓝晶石、红柱石等变斑晶；角闪石片岩，主要由角闪石、石英及斜长石等组成；绿色片岩，主要由绿泥石、蛇纹石、绿帘石、阳起石及石英、钠长石等组成。此外有些片岩，因含石英更高，叫作石英片岩（如绢云母石英片岩）；还有些含若干碳酸盐矿物，叫作钙质片岩。片岩类一般属中级至中低级变质的产物，原岩可以是黏土岩、粉砂岩及页岩等沉积岩，也可以是火山岩。

4. 片麻岩类

片麻岩类一般为鳞片粒状变晶结构，粒度较粗，片麻状构造，以长石、石英等粒状矿物为主，且长石含量较高，但也含有一定量的云母、角闪石等片状或柱状矿物。常见类型有黑云母片麻岩（可含石榴石、夕线石等矿物）及角闪斜长片麻岩等。片麻岩一般是中高级变质的产物。

5. 变粒岩类

变粒岩类一般为细粒至中细粒鳞片粒状变晶结构，矿物分布和粒度都很均匀，为不太明显的片麻状或块状构造；有些风化后成砂粒状，主要由长石和石英组成，并有一些黑云母、角闪石等暗色矿物，有些还有石榴石等。其常见类型有黑云母变粒岩、角闪石变粒岩等，当暗色矿物很少时则叫作浅粒岩。变粒岩和片麻岩的主要区别在于其上述结构特征，同时变粒岩含暗色矿物也较少，但两者之间常有过渡类型。变粒岩是砂岩、粉砂岩等沉积岩或中酸性火山岩类经中低级区域变质所形成的。

6. 石英岩类

石英岩类主要由石英组成，一般为粒状变晶结构，块状构造，有时还含少量云母、角闪石等矿物，云母石英岩是常见类别之一。含长石较多的石英岩叫作长石石英岩；含磁铁矿的石英岩叫作磁铁石英岩，是一种重要的铁矿石类型。

7. 大理岩类

大理岩类主要由方解石、白云石等碳酸盐矿物组成，一般为粒状变晶结构，块状构造，有时还会含一定量的蛇纹石、透闪石、金云母、镁橄榄石、透辉石、硅灰石及方柱石等矿物。蛇纹石大理岩、镁橄榄石透辉石大理岩、金云母透辉石大理岩、透闪石大理岩及方柱石大理岩等都是常见类型，若含有白云石则叫作白云质大理岩或白云石大理岩。大理岩都是碳酸盐类沉积岩变质重结晶所形成的。

以上七类岩石中，板岩、千枚岩、变粒岩和大理岩主要为区域变质作用所形成，其余岩石类型则在区域变质作用或接触变质作用过程中均可出现。

8. 角岩类

角岩类一般为深色致密坚硬的细粒粒状变晶结构，块状构造，常见的角岩主要由黑云母、白云母、长石及石英组成，有时还含有红柱石、堇青石、夕线石等矿物。黑云母角岩是其常见的岩石类型。这类岩石是由泥质沉积岩经中、高级接触变质所形成的，见于侵入体附近的围岩中。

9. 构造角砾岩

构造角砾岩常见于断层带中，角砾为大小不等、带棱角的岩石碎块，胶结物为细小的岩石或矿物碎屑，是原岩经动力作用后的产物。

10. 糜棱岩

糜棱岩是刚性岩石受强烈粉碎后所形成的，其大部分已成为极细的隐晶质粉末，且具有挤压运动所成的"流纹状"条带，通常还有一些透镜状或棱角状的岩石或矿物碎屑。糜棱岩岩性坚硬，外貌和流纹岩有些相似，它们的形成往往和强大的挤压应力有关。

构造角砾岩、糜棱岩有时通称动力变质岩。

第二章 地质物理的勘查

第一节 物理勘查基础的含义

一、地球物理勘查的基本原理

地球物理方法一般在某种程度上测量所有岩石所具有的客观特征并导致收集了大量的用于图形处理的数字资料。在矿产勘查中的应用体现在两个方面：①目的在于定义重要的区域地质特征；②目的在于直接进行矿体定位。第一方面的应用主要是填制某种岩石或构造特征的区域性分布图，如地球物理方法测量地表对电磁辐射的反射率、磁化率、岩石传导率等。这方面的应用不要求观测值与所寻找的目标矿床之间存在任何直接或间接的关系，根据这类观测资料结合地质资料可以产生地质特征的三维解释，然后可以应用成矿模型预测在什么地方可以找到目标矿床，从而指导后续勘查工作。这一应用的关键是对这些观测值以最容易进行定性解释的形式展示，即转化为容易为地质人员理解的模拟形式，现在利用 GIS 技术可以很容易实现。

第二方面的应用是要测量直接反映并且在空间上与工业矿床（体）紧密相关的异常特征。因为矿床在地壳内的赋存空间很小，这决定了这类测量必须是观测间距很小的详细测量，因而测量费用一般较高。以矿床为目标的地球物理/地球化学测量项目通常是在已经圈定的勘查靶区内或至少是有远景的成矿带内进行，其观测结果的解释关键在于选择那些被认为是异常的观测值，然后对这些异常值进行分析，确定异常体的大致性质、规模、位置及其产状。

岩石或矿石的物性差异是选择相应的物探方法的物质基础。任何地球物理勘查技术应用的基本条件是，在矿体（或所要探测的地质体）与围岩之间在某种可测量到的物性方面能进行对比。例如，重力测量是根据密度对比；电法和电磁法是根据电导率进行对比。异常强度除受物性差异控制外，还受到其他一些因素的约束。

具有强作用力而且与围岩有显著物性差异的大矿体，若赋存在近地表，能产生强异常，若赋存在地下较深部位，仍可能产生明显异常。地质体这种形状效应适用于所有地球物理勘查技术，但在电磁法中有独特含义：重力法、磁法、电阻率测量法以及激发极化法接收的信号强度与地质体体积有关，而电磁信号却与垂直于外加场的地质体面积有关，从而在电磁法中，平放的圆盘状体能产生具有相同半径的球状或透镜状体相同的电磁异常强度。

二、勘查地球物理技术的应用及其限制

20 世纪 50 年代，地球物理技术的应用和发展深刻地影响着矿产勘查，尤其在北美，许多勘查公司认为，地球物理技术是矿产勘查的"灵丹妙药"，然而，应用效果却使这些公司感到失望。美国西南部的斑岩铜矿区应用激发极化法测量穿越矿化区、无矿区和覆盖区，其结果不具有判别性；在一个地区，由于勘查竞争激烈，各公司都争先应用地球物理技术，以至于不得不采取一个非正式的协议来降低互相之间电的干扰；为了查明地球物理测量对黄铜矿和黄铁矿的判别，一个勘查公司把强烈的电流输入地下，以至于把该区地下的小动物全部杀灭了。

地球物理勘查技术（除放射性测量外）最初在美国应用缺乏成功归因于四个因素：①忽视了勘查靶区的选择；②缺乏对地质环境和矿床特征的认识；③缺乏对新技术适用范围的认识；④地球物理测量仪器灵敏度不高。

地球物理技术在矿产勘查各阶段都可使用。在初步勘查阶段，采用航空地球物理圈定区域地质特征；详细勘查阶段，运用地面地球物理和钻孔地球物理测井，甚至在坑道内直接运用地球物理技术。

地球物理技术也可直接用于寻找矿床。如利用放射性法找铀矿、磁法找铁矿、电法找基本金属矿床等；通常认为，它们是在未开发地区进行矿产勘查的一部分。在许多老矿区，利用这些地球物理技术还获得了许多新的发现；在生产矿区正在力图应用地球物理技术寻找深部隐伏矿体，因为在寻找具有特征相对明显的矿体时更容易应用新概念和新技术。生产矿区有特殊的优点，地球物理技术可在深部坑道运用，但也存在缺点——杂散电流及工业有关的噪声干扰。

综上可见，地球物理技术在矿产勘查中的应用目的在于：①确定具有潜在工业矿床的地区；②排除潜在无矿的远景区。例如，假设要寻找含铜硫化物矿床，地球物理勘查的目的是，查明在工作区一定深度范围内是否存在某种具有电导率或很大密度带的地质体及其赋存部位；如果兴趣更广泛些，相同的地球物理工作还能探明超镁铁岩体或主要断裂带的特征信号，因为它们能预测铜镍矿化的地质特征。

地球物理信号是由信息和噪声组成的，异常存在于信息中。异常必须根据地质条件进行解释。由于影响异常的因素十分复杂，因此，地球物理异常具有多解性，致使利用地球物理技术进行矿产勘查命中率较低。

地球物理技术探测的深度极限与信号 / 噪声的值、探测目标的形状和规模以及作用力的强度有关。仪器敏感度的增益或外加力的增强均无助于来自深部的弱信号。例如，如果近地表的噪声来源碰巧是覆盖层中的电导带或火山岩中的磁性带，那么，随着外加电流的增强或磁力仪灵敏度的改善，噪声也将增大。虽然磁法、地震法和大地电流法测量都可以渗透很深，并对探测目标进行大致对比，但是，就矿体的效应而言，大多数金属地球物理技术的有效的实际探测深度为 300m 以内；在有利条件下，对于一定的电法测量（激发极化法）和电磁法测量（声频电磁法），

300m 深度可作为工作极限。经验法则有时提到：激发极化法可以探测到所寻目标最小维的两倍深度范围内所产生的效应；对磁性体而言，赋存其最小维 4 ~ 5 倍的深度范围内可被探测到；在电磁测量中，最深的效应大于传感器和接收器之间距离的 5 倍。显然，在地质勘查中，人们不能指望单纯依赖地球物理勘查技术，因为它涉及许多变量且穿透的深度有限，所以，必须综合应用各种手段和理论推断等才能圆满完成任务。

物性（physical properties）是岩石或矿石物理性质的简称，如岩石和矿石的密度、磁化率、电阻率、弹性等。在实施地球物理测量项目工作之前需要对测区内各类岩石和矿石进行系统的物性参数测量和研究，物性测定是选择地球物理勘查方法以及进行地球物理异常解释的前提和主要依据。

物探仪器发展的明显特点之一是智能化、网络化功能的增强，以及一机多参数测量，这不仅可大大提高观测速度，还为实现张量和阵列观测提供了基础。

三、航空地球物理勘查和井中地球物理测量的主要技术

（一）航空地球物理勘查技术

航空测量精度大大提高，不仅勘查成本很低，而且具有所获资料比较全面等优点，勘查效果比较显著。航空地球物理与地面地球物理方法的配合，以及航空地球物理测量数据与遥感数据的结合，极大地推动了地球物理技术的发展和应用。我国自行研制的直升机磁法和电磁法测量系统目前的最大勘查比例尺已达 1 ∶ 5000，探头离地高度最低可达 30 ~ 80m，采样间隔可达 1 ~ 3m，差分全球定位系统（DGPS）平面定位精度好于 1m，尤其适合于地形复杂地区的矿产勘查工作。

高分辨率航空磁测方法是采用高灵敏度仪器、大比例尺高精度航空勘查技术，获取高质量的航空磁测数据；先进的数据处理方法，对磁测信息进行有效的分离与提取；精细定量解释方法。高分辨率航磁测量方法具有速度快、测量数据精度高、解释方法精细、价格低廉等优势，目前在国内外得到了广泛的应用。在矿产勘查方面：可快速有效地对矿产勘查远景区进行评价，更好更快地进行勘查选区；直接发现矿床或矿体，可替代地面物探测量；识别构造细节，分辨细小的断层与裂隙；对岩石边界进行精确填图；区分杂岩单元；"穿透"沉积层对下伏基岩进行填图，较准确圈出隐伏地质体的空间分布状态。

航空电磁法分为时间域和频率域两类。时间域发射断续的脉冲电磁波，主要测量发射间隙的二次电磁场，所以又称为航空瞬变电磁法。频率域发射连续的交变电磁波，发射的同时测量二次电磁场。航空电磁法广泛应用于地质填图、矿产勘查、水文地质和工程地质勘查、环境监测等。它成本低、效率高、适应性强，能够在地面难以进入的森林、沙漠、沼泽、湖泊、居民区等地区开展物探测量工作。特别适合大面积的普查工作，是国土资源大调查中必不可少的物探方法。

航空放射性测量系统主要由航空多道伽马能谱仪和飞机系统组成。利用光电效应，晶体探测器将不可见的射线转换为能够被探测的光电子流，该光电子流正比于放射射线的能量。通过分析光电子流的强度，能谱分析仪获得放射射线的能量和该能量射线单位时间内出现的次数，即该能

量射线单位时间内的计数。该计数越大，说明该能量射线的强度越大。通过分析不同能量射线的强弱分布特点，获取有用的地质信息或放射污染的程度。

航空放射性测量的特点是快速、经济而有效，最初主要用于寻找放射性矿产资源，即铀矿普查，测定岩石中铀、钍、钾的含量。固定翼航空放射性测量主要用于铀矿普查，直升机航空放射性测量主要用于铀矿详查。到了 20 世纪 60 年代，航空放射性测量开始广泛应用。80 年代以来，航空放射性测量引起重视，在基础地质研究和矿产资源勘查中得到了广泛的应用，利用它进行地质填图及寻找其他矿产资源，取得了丰硕的地质和找矿效果，形成了一套成熟的测量方法技术。到目前为止，我国大约有 1/3 的国土已经完成了航空放射性测量，找到了众多的大、中、小型铀矿床以及矿田。

（二）井中地球物理测量技术

众所周知，地面物探异常往往是地下多个地质体（包括矿体）所形成异常的叠加结果，根据地面异常布置验证孔不一定发现地下矿体。同时，依据普查资料的地表地质、地面地球物理和地球化学采集的数据经过分析、解释，而布置的钻孔，企图穿过目的物，但分析解释的正确性和精度与工作的详细程度及非目的物的干扰程度有关，故在普查或干扰严重的地区，普查钻孔的见矿率较低。而进行地下地球物理勘查则可弥补地面地球物理勘查的上述不足之处。对钻探工程在条件适宜的情况下，应根据地球物理条件，进行测井与井中地球物理测量，以发现和圈定井旁盲矿。

井中地球物理测量技术包括井中地球物理勘查和地球物理测井技术。井中地球物理勘查用来解决井周、井间的地质问题，其探测范围为几十米到几百米，是介于地面地球物理勘查和常规测井的过渡性技术，具有受地面干扰因素影响小，探测范围大的特点，可准确地确定井周与井间盲矿的空间位置及其形态。地球物理测井技术在石油勘查中广泛应用，主要用来解决井壁的地质问题，其探测范围为十几厘米到几米。

井中地球物理勘查技术主要包括：井中磁测（包括磁化率测井）、井中激发极化法、井中大功率充电法、井中瞬变电磁法、井中电磁波法、井中声波法等。

井中地球物理勘查可应用于固体矿产勘查、石油勘查、水文及工程地质勘查等领域。特别是在深部和外围找矿评价中，井中地球物理勘查具有独特优势，是寻找深部、隐伏矿床的重要手段。

井中磁测主要用于解决井底、井旁和井周的地质问题。例如：①划分磁性层，确定磁性层的深度和厚度，提供磁性参数（磁化率、磁化强度等），验证评价地面磁异常；②发现井旁盲矿，并确定其空间位置；③预测井底盲矿，估算可能见矿的深度；④估计磁性矿体资源量等。

井中激发极化法可以校正钻孔地质剖面，确定被钻孔穿过的矿层的深度、厚度，探测井旁盲矿体，预测井底盲矿，确定见矿深度，以及为地面地球物理和井中地球物理的资料解释提供岩矿石的电阻率、极化率参数等。

地—井瞬变电磁法是近年来国内外发展较快、地质找矿效果较好的一种电法勘查方法，主要应用于金属矿勘查、构造填图、油气田、煤田、地下水、地热、冻土带、海洋地质等方面的研究。

在金属矿勘查方面，主要应用于勘查井旁、井底肓矿体，尤其是当地面电磁法工作因矿体深度太大，或者是在受电性干扰因素（如导电覆盖、浅部硫化物、地表矿化地层等）影响大的地区，更能体现其优越性。

利用井中地球物理勘查预测井旁、井底盲矿、判断已见矿矿体的空间分布对于提高钻探（含坑探）工程效益、扩大钻探工程作用半径、降低钻探工作量等方面具有重要的意义。

第二节　磁法测量

一、磁法测量基本概念

物质在外磁场的作用下，由于电子等带电体的运动，会被磁化而感应出一个附加磁场，其感应磁化强度与外加磁场强度的关系可表述为

$$M=kH$$

式中　k——磁化率（magnetic susceptibility）；

M——感应磁化强度（induced magnetization）；

H——外加磁场强度。

在国际单位制（SD）中，感应磁化强度的单位是特斯拉（Tesla），用 T 表示，如中纬度地区地磁场总强度为 $5 \times 10^{-5}T$（50uT）。由于磁法测量测得的强度变化要小得多，因而采用毫微特斯拉（nano Tesla）为基本单位，简称为纳特（nT，$1nT=10^{-9}T$），又称为伽马（γ）；磁场强度的单位为安培/米（A/m）。如果移除外加磁场后物质仍存在天然磁化现象，其磁化强度称为剩余磁化强度（remnant magnetization）。地壳物质可以同时获得感应磁场和剩余磁场，感应磁场会随着外加磁场的移除而消失，剩余磁场则能够固化在地质体中；地壳物质的感应磁场方向与地球磁场方向平行，而剩余磁场可以呈任意方向，如果环境温度高于居里温度，物质的剩余磁化强度随之消失。在北半球，感应磁化强度的负异常指向北，正异常指向南；如果实测的磁化强度不符合这一规律，则意味着测区内存在显著的剩余磁场。

磁异常是磁法勘查中的观测值与正常磁力值以及日变值之间的差值，换句话说，磁异常是在消除了各种短期磁场变化后，实测地磁场与正常地磁场之间的差异。

对磁异常数据进行分析时，需要了解磁异常是感应磁化强度为主还是剩余磁化强度为主，这可以借助于科尼斯伯格比值（konisberger ratio）（Ir/Ii）进行表述。只有含磁铁矿较高的岩石（如镁铁质、超镁铁质岩石）才是以剩余磁化强度为主。

磁法测量（magnetic surveys）是采用磁力仪记录由磁化岩石引起的地球磁场的分布。因为所有的岩石在某种程度上都是磁化了的，所以，磁性变化图可以提供极好的岩性分布图像，而且在某种程度上反映岩石的三维分布。

区域磁性分布图一般是在安装有磁力仪的飞机在低空平稳飞行测出来的，这种图准确地记录

了工作区内地磁场的变化，图的细节与飞行线的高程和间距有关。在加拿大和澳大利亚等国家，公益性航空磁法测量采用固定机翼的飞机，常用标准是飞行高为 305m、线距约 2.5km；而在近年来的金刚石勘查活动中，一些勘查公司采用直升机进行测量，飞行高度在 30～50m，飞行间距达到 50m。因为磁场强度与距离（飞行高度）的平方成反比，而且，其细节随飞行间距的增大而减弱，从而，飞行高度和飞行间距以及测量仪器的选择是非常重要的。

磁法测量不仅是最有用的航空地球物理技术，而且，由于其飞行高度低并且设备简单，其费用也最低。现在使用的标准仪器是高灵敏度的铯蒸气磁力仪，有时也采用质子磁力仪，但铯磁力仪不仅灵敏度比质子磁力仪高 100 倍，而且还能以每十分之一秒的区间提供一次读数，质子磁力仪只能以每秒或每二分之一秒区间提供读数。铯磁力仪和质子磁力仪都能够自动定向而且可以安装在飞机上或吊舱内。因为地面磁法扫面速度比较慢，因而矿产勘查中大多数磁法测量都是采用航空磁法测量。近些年来，航空磁法测量的测线间距在不断缩小，目前可能小至 100m，离地高度也可能小至 100m。

二、磁法测量的技术要求

（一）磁法测量的适用条件

1. 所研究对象与其围岩之间存在明显磁化强度差异。

2. 研究对象的体积与埋藏深度的比值应足够大，否则可能会由于引起的磁异常太小而观测不出来。

3. 由其他地质体引起的干扰磁异常不能太大，或能够消除其影响。

（二）测网的布置

在地面磁法测量中，一般是以一定网度建立测站，探测磁性差异较小的板状地质体要求较小的间距。现代仪器通常都与 GPS 联结，从而能够同时自动记录站点坐标和相对磁性读数。地面磁法的仪器设备携带方便，容易操作，因而，磁法常作为地质填图和初步勘查项目的一部分工作内容。

磁法测量的测线布置应尽可能与磁异常长轴方向垂直，点距和线距的大小应视磁异常的规模大小而定，使得每个磁异常范围内测点数能够反映出磁异常的形状和特点。

（三）基点的确定

磁测结果是相对值而不是绝对值，为便于对比，一般一个地区要选择一个固定值，固定值所在的观测点称为基点。基点可分为两种类型：①全区异常的起算点称为总基点，要求位于正常场内，附近没有磁性干扰物，有利于长期保留；②测区内某一地磁异常的起算点称为主基点，可作为检查校正仪器性能，故又称为校正点。

三、磁异常的地质解读

（一）常见磁异常图的表现形式

磁法测量获得的数据经各种方法校正（包括日变化、纬度影响、高程影响、向上延拓和向下延拓等）后，便可以绘制成磁异常图。区域性磁异常图通常是根据航空磁法测量数据绘制而成。磁异常通常采用三种图件展示形式。

1. 磁异常剖面图

反映剖面上磁异常变化情况。剖面上异常的对称性受磁性地质体的形状及其相对于地磁场的方向的影响：垂向或水平产状的磁性地质体产生对称的磁异常；倾斜的长条形磁性地质体形成非对称性异常。磁性体的规模及埋藏深度可以利用磁测剖面异常曲线的形状进行定性估计。一般说来，埋藏越深、规模越大的磁性体所产生的磁异常宽度越大，而且磁异常曲线的对称性越高。

2. 磁异常平面剖面图

这种图件是把多个磁异常剖面按测线位置以一定比例尺展现在平面上，反映测区磁异常的三维变化，可以给人以立体视觉，便于相邻剖面间异常特征的对比。

3. 磁异常平面等值线图

磁法测量的数据可以绘制成磁力等值线图。

根据等值线的形状和轮廓可以大致确定磁性地质体的位置、形态特征、走向及分布范围，解译深部地质界线的性质，以及发现断层等。根据磁异常梯度可以大致判别地质体的埋藏深度：浅部磁性地质体引起显著的陡倾异常；深部磁性地质体则形成宽缓异常。现有的许多地质专用软件已经很好地利用晕渲法解决了等值线着色的问题，所绘制的磁异常彩色渲绘图像中采用红色代表磁力高、蓝色代表磁力低，两者之间的色调表示磁力高、低之间的值，这种图像易于判读，而且能够更直观地表现磁异常的三维空间变化。

磁异常的等值线形态多种多样，有的是等轴状或同心网状，有的是条带状，有的呈椭圆形。一般等轴状和椭圆形异常是由三维空间体引起的，而条带状和长椭圆状异常可以近似看作由二维空间体（板状、层状体）引起。

三维空间体一般是正负成对出现。在北半球，一般负异常位于偏北一侧，若整个正异常周围有负异常（伴生负异常）环绕，则表示磁性体向下延深不大。

实际上，真正的三维体是不存在的，只要磁性体沿走向的长度大于埋深 5 倍，将其看作是二维体来解释，误差不大。通常是由异常等值线来判定二维体或三维体的异常，其方法是：取 1/2 极大值等值线，若长轴长度为短轴长度的三倍以上，即可将其看作二维体异常，这一规则属于中、高纬度区。

二维体一般是正异常一侧有伴生负异常出现，只有顺层磁化向下无限延伸的板状体上，Z_a 曲线为两侧无负异常的对称异常。在特定情况下，ΔT 也可能出现正或负的异常。

（二）借助于磁异常图了解地下地质特征空间展布的大致范围

具体操作过程是先将磁异常图与相应的地质图进行对比，建立磁异常所在位置与相应地质体之间的联系，根据岩石（矿石）磁性参数，判别引起磁异常的原因；再结合控矿地质因素区分哪些磁异常是矿致异常，哪些是非矿致异常。若异常位于成矿有利地段，且磁性资料表明该区矿体的磁性很强，则该异常有可能是矿致异常。

磁异常的位置和轮廓可以大致反映地质体的位置和轮廓，其轴向一般能反映地质体的走向。平面上呈线性条带、弧形条带或"S"形条带展布的磁异常，通常是构造带的反映；区域性磁力高或磁力低，可能是隆起或凹陷（穹窿或盆地）的反映。局部磁力高通常是小岩体或矿体的反映。

只有正异常而无负异常，或者正异常两侧虽然存在负异常但不明显或两侧负异常大致相等，可以解释为磁性地质体位于正异常的正下方；磁异常正负相伴可以解释为磁性地质体的顶面大致位于正负异常之间且赋存在梯度变陡的下方。

（三）磁异常的区域趋势和剩余分析

由深部磁性体引起的磁异常具有较长的波长，这种长波长的磁异常称为区域趋势；埋藏较浅的磁性体引起的磁异常以较短的波长为特征，具有短距离波长的磁异常称为剩余或称为异常。

如果人们对浅部地质体感兴趣，那么，长波长的磁异常（即区域趋势）就是噪声，因而可以滤除；同理，如果研究的是埋藏较深的地质体，那么，短波长的异常就成为噪声，应该去除掉。不过，有时候这两类数据并不是那么容易区分开，因而难以进行分离。

区域异常一般反映了区域性构造或火成岩的分布，局部异常可能与矿化体、小规模的侵入体有关。为了进一步查明每个异常的地质原因，还可结合地质特征或控矿因素对磁异常进行分类。

（四）磁性地质体埋藏深度的估计

磁异常分析的另一个重要内容是确定引起磁异常的地质体的埋藏深度，通常是在磁异常图上对已经证实异常的横剖面进行研究。具体做法如下：

1. 利用波长半宽度技术估计埋藏深度

该方法的原理是磁异常的宽度与磁性地质体的埋藏深度相关而且二者的值为同一个数量级。由此很容易建立它们之间的经验公式。

（1）直立筒状地质体

直立筒状地质体（如金伯利岩筒）引起的磁异常可以看作为一个孤立磁极（Monopole）。设岩筒顶部距地表的深度为 z，其异常垂直分量的半宽度由下式给定：

$$x_{1/2} = 0.766z$$

整理后得

$$z = 1.306x_{1/2}$$

（2）球状和圆柱状磁性地质体

估算球状和圆柱状磁性地质体埋藏深度的公式如下：

$$x_{1/2} = 0.5z$$

整理后得

$$z = 2x_{1/2}$$

式中 z——球状或圆柱状磁性地质体中心至地表的埋藏深度。

由于计算的是磁异常的半幅宽度，所以，必须先消除其背景磁异常后才能进行计算。

2. 坡度法（slope methods）估算深度

利用磁异常坡度（dF/dV）也可以用于给定磁性地质体埋藏深度的约束条件。具体做法如下。

在磁异常图中找到具有最大 dF/dV 值的位置，然后找出位于最大坡度值 1/2 处的两个点，这两点间的距离为 d。偶极磁性体埋藏深度的计算公式为

$$z = 1.4d$$

这一分析可以在磁异常两侧进行，如果异常不对称，那么可以取左右两侧值的平均值进行计算。

四、磁法在矿产勘查中的应用

磁法测量结果对地质数据的解释是极为有用的，因为地质填图过程中常常受露头发育不良的条件限制。磁法测量能够测定地表盖层之下地质建造的相对磁性分布图，据此能够推断不同岩石类型的边界，以及断层和其他构造的展布等，从而使地质图上的信息显著增强。磁法勘查是一种轻便快捷的勘查技术，其勘查精度随着仪器设备的更新换代不断提高，目前，磁法勘查已成为矿产勘查中一种重要的手段。

（一）划分不同岩性区和圈定岩体

利用磁法测量对在磁性上与围岩有明显差异的各类岩浆岩尤其是镁铁质和超镁铁质岩体进行填图的效果非常好。基性与超基性侵入体，一般含有较多的铁磁性矿物，可引起数千纳特的强磁异常；玄武岩磁异常值在数百至数千纳特之间。闪长岩常具中等强度的磁性，在出露岩体上可以产生 1000 ~ 3000nT 的磁异常，当磁性不均匀时，异常曲线在一定背景上有不同程度的跳跃变化。花岗岩类一般磁性较弱，在多数出露岩体上只有数百纳特的磁异常，曲线起伏跳跃较小；然而，如果在岩浆侵位过程中与围岩发生接触交代作用而产生磁铁矿或磁黄铁矿，沿岩体边缘有可能形成磁性壳。喷出岩一般具有不规则状分布的磁性，少数喷出岩无磁性。

磁异常一般都源自火成岩和变质岩，沉积岩通常不产生磁异常，因而磁异常一般都是以基底岩石为主，沉积盖层实际上不产生磁异常，或者说沉积盖层对磁力实际上是透明的，所以在沉积盆地观测到任何有意义的磁异常，一定是基底表面或内部磁性体引起的，因此，磁法测量特别适应于较厚沉积盖层下的基底构造填图。

此外，利用磁异常的平滑度估计基底的埋藏深度（或者沉积盖层的厚度）是磁异常数据的标准应用。

原岩为沉积岩的变质岩，一般磁性微弱，磁场平静；原岩为火山岩的变质岩，其磁异常与中酸性侵入体的异常相近；含铁石英岩建造通常形成具有明显走向的强磁异常。

（二）推断构造

构造趋势能够借助于磁性分布形式展示出来，因而，在矿产勘查尤其是在油气勘查中，磁法勘查主要用于研究结晶基底的起伏与结构，测定深大断裂和火成岩活动地带。近年来，高精度磁

法勘查在研究沉积岩构造方面也有一定效果。

断裂的产生或者改变了岩石的磁性，或者改变了地层的产状，或者沿断裂带伴随有同期或后期的岩浆活动，因而，断裂带上的磁异常大多表现为长条状线性正异常或呈串珠状、雁行排列的线性磁异常。有些发育在磁性岩层中的断裂带，由于断裂带内岩石破碎而使其磁性减弱，如果没有岩浆侵入的话，则这类断裂带上会出现线性低磁异常带。

在褶皱区，一般背斜轴部上方会出现高值正磁异常，向斜轴部上方可能出现低缓异常而其两翼则表现为升高的正异常。

综上所述，利用磁法测量能够测定地表盖层之下地质建造的相对磁性分布图，据此能够推断不同岩石类型的边界，以及断层和其他构造的展布等，从而在露头发育不良的地区，磁法测量可以作为矿产地质填图的重要辅助手段。

（三）矿致异常

铁矿体具有很高的磁化率并且可以呈现感应磁化强度和剩余磁化强度，这些磁异常能够在一定的飞行高度上很容易被探测到，因此，航磁测量是预查阶段最有用的勘查手段之一。

因为石棉矿常常赋存在富含磁铁矿的超镁铁侵入岩中，所以，利用磁法勘查可以确定石棉矿床。需要指出的是，赤铁矿具有反铁磁性，只能产生微弱异常。

有经济价值的矿床本身可能不具有磁性，但是只要矿石矿物与一定的磁性矿物（主要是磁铁矿和磁黄铁矿）之间存在某种相对直接的关系或者与某些可以采用磁法填图的岩石类型相关，就有可能利用磁法探测到矿化的存在。例如，与含铁建造有关的金矿化，由于含铁建造中含磁铁矿，在一些金矿化带内含磁黄铁矿，利用磁法测量可以圈出含铁建造层位，至于如何在含铁建造中找到金矿体则属于另一个研究内容。对于矽卡岩型金矿，则可以利用磁法圈定矽卡岩体，矽卡岩中常常含有一定量的磁铁矿和磁黄铁矿。

在一些斑岩型铜矿床中，磁法测量结果可能表现为在未蚀变的岩石建造之上圈出的是正磁异常，而勘查目标则圈定为磁力低，这是因为在成矿过程中，原始侵入体或火山岩中所含的磁铁矿矿物被成矿流体交代蚀变，其中的磁铁矿已被蚀变为诸如黄铁矿之类的非磁性矿物。

第三节 电法测量

电法测量（electrical surveys）是通过仪器观测人工的、天然的电场或交变电磁场，根据岩石和矿石的电性差异分析和解释这些场的特点和规律，达到矿产勘查的目的。电法利用直流或低频交流电研究地下地质体的电性，而电磁法是利用高频交流电达到此目的。利用岩石和矿物电导性高度变化的特点，发展了多种电法测量技术，包括电阻率测量法、充电法、自然电场法、激发极化法、电磁法等，本书只对电阻率测量法、激发极化法以及电磁法做简要介绍。

一、电阻率测量法

（一）电阻率测量法的基本概念

当地下介质存在导电性差异时，地表观测到的电场将发生变化，电阻率测量法就是利用岩石和矿石的导电性差异来查找矿体以及研究其他地质问题的方法。电阻率是表征物质电导性的参数，用 ρ 表示，单位为 $\Omega \cdot m$。

根据地下地质体电阻率的差异而划分出电性层界线的断面称为地电断面。由于相同的地层，其电阻率可能不同，不同的地层，其电阻率又可能相同，所以，地电断面中的电性层界线不一定与地质剖面中相应的地质界线完全吻合，实际工作中要注意研究地电断面与地质剖面的关系。

另外，由于地电断面一般都是不均匀的，将不均匀的地电断面以等效均匀的断面来替代，所计算出的地下介质电阻率不等于其真电阻率，而是该电场范围内各种岩石电阻率综合影响的结果，故称为视电阻率。由此可见，电阻率测量法更确切地说应该是视电阻率测量法。

电阻率测量技术是利用两个电极把电流输入地下并在另两个电极上测量电压而实现的。可以采用各种不同的电极布置形式，并且在所有情况下都可以计算出地下不同深度的视电阻率，利用这些数据可以生成真电阻率的地电断面。

矿物中金属硫化物和石墨是最有效的电导体，含孔隙水的岩石也是良导体，而且正是由于岩石中孔隙水的存在使得电法技术的应用成为可能。对于大多数岩石而言，岩石中孔隙发育程度以及孔隙水的化学性质对电导性的影响大于金属矿物粒度对电导性的影响，如果孔隙水是卤水，电法的效果最好；只含微量水分的黏土矿物也容易发生电离。

（二）电阻率测量法的布设

电阻率测量法的目的是圈定具有电性差异的地质体之间的垂直边界和水平边界，一般采用垂直电测深法和电剖面法的布设方式来实现。

1. 垂直电测深法（vertical electrical sounding）

垂直电测深法是探测电性不同的岩层沿垂向方向的变化，主要用于研究水平或近水平的地质界面在地下的分布情况。该方法采用在同一测点上逐次加大供电极距的方式来控制深度，逐次测量视电阻率 ρ 的变化，从而由浅入深了解剖面上地质体电性的变化。电测深有利于研究具有电性差异的产状近于水平的地质体分布特征，这一技术广泛应用于岩土工程中确定覆盖层的厚度以及在水文地质学中定义潜水面的位置。

2. 电剖面法（electrical profiling）

电阻率剖面法的简称，这种方法用于确定电阻率的横向变化。它是将各电极之间的距离固定不变（也即勘查深度不变），并使整个或部分装置沿观测剖面移动。在矿产勘查中采用这种方法确定断层或剪切带的位置以及探测异常电导体的位置。在岩土工程中利用该法确定基岩深度的变化以及陡倾斜不连续面的存在。利用一系列等极距电剖面法的测量结果可以绘制电阻率等值线图。电阻率测量法要求输入电流和测量电压，由于电极的接触效应，同一对电极不能满足这一要求，而需要利用两对电极（一对用作电流输入，另一对用作电压测量）才能实现。根据电极排列形式不同，电剖面法主要分为联合剖面法和中间梯度法等。

联合剖面法采用两个三极装置排列（三极装置是指一个供电电极置于无穷远的装置）联合进行探测，主要用于寻找产状陆倾的板状（脉状）低阻体或断裂破碎带。中间梯度法的装置特点是供电电极距很大（一般为覆盖层厚度的 70 ～ 80 倍），测量电极距相对要小得多（一般为供电电极距的 1/30 ～ 1/50），实际操作中供电电极固定不变，测量电极在供电电极中间 1/3 ～ 1/2 处逐点移动进行观测，测点为测量电极之间的中点。中间梯度法主要用于寻找诸如石英脉和伟晶岩脉之类的高阻薄脉。

（三）电阻率数据的定性解读

由于电法勘查的理论基础很复杂，因而在地球物理勘查中电法测量结果是最难于进行定量解读的。在电阻率测量法结果的解释中，对于垂直电测深结果的数学分析方法已经比较成熟，而电剖面测量结果的数学分析相对滞后。

利用电测深获得的视电阻率数据可以绘制相应的视电阻率地电断面等值线图、视电阻率平面等值线图等，借助于这些图件分析勘查区的地质构造、地层（含水层）的分布特征等。

联合剖面法的成果图件主要包括视电阻率剖面图、视电阻率剖面平面图，以及视电阻率平面等值线图等，利用这些图件可以确定异常体的平面位置和形态，并可进行定性分析：

1.沿一定走向延伸的低阻带上各测线低阻正交点位置的连线一般与断层破碎带有关；

2.沿一定走向延伸的高阻异常带，多与高阻岩墙（脉）有关。需要指出的是，地下巷道、溶洞等也具有高阻的特征，应注意区分；

3.没有固定走向的局部高阻或低阻异常与局部不均匀体有关。

（四）电阻率的应用

这种方法既可以直接探测矿体（如密西西比河谷型硫化物矿床），也可用于定义勘查目标的三维几何形态（如金伯利岩筒电阻率测量法还可用于绘制覆盖层厚度图）。

电阻率测量法应用于水文地质研究，可以提供地质构造、岩性以及地下水源的重要信息。电阻率测量法也广泛应用于工程地质研究，电测深是一种非常方便的、非破坏性的确定基岩深度的方法，并且能够提供地下岩石含水性的信息；电剖面法可用于确定探测深度之间基岩的变化，并且能够显示地下可能存在不良地质现象。

尽管电阻率测量法在圈定浅部层状岩系以及垂向电阻不连续面是一种有效的方法。然而，这种方法在使用上有许多限制，主要表现在：①电阻数据具多解性；②地形和近地表电阻变化可能屏蔽深部电阻变化；③电阻率测量法的有效深度大约为 1km。

二、激发极化法

（一）激发极化法的基本概念

当施加在两个电极之间的电压突然断开时，用于监测电压的两个电极并没有瞬间降低为零，而是记录了一个由初始的快速衰减其后为缓慢衰减的过程；如果再次开通电流，电压开始为迅速增高其后转为缓慢增高，这种现象称为激发极化（Induced Polarization，IP）。

IP 法测量地下的极化率（即物质趋向于持续充电的程度）。其原理是利用存在于矿化岩石中的两种电传导模式：离子（存在于孔隙流体中）和电子（存在于金属矿物中），若在含有这两类导体的介质中施加电流，在金属矿物表面就会发生电子交换，引起（激发）极化，形成电化学障。这种电化学障提供了两种有用的现象：①需要额外电压（超电压）来传送电流通过该电化学障，如果切断电流，这种超电压不会立即下降为零而是逐渐衰减，使电流能在短时间内流动；②具电化学障的矿化岩石，其电阻具有鉴别意义的特征，包括与外加电流频率有关的相位和差值。在非矿化岩石中，外加电流只是通过孔隙间的离子溶液传导，因此，其电阻与外加电流频率无关。尽管激发极化现象很复杂，但比较容易测量。

激发极化法根据上述原理可以采用直流激发极化法，这种技术利用电压衰减现象，其观测值以时间域的方式，以毫秒（msec）为单位表示；也可以利用电阻对比现象采用交流激发极化法，其观测值以频率域的方式获取，以百分频率效应（PFE）为单位表示。

在直流激发极化法中，用极化率 η 表示岩（矿）石的激发极化特性，实际工作中，由于地下介质的极化并不均匀且各向异性，所计算出的极化率值是电场有效作用范围内各种岩（矿）石极化率的综合影响值，称为视极化率值 ηs。

（二）激发极化法测线的布设

激发极化法测量是沿着垂直于主要地质走向等间距布设测线，采用两个电流电极将电流注入地下，利用两个电压电极测量衰减电压，同时还可以测量电阻率。电极布置可以采用多种方式，如单极—偶极排列（梯度排列）、偶极—偶极排列等。改变电极之间的距离可以获得不同深度的测深结果，从而可以绘制出电阻率和极化率随深度变化而变化的图像。对于偶极—偶极测量来说，电极对之间的距离保持不变，增加电压电极和电流电极之间的间隔，这种间隔是以电压电极之间距离的整数倍（n）增加的。

激发极化法测量结果一般绘制成极化率视剖面图。视剖面图能够表现极化率相对于深度以及电极距的变化，反映导体的几何形态。视剖面图的具体做法是利用 3～4 种电极距所获得的 IP 观测值（视电阻率值），以供电偶极的中点和测量偶极中点的连线为底边作等腰三角形，取直角顶点为记录点，并将相应的 IP 观测值（视电阻率值）标在旁边，同理，当改变电极距（n）时可做出同一测点不同 n 值的直角顶点，同时标出相应的观测值，然后绘制成等值线图或晕渲图。埋藏较浅的小规模导体趋向于生成所谓的"裤腿状"异常。

（三）激发极化法的应用

电法测量中，激发极化法是矿产勘查中应用最广的一种地面地球物理技术。

最初设计这种技术是用于寻找浸染状硫化物矿床，尤其是斑岩铜矿，但不久就发现这种方法比常用的电阻法更能在层状、块状硫化物矿床以及脉状矿床中显示有特征意义的异常（理论上，导电的块状硫化物矿床只能产生微弱的 IP 响应，但实际上，IP 法在勘查块状硫化物矿床的效果也很好，这是因为块状硫化物成分比较复杂）。

激发极化法是一种特殊类型的电法测量，它实际上是目前唯一的一种能够直接探测隐伏的浸染状硫化物矿床的地球物理方法。

除闪锌矿外，所有常见的硫化物都是电导体；大多数具金属光泽的矿物也都是电导体，包括石墨和某些类型的煤；一些不是电导体但具有不平衡表面电荷的黏土矿物也能产生效应（地质噪声）。一些具有阻挠特性，使用相角关系的措施，如采用（光谱激发极化法），能够判别出金属矿物和非金属矿物发出的信号。激发极化法应用的另一个限制是成本较高。

（四）电法的适用条件

电法测量技术要求一台能够输出高压的发电机以及直接置于地下的传送输入电流的电极，并且需要沿着地面布置的一系列接收器测量电阻或极化率（充电率）。因而，电法测量是相对费钱费力的技术，主要用于具有金属硫化物矿床潜力的勘查区内直接圈定目标矿床。

应用电法测量有可能会遇到输入电流短路的问题，导致短路的原因可能是在深度风化地区含盐度较高的地下水引起的。如上所述，电法测量结果解释过程中可能会遇到的问题是：除了块状和浸染状硫化物矿体会产生低电阻或高极化率外，岩石中还有其他可能产生类似响应的带，如石墨带。因此，在结果的解释中应结合工作区的地质特征进行排除。

电法测量的有效探测深度在200～300m内，适合于近代抬升和剥蚀的地区，因为在这些地区，新鲜的、风化程度较弱的岩石相对接近于地表。

电法测量目前只能在地面使用，不能用于航测。地面电法测量的主要优点是能够直接与地面接触，因此，电法测量在详细勘查中应用广泛。

三、电磁法测量

（一）电磁法测量的工作原理

电磁法是电法勘查的重要分支技术，它主要利用岩石（矿物）的导电性、导磁性和介电性的差异，应用电磁感应原理，观测和研究人工或天然形成的电磁场的分布规律（频率特性和时间特性），进而解决有关的各类地质问题。

电磁法测量（Electromagnetic Measurement，EM）的目的是测量岩石的电导性，其原理或者是利用天然存在的电磁场或者是利用一个外加电磁场（一次场）诱发电流通过下部的电导性或磁导性岩（矿）石产生次生电磁场（二次场），从而导致一次场发生畸变。一般说来，一次场和二次场叠加后的总场在强度、相位和方向上与一次场不同，因此，研究二次场的强度和随时间衰变或研究总场各分量的强度、空间分布和时间特性等，可发现异常和推断地下电导体或磁导体的存在。

一次场是使交流电通过导线或线圈产生，这种导线或线圈既可以布设在地面也可以安装在飞机上；在电导性岩石中诱发的电流会产生二次场。一次场和二次场之间的干扰效应提供了确定电导性或磁导性岩（矿）体的手段。

（二）岩石（矿物）的电导率

电导率是表征物质电导性的另一个参数，以西／米（Siemens/m）为单位进行度量；电导率与电阻率互为倒数关系，这两个术语都很常用。不同类型岩石和矿物之间的电导率差异相当大，诸如铜和银之类的自然金属是良导体，而诸如石英之类的矿物实际上不具有电导性。岩石和矿物的电导性是一种十分复杂的现象，电流可以以电子、电极或电介质三种不同方式进行传导。

花岗岩基本上不导电，而页岩的电导率在 0.5 ～ 100m S/m 内变化。岩石中含水量的增加其电导率将显著增大，如湿凝灰岩和干凝灰岩的电导率可以相差 100 倍。不同类型岩石之间的电导率值域存在重叠现象，块状硫化物的电导率值域可能覆盖诸如石墨和黏土矿物之类的其他非矿化岩石。导电的覆盖层，尤其是水饱和的黏土层可能足以屏蔽下伏块状硫化物的电磁异常。

（三）电磁法的应用

电磁法测量系统对于位于地表至 200m 深度范围内的电导性矿体最有效。虽然从理论上讲，较高的一次场强和较大间距的电极可以穿透更大的深度，但是，对 EM 观测结果的解释过程中遇到的问题将会随穿透深度的增加呈对数方式增多。一般来说，地面电磁法的有效探测深度大约为500m，航空电磁法的有效探测深度大约为 50m；最后，电磁法数据的定量解释比较复杂。

电磁法借助于地下硫化物矿体周围产生的电导异常探测各种贱金属硫化物矿床。航空电磁测量和地面电磁测量结果都可以绘制出地下硫化物矿体的三维图像，从而提供钻探靶区。

电磁法测量尤其适合于探测由黄铁矿、磁黄铁矿、黄铜矿，以及方铅矿等矿物组成的块状硫化物矿床，这些矿物紧密共生形成致密块状矿体，犹如一个埋藏在地下的金属体。需要指出的是，如果块状硫化物矿体中闪锌矿含量较高，由于闪锌矿为不良导体，矿体可能只表现为弱 EM 异常。

地面电磁测量技术的费用相对较高，一般是在勘查区内用于圈定特殊矿化类型的钻探靶区时使用。这种技术也可以在钻孔测井中应用，用于测量钻孔与地表之间或两相邻钻孔之间通过的电流效应。航空电磁法既可以用于矿床靶区圈定，也可用于辅助地质填图。

EM 结果解释过程中经常出现的问题是因为许多矿体围岩可能产生与矿体本身相似的地球物理响应；充水断裂带、含石墨页岩以及磁铁矿带都能产生假的电导异常；风化程度很深的地区或含盐度很高的地下水都有可能导致电磁法测量失效或者造成观测结果难以解释。正因为如此，在新鲜岩石露头发育较好或风化程度较低的地区应用 EM 技术效果更好。

EM 测量在矿产勘查中都是很常用的技术，如果在具有电导性的贱金属矿床和电阻性围岩之间或者厚度不大的盖层之间存在明显的电导性差异，那么，利用电磁法测量能够直接探测导电的基本金属矿床。这一技术在北美和斯堪的纳维亚地区应用比较成功。许多其他电导源，包括沼泽、构造剪切带、石墨等电导体，在 EM 异常解释中构成主要的干扰源。

第四节 重力测量

一、重力测量的基本概念

（一）重力测量的基本原理

重力测量（gravity surveys）的基本原理是利用地下岩石、矿石之间存在的密度差异而引起地表局部重力场的变化，通过仪器观测地表重力场的变化特征及规律，进行找矿或解决重要的地质构造问题。主要应用于铁、铜、锡、铅、锌及盐类、能源矿产的找矿、调查或了解大地构造的形态等方面。

重力方法是测量地下岩石密度方面的横向变化，所采用的测量仪器称为重力仪，实际上是一种灵敏度极高的称量器，通过在一系列的地面测站称量标准质量，利用重力仪能够探测出由地壳密度差异引起的重力方面的微细变化。像磁法数据一样，重力异常也可采用重力等值线图或彩色图像表示。

（二）岩石（矿物）的密度

在所有的地球物理参数中岩石密度是变化程度最小的变量，大多数常见岩石类型的密度为 $1.60 \sim 3.20 \mathrm{g/cm^3}$。

岩石的密度与其孔隙度和矿物成分有关。在沉积岩中孔隙度的变化是导致密度变化的主要原因，在沉积岩序列中，由于压实作用导致密度随深度的增加而增大，由于渐进胶结作用致使时代越老的岩石密度越大。大多数岩浆岩和变质岩的孔隙度极低，其成分是引起岩石密度变化的主要因素。一般来说，密度随岩石酸性增加而降低，因而，从酸性岩、中性岩、基性岩—超基性岩的密度逐渐增大。

（三）重力测量工作比例尺的确定

对于金属矿产勘查而言，要求以不漏掉最小有工业价值的矿体产生的异常为原则，即至少应有一条测线穿过该异常，所以线距应不大于该异常的长度，并且在相应工作成果图上，线距一般应等于 1cm 所代表的长度，允许变动范围为 20%。至于点距，应保证至少有 2 ~ 3 个测点在所确定的工作精度内反映其异常特征，一般为线距的 1/2 ~ 1/10。

二、重力异常的解释

（一）异常解释过程中应注意的问题

1. 从面到点

对异常的解释一般是从读图或异常识别开始，即先把握全局，再深入到局部。不同地质构造单元内由于地质条件的差异而呈现不同的重力异常分布特征。所以首先对异常进行分区或分类，分析研究各区（类）异常特征与区域地质环境可能存在的内在联系，在此基础上才有可能进一步对各区内的局部异常做出合理的地质解释。

2. 从点至面

对异常的解释必须遵循从已知到未知的原则，因为相似的地质条件产生的异常也具有相似的特征，因而可以利用某一个点或一条线作控制进行解释，将获得的成功经验推广到周围条件相似地区的异常解释中去，或者是从露头区的异常特征推断邻近覆盖地区的异常成因解释。

3. 收集工作区内已有地质、地球物理、地球化学以及钻探资料

尽可能多地增加已知条件或约束条件，为重力异常解释提供印证、补充或修改。有条件时，应对所解释的异常进行验证，进一步深化异常的认识和积累经验。

（二）异常特征的描述

对于一幅重力异常图，首先要注意观察异常的特征。在平面等值线图上，对于区域性异常，异常特征主要是指异常的走向及其变化（从东到西或从南至北异常变化的幅度）、重力梯级带的方向及延伸长度、平均水平梯度和最大水平梯度值等；对于局部异常，主要指圈闭状异常的分布特点，如异常的形状、异常的走向及其变化、重力高还是重力低，以及异常的幅值大小及其变化等。

在重力异常剖面图上，应注意异常曲线上升或下降的规律、异常曲线幅值的大小、区域异常的大致形态与平均变化率、局部异常极大值或极小值幅度以及所在位置等。

（三）典型局部重力异常可能的地质解释

1. 等轴状重力高

可能反映的是囊状、巢状或透镜状的致密块状金属矿体，或反映镁铁质—超镁铁质侵入体，也有可能是反映密度较大的地层形成的穹窿或短轴背斜，还有可能是松散沉积物下伏的基岩的局部隆起。

2. 等轴状重力低

可能是盐丘构造或盆地中岩层加厚的地段的反映，或者是密度较大的地层形成的凹陷或短轴向斜，或者是碳酸盐地区的地下溶洞，也有可能是松散沉积物的局部增厚地段。

3. 条带状重力高

可能是由高密度岩性带或金属矿化带引起的重力异常，也可能是镁铁质岩墙的反映，或者是密度较大地层形成的长轴背斜构造等。

4. 条带状重力低

可能反映密度较低岩性带或非金属矿化带的展布特征，或者是侵入密度相对较大的围岩中的酸性岩墙，或者是密度较大地层形成的长轴向斜。

5. 重力梯级带

重力异常等值线分布密集并且异常值向某个方向单调上升或下降的异常区称为重力梯级带，可能反映垂直或陡倾斜断层的特征，或者是不同密度岩体之间的陡直接触带等。

三、重力测量与磁法测量的比较

（一）重力测量和磁法测量的相似之处

1. 重力测量和磁法测量都属于被动地球物理勘查技术，即是利用这两种技术测量地球上天然发生的场：重力场或磁场。

2. 可以采用相同的物理和数学表达式理解重力和磁力。例如，用于定义重力的基本要素是质点（point mass），同样的表达式可用于定义由基本地磁要素派生的磁力，只不过基本地磁要素不是称为质点，而是称为磁单极（magnetic mono-pole）；质点和磁单极具有相同的数学表达式。

3. 重力和磁法测量的数据采集、处理及其解译原理都具有相似性。

（二）重力测量和磁法测量的不同之处

1. 控制密度变化的基本参数是岩石密度，不同地区近地表岩石和土壤密度的变化非常小，一般观测到的最高密度为 $3g/cm^3$ ，最低密度大约为 $1g/cm^3$ 。同时，不同地区磁化率的变化可达 4 ~ 5 个数量级，这种变化不仅表现在不同的岩石类型中，而且同一种岩石类型的磁化率也存在显著变化，从而，在磁法测量中根据磁化率的估计来确定岩石类型是极其困难的。

2. 磁力与重力不同，重力总是表现为引力，而磁力既可以是引力也可以是斥力，也就是说，数学上单极可以假设为正值也可以为负值。

3. 与重力的情况不同，磁性单点源（单极）不能单独存在于磁场中，而是成对出现；一对磁单极（称之为双极）总是由一个正极和一个负极组成。

4. 一个存在明显对比的重力场总是由地下岩石密度的变化产生的；然而，一个具有明显对比的磁场至少起源于两种可能性：可能由感应磁化也可能是由剩余磁化产生，而且，仅凭野外观测难于将二者区分开。

5. 重力场不随时间的变化发生明显的变化；而磁场与时间显著相关。

（三）重力异常与磁异常的差异

1. 重力异常是由于地下密度的变化产生的，而磁异常是由地下磁化率的变化引起的。由于控制磁异常形状的因素比控制重力异常形状的因素更多，因而难于直观地构建起磁异常的形状。

2. 如果知道由一个简单形体（如一个质点）引起的重力异常形状，常常能够推断更复杂的密度分布之上的重力异常的形状。一旦确定了该密度分布产生的重力异常的形状，则可以合理地推断该异常将如何随着密度差的变化而变化或者随着密度差的深度变化而变化。此外，如果这种密度分布转移至地球上其他部位，其异常的形状也不会改变。

另一方面，磁异常与两个独立的参数有关，即地下磁化率的分布以及地磁场的方向，其中一个参数的变化将引起磁异常的改变。这实际上意味着相同的磁化率分布如果处于不同部位（如位于赤道部位和位于北极地区），其产生的磁异常形状是不同的。此外，不同方向（如东西向或南北向）的二维地质体（如脉状矿体），即便磁测剖面总是与矿脉的走向垂直，其所产生的磁异常形状也是不同的。

四、重力测量在矿产勘查中的应用

重力测量可用于探测相对低密度围岩中的相对高密度地质体，因而可以直接探测密西西比河谷型铅锌矿床、奥林匹克坝型矿床（又称为铁氧化物铜—金矿床，简称 IOCG）、铁矿床、矽卡岩型矿床、块状硫化物矿床（VMS 型矿床）等。

在地质情况比较清楚的地区，能够预测探测目标的大致密度和形状时，重力测量可直接用于寻找块状矿体。葡萄牙南部伊比利亚（Iberian）黄铁矿带中的一个最重要的矿床——内维斯—科尔沃（Neves Corvo）块状硫化物矿床就是在详细重力测量圈定的异常区内用钻探在 305m 深处揭露和确定的。重力测量受地形效应影响较大，尤其在山区，但在较深的地下坑道内，这种影响就会小得多。例如，在奥地利柏雷伯格（Bleiberg）地区采用重力测量圈定了高密度的铅锌矿带。

重力测量和磁法测量配合可以有效地识别从基性到酸性的各类隐伏侵入体。如果同步显示重力高和磁力高，而且异常强度和规模较大，则该异常可能是镁铁岩体或超镁铁岩体所致；如果显示磁力高而且异常规模较大，重力只表现为弱异常，则有可能是中性侵入体；如果同步显示磁力低和重力低，而且异常规模很大，则有可能是酸性侵入体。

具一定规模的磁性铁矿体将同时在其周围空间激发起重力异常和磁异常，即所谓的重磁同现；而高密度但弱磁到无磁性的地质体，如石膏、基岩起伏，或具磁性但不具剩余密度差的地质体（如强磁性火山岩）都将引起单一的重力异常或磁异常，即所谓的重磁单现。重磁单现是指重力异常与磁场（包括正异常及伴随的负异常）在一起出现，并不是指两者的极大值重合。

在勘查基本金属矿床中，重力测量技术通常用于磁法、电法以及电磁法异常或者地球化学异常的追踪测量，尤其适合于评价究竟是由低密度含石墨体引起还是由高密度硫化物矿床引起的电导异常。重力测量也是用于探测基本金属硫化物矿床盈余质量（密度差）的主要勘查工具。重力数据还可以估计矿体的大小和吨位，重力异常还可以用于了解有利于成矿的地质和构造的分布特征。近年来，航空重力测量技术取得了显著进展。

重力测量最常用功能是验证和帮助解释其他地球物理异常，它也被用于地下地质填图；重力法以及折射地震法的特殊功能是确定冲积层覆盖区下部基岩的埋深及轮廓，还可用于寻找砂矿床。

最适合于重力测量的条件主要包括：①作为研究对象的地质体与围岩之间存在明显的密度差异；②地表地形平坦或较为平坦；③工作区内非研究对象引起的重力变化较小，或通过校正能予以消除。

第五节 设计和协调物理勘查工作

地球物理和矿产勘查关系十分密切，因此，勘查地质工作者要善于把两者的工作协调好。地球物理工作者根据地质解释选择野外方法和测线，而勘查地质工作者却要利用地球物理信息进行有关解释。

一、地球物理勘查的初步考虑

（一）地球物理勘查模型

基于矿床（体）的概念模型以及与工作有关的任何其他地质信息，可以预测一定的物性对比以及矿床可能产出的深度范围。一种地球物理模型可能是矿床发现模型；另一种模型是填图模型，目的在于确定岩性和构造的关键地质信息。

（二）目标

考虑成本、完成地球物理勘查工作的时间。在日程安排及地球物理勘查模型的组织范围内，制定出最佳的地球物理和地质工作程序。

（三）工作程序

可能不止一个单位参加项目工作，为了使它们能建立起一个试验性程序以便发挥其作用，必须让它们了解工作区原有地球物理的控制程度以及现在的目的，并尽可能详细地阐明下列条件：①工作区的范围；②所要求地球物理工作的详细程度；③测线的方位以及测站的间距；④所要求地球物理工作覆盖的程度（完全覆盖或部分覆盖）；⑤各拟用地球物理技术所要求的精度；⑥测线控制要求的精度；⑦提交成果的范围和方式（即原始资料、等值线图、解释资料等），若需要解释资料，说明解释程度等；⑧地球物理工作的日程安排；⑨工作区的地形、气候、地质特征以及野外基地设施等。

二、地球物理工作开展前的准备

开展工作之前，勘查地质人员要与地球物理人员共同设计一个特殊工作项目，其内容包括以下四个方面。

（一）由勘查地质工作者简要介绍

①工作区的地质条件。利用现有地质图，若可能的话，还可利用能指示不连续性和岩性对比的原有地球物理测量资料，详尽地把地质模型与物性（如密度、电导率、磁化率等）联系起来；②噪声来源。根据现有信息可以预测某些噪声来源，如具导电性的覆盖层，矿山、管道产生的人工噪声等。

（二）共同编制工作进度表

由于季节、气候、设备故障等因素的影响，不可避免地会造成地球物理工作的某些延误。因而，工作进度安排具有应变性。此外，由于地球物理工作是用于建立工作区的地质图像，工作进展过程中可能会出现新的情况，需要补充一些测线；有时测线需要延拓至邻区；有时需要补充使用其他地球物理方法；地质填图范围可能需要扩大，以便与新的地球物理资料吻合。诸如此类，虽然不可能编入工作进度表中，但在考虑工作安排时必须预计这些可能发生的事件。

（三）取样和试验

实验室确定地球物理参数的样品以及地球物理响应的模拟可以由地质人员来完成。此外，勘查地质人员和地球物理人员可以选择露头发育良好的部位进行踏勘；若要穿过已知矿体进行试点测量，勘查地质人员的任务是要识别工作区或类比区内具代表性的矿体。

（四）地下信息

根据地层层序、深部取样以及已有剖面图上的重要信息，对地球物理工作以及对在最关键部位设计钻孔，以获得最重要资料的地质工作是十分重要的。在某些情况下，只要把钻孔再延伸几米就可穿透一个有意义、具物理特征的边界，或者施工一个成本较低的无岩芯钻孔穿过覆盖层，即使它们与直接的地质目的没有什么关系，但在地球物理方面具有意义，这也是值得的。

三、地球物理测量期间的协调工作

（一）把明显的异常进行分类

必要时进行一些特殊的地质工作来增强或证实初步的解释。

（二）提供辅助的地球物理方法

在异常可由其他地球物理方法证实时，此项工作仍由现场的物探组完成。

（三）延拓工作

有关勘查靶区范围的早期概念可能由于地球物理资料的充实而发生变化，从而需要调整勘查范围。

四、后续工作

野外工作完成后，地球物理工作者要对资料进行处理和解释；勘查地质工作者可能要求增强一些明显的信号以阐明某些特殊地区的可疑信息；可能需要进行附加的地质填图来证实地球物理解释。最后，可能选择合适的目标进行钻探。

地球物理测量是矿产勘查中了解深部地质情况的重要手段，地球物理测量和资料解释工作是一项十分复杂的任务，而且，如果没有地质指南的话，这项工作的价值将是有限的。勘查地质工作者也应该明白，如果没有地球物理方面的资料，其工作也会受到明显的限制。

第三章 地质的化学勘查

第一节 化学勘查的原理

随着社会的进步与发展，特别是应用领域发生了很大的变化，地球化学找矿已从纯粹的找矿地球化学领域扩展到环境地球化学、工程地球化学、农业地球化学、基础地质研究等领域。化探（地球化学找矿）这一个名词逐步被勘查地球化学所取代。我国学者认为：勘查地球化学是为了各种不同的目的，系统地在不同比例尺与规模上考察地壳中元素的分布变化，应用化学元素分布、分配、共生组合及其变化规律来指导找矿等的应用科学。

地球化学找矿是勘查地球化学的重要组成部分，勘查地球化学是在地球化学找矿学科基础上扩展变化而来的一门应用学科。找矿地球化学基本原理实际上也就是勘查地球化学的理论基础。勘查地球化学基本原理主要包括元素丰度、元素地球化学分类、表生环境下元素地球化学行为、地球化学背景和异常、地球化学晕和地球化学指示元素等方面内容。

一、地壳中元素丰度

元素的丰度，通常是指元素在所研究对象中的平均含量。各种地质体中元素的丰度是元素地球化学研究中一个最基本的问题。人们只有了解到元素在各种地质体中的丰度及丰度规律以后，才有可能进一步探讨各种地质作用过程中元素的地球化学行为及演化规律。

地壳中元素丰度的变化具有一定的规律，如元素丰度随原子系数增大而降低；随原子核构造复杂程度加大而减少；原子序数为偶数的元素丰度高于相邻原子序数为奇数的元素丰度；相对原子质量和质量数是 4 的整数倍的元素丰度高；原子核的质子和中子数组合为偶—偶型的元素丰度最高，奇—偶型次之。一般来说，元素丰度规律的破坏，是地球演化的结果。

在常见的地球化学文献中，人们常将地壳中含量在 1% 以上的元素（如 O、Si、Al、Fe、Ca、Mg、Na、K、Ti）称为常量元素；含量低于 1% 的元素统称为微量元素或痕量元素等。在实际研究对象中，主要元素和微量元素的区分是相对的。某一元素在某种体系中是微量元素，而在另一体系中可能是主要元素。因此，目前地球化学中对微量元素的严格定义是：只要元素在所研究的客体（地质体、岩石、矿物等）中的含量低到可以近似地用稀溶液定律描述其行为（即服从亨利定律）时，该元素可称为微量元素。

查明地表环境中微量元素的含量与分布是勘查地球化学的一项基础工作。

二、元素地球化学分类

元素的地球化学性质既与元素的原子结构、元素的物理和化学性质有关，也与地质作用有密切的联系。因此，许多地球化学家都力求在元素周期表的基础上，结合地质作用进行分类。

戈尔德施密特（V.M.Victor Moritz Goldschmidt）根据元素的电子构型、元素与氧及硫的亲和力以及元素在自然界中实际的分布情况，把元素划分为亲石元素、亲铁元素、亲铜元素、亲气元素四大类。

（一）亲石元素

离子的最外电子层具有 8 个电子的惰性气体型的稳定结构，氧化物形成热大于 FeO 的形成热，与氧的亲和力强，易熔于硅酸盐熔体，主要集中在岩石圈。主要元素为：Li、Na、K、Rb、Cs、Fr、Be、Mg、Ca、Sr、Ba、Ra、B、Al、Sc、Y、REE、Ac、Si、Ti、Zr、Hf、Th、V、Nb、Ta、Pa、W、U。

（二）亲铜元素

离子的最外电子层具有 18 个电子的铜型结构，氧化物形成热小于 FeO 的形成热，与硫的亲和力强，易熔于硫化铁熔体，主要集中于硫化物—氧化物过渡圈。主要元素为：S、Cu、Ag、Au、Zn、Cd、Hg、Ga、In、Ti、Ge、Sn、Pb、As、Sb、Bi、Se、Te、Po、Br、I、At。

（三）亲铁元素

离子的最外电子层具有 8 ~ 18 个电子的过渡型结构，氧化物形成热最小，与氧及硫的亲和力均弱，易熔于熔铁，主要集中于铁—镍核。主要元素为 C、P、Mo、Tc、Re、Fe、Ru、Os、Co、Rh、Ir、Ni、Pd、Pt。

（四）亲气元素

原子的最外电子层具有 8 个电子。具有挥发性或易形成易挥发化合物，主要集中在大气圈。主要元素为：H、N、O、F、Cl、He、Ne、Ar、Kr、Xe、Rn。

此外，戈尔德施密特还提出"亲生物元素"的概念，这些元素多富集在生物圈中，如 C、N、H、O、P、B、Ca、F、Cl、Na、Fe、Cu、Mn、Mg、Si、Al 等。

在近代地球化学中，随着微量元素分配理论和定量模型的发展，出现了能更本质地反映出元素地球化学特点的定量化分类系统，概括起来大致分为三套系统。

1. 根据元素在固相—液相（气相）间的分配系数，将元素分为不相容元素和相容元素

相容元素（Compatible elements）易进入或保留在固相中，其总分配系数 D > 1。例如，Ni、Co 易进入橄榄石，V 易进入磁铁矿，Cr 易进入尖晶石，Yb 易进入石榴子石，Eu 易进入斜长石。这一类易进入和保存在矿物或岩石等固体中的元素，是典型的相容元素。

不相容元素（Incompatible elements）易保留或进入在固相共存的熔体中，其总分配系数

D < 1，如 Li、Rb、Cs、Be、Nb、Ta、Sn、Pb、Zr、Hf、B、P、Cl、REE、U、Th 等。在 0.02 ~ 0.06 之间时称为强不相容元素。有些不相容元素的离子半径或电荷很大，可按晶体化学特征分为大离子亲石元素（LIL）和高场强元素（High Field Strength，HFS）。LIL 的离子电位 < 3，易溶于水，地球化学性质活泼，主要指 K、Rb、Sr、Ba、Cs 等。HFS 离子电位 > 3，不易溶于水，主要指 Th、Nb、Ta、P、Zr、Hf、HREE 等。

2. 根据元素在熔融过程中挥发与难熔程度，将元素分为挥发元素和难熔元素两组。挥发元素是指那些在 1300℃ ~ 1500℃，适度还原条件下通常能从硅酸盐熔体中挥发出来的元素；而难熔元素则是指在这种条件下不能挥发的元素。

3. 以元素在地球形成和演化过程中分散与富集的特点，将元素分为向心元素、最小离心元素、弱离心元素、离心元素和最大离心元素。以元素在陨石中的丰度 μ 代表地球初始物质浓度，以元素在玄武岩（地幔熔融产物）中的丰度 V 代表元素离心程度的基本参数，以页岩中元素丰度 C 代表地壳丰度。

三、地表或近地表环境下元素地球化学行为

勘查地球化学的野外工作主要是在地表或近地表条件下进行的。勘查地球化学通过野外采样进行成分分析或现场测量来获取地球化学信息。因此，查明地壳表层环境下元素的地球化学行为，有助于加深理解勘查地球化学的基本原理。

（一）风化作用地球化学

岩石在水圈、大气圈和生物圈的长期作用下，失去原有的地质地球化学平衡，发生物理的和化学的变化，原来的岩石或矿物被破坏和分解，化学元素进入溶液中（或被带走，或在附近形成新的稳定的化合物），即发生了风化作用。风化作用的产物有的留在原地，或经局部搬运而在附近形成新的堆积和沉积，结果就形成了风化壳。风化和沉积是表生作用的两个不同发展阶段，风化作用主要在原地系统（或附近）发生，而沉积作用则经过长途搬运到异地系统中发生。

风化作用分物理风化、化学风化和生物风化三大类。物理风化作用主要是由于机械外力作用下或气候变化（如重力作用、温度变化、压力变化、冰冻作用等等）导致的岩石破裂、崩解、垮塌等现象，没有明显的矿物成分和化学成分变化。化学风化是大气和溶液与岩石矿物相互作用导致的一种地球化学作用过程，如水解反应、水合作用、氧化还原作用等等。生物风化作用是在生物圈中有生物活动参与的风化作用。化学风化和生物风化都可能导致明显的矿物成分或化学成分变化。由于物理风化导致岩石破裂、崩解、垮塌等可以使岩石和矿物表面积增大，有助于化学风化和生物风化作用的进行，所以物理风化、化学风化和生物风化作用常常是相随相伴地发生。

岩石和矿物被风化过程往往有一定的阶段性，风化进程有一定的规律。例如，主要造岩矿物硅酸盐（钾长石、辉石和黑云母）在风化过程中出现明显的演化阶段：钾长石——绢云母——水云母——高岭石；辉石角闪石——绿泥石——水绿泥石——蒙脱石——多水高岭石——高岭石；黑云母——蛭石——蒙脱石——高岭石。

发育良好的风化壳还出现明显的分带性。发育良好的风化壳划分出四个作用带。

1. 氧化作用带

最接近地表的上部，主要有氧化作用，水解作用已趋向结束。此带也可称为氧化和终结水解作用带。氧化作用带形成了化学分解的最终产物：Fe、Ai、Mn、Ti 的氢氧化物。它们具有疏松结构，少数情况下也有致密结构甚至鲕状结构。此带常具褐色、红色或淡白色。

2. 水解作用带

在氧化作用带下部。此带淋滤作用结束，氧化作用刚刚开始，但水解作用强烈发展。水解作用带中碱金属和碱土金属从硅酸盐矿物中淋滤出来，淋滤作用强烈，并分解为氢氧化物和硅酸；低价铁的矿物部分被氧化，大量地聚集着 Fe 和 Ai 的含水硅酸盐（黏土矿物）。此带具绿色和黄绿色，并呈黏土状和斑点状。

3. 淋滤作用带

或称淋滤和终结水合作用带。这里主要发生淋滤硅酸盐中碱金属的作用；矿物的水合作用正在终结，并开始形成黏土矿物。此带的岩石具有黏土—云母状（鳞片状）的外貌。

4. 水合作用带

在风化壳的最下部。这里硅酸盐矿物通过水合作用形成云母和水绿泥石（少量地带出现碱金属），岩石发生崩解，在裂隙和空洞中有时沉积菱镁矿。

（二）表生环境元素迁移和分散富集地球化学规律

表生环境元素迁移和分散富集地球化学规律是勘查地球化学原理的重要内容。

地球的岩石、矿物、土壤或生物有机质中，化学元素具有一定的存在形式。这种存在形式在变化的表生环境中活化、转移和转变成另一种存在形式，由大气、水溶液等作用下还可能有一定的空间运移。在一定的地质和地球化学条件下，化学元素还可能发生相对分散或相对富集，这就叫作表生环境下元素的迁移和分散富集。

1. 元素地球化学特性对元素迁移和分散富集的影响

元素及其化合物的特性，如熔点、沸点、溶解度、硬度等对元素迁移有很大影响。元素及其化合物的熔点越高，越易于转变为液态；沸点越高，越易于转变为气态；溶解度越高，越易于溶解于溶液介质中；硬度越小，矿物越易风化。元素存在形式强烈地影响着元素活动转移的能力。一般情况下，被黏土矿物或胶体矿物吸附呈离子吸附状态下的元素，较易于转移到溶液中；进入矿物晶格的元素，不经过晶格破坏等元素活化过程，元素就不容易转移到溶液中。元素及其化合物的上述特性，与元素互相结合的化学键的类型、元素的电负性、原子和离子的电价和半径等有密切的关系。

2. 表生环境中元素迁移和分散富集的主要地球化学作用

表生环境中元素迁移和分散富集的主要地球化学作用，有水介质中的化学反应、扩散和渗滤作用、有机物的作用等。

（1）水介质中的化学反应

溶解和沉淀（溶度积）在表生环境下，常常可见到难溶盐矿物，如方解石、萤石、硬石膏等等。这些难溶盐矿物与溶液处于平衡时，溶液是饱和的。

①复分解反应

反应物之间由离子相互交换而形成新的反应产物，叫作复分解反应。在溶液中发生的复分解反应受质量作用定律支配。

②酸碱反应

天然水的 pH 值一般为 4 ~ 9 之间。某些特殊情况（如火山活动区、硫化矿床氧化带等）天然水的 pH 值可达到 1 ~ 3 之间，显示出强酸性。在干旱地区，土壤水呈碱性，pH 值可升到 10 左右。

③氧化还原反应

氧化还原反应是表生环境中较为常见的地球化学作用。在氧化还原反应中，总是伴随有电子的得与失。例如，在内生条件下 Mn^{2+} 常在铁矿物中置换 Fe^{2+}，两者密切共生。

④胶体作用

胶体是物质的一种分散状态，其质点大小为 10^{-3} ~ 10^{-6}mm，界于真溶液与悬浮体之间。根据胶体所带电荷，胶体又有正胶体和负胶体之分。地壳中常见的正胶体有：Zr、Ti、Th、Ce、Cd、Cr、Al、Fe^{3+} 的氢氧化物；负胶体有：As、Sb、Cd、Cu、Pb 的硫化物，H_2SiO_2 以及 Mn^{4+}、U^{6+}、V^{6+}、Sn^{4+}、Mo^{5+}、W^{5+} 的氢氧化物和自然元素 S、Ag、Au、Pb 等；有时氢氧化铁也带有负电荷。腐殖质胶体也是负胶体。负胶体一般吸附介质中的阳离子，例如 MnO 胶体可以吸附 Cu、Pb、Zn、Co、Ni、Li、K、Ba 等 40 余种阳离子。正胶体吸附阴离子，例如 FeO；胶体能吸附 $H_2VO_4^-$、HVO_4^{2-}、$CrCO_4^{2-}$、PO_4^{3-}、AsO_4^{3-} 络阴离子。一般来说，土壤及沉积物中常见大量的黏土矿物和胶体矿物或胶体物质，金属元素易于被这些胶体吸附。它们可以吸附 Cu、Pb、Zn、Co、Ni、Ba、U、Ti 等金属离子。腐殖质胶体可以吸附 Ca、Mg、H、Ai、Cu、Ni、Co、Zn、Ag、Be 等，Mo、V、U、Co、Ni、P 等在黑色页岩及煤、褐煤中富集，可能与此有关。

⑤络合作用

许多元素在表生条件下很难溶解。例如，Fe、Cu、Pb、Zn、Co、Ni、Mo、Cd、Sb、Ba、Ag、Hg 等的硫化物在水中的溶解度非常小 [室温条件下为（$n \times 10^{-8}$ ~ $n \times 10^{-23}$）mol/L]；而 Fe、Cr、W、Sn、Nb、Ta、REE 等简单氧化物和含氧盐也非常难溶解。另一方面，矿床中这些元素又大量富集，而且被证明是经过了长途的迁移和搬运。人们认为络合物起了巨大的作用。络离子在水溶液中的稳定性，取决于它的电离能力的大小。

（2）扩散和渗滤作用

在某个由矿物、岩石和溶液构成的体系的不同部分内，浓度的不同导致的浓度梯度驱使质点（元素、离子）自动迁移，这种迁移总是从高浓度部位向低浓度部位移动，直到体系内达到浓度平衡为止，这种地球化学过程叫作扩散作用。

在外力作用下，溶液中的元素或离子沿岩石中孔隙系统均匀地流动而迁移，这样一种地球化学过程叫作渗滤作用。

关于扩散作用和渗滤作用的特点和原理，将在原生晕和次生晕部分作详细介绍。

（3）有机物的作用

自然界的有机化合物主要有碳氢化合物、碳水化合物、氨基酸、有机染料（色素）、维生素及腐殖质等。有机物与金属的作用方式主要有四种。

①形成有机盐类，如有机物结构有 –COOH，–OH 等可以电离出 H^+ 基，它们就变成弱酸，金属离子 Me^{n+} 取代 H^+ 的位置。

Me^{n+}+ 有机酸→ Me 有机酸盐 $+nH^+$

②金属直接与 C、N、P、S 等给出电子的原子相连，这种连接就比较强，形成金属有机化合物。

③螯合。金属与有机物结合有多个键，结合非常牢固。在自然界中，广泛存在有草酸、柠檬酸、酒石酸等螯合剂，只是浓度较低而已。

④吸附。单纯的物理吸附。这种连接方式没有选择性，而且较弱，在自然界不起主要作用。

以 A 代表有机质的大分子，有机物与金属离子的反应可表示为：

$2HA+Me^{2+} \rightarrow MeA+2H^+$

其平衡关系为：

$[MeA]/[Me^{2+}]=K[HA]^2/[H]^2$

平衡常数 K 值对于不同的 Me 及 A 是不同的。这表示了不同元素对某种有机物的亲和性。

四、地球化学背景和异常

（一）地球化学背景

狭义的地球化学背景是对地球化学而言的，主要是根据受矿化作用影响与否来建立的。地球化学找矿教科书有定义："不受矿化作用影响或没有矿石碎屑混入的地区中，化学元素的一般含量和一般变动幅度。"矿化作用影响的明显标志是矿田、矿床、矿点及矿化异常等。针对某一矿化元素而言，排除了矿化作用影响和其他污染作用的正常地区的矿化元素的一般含量和变化范围，可作地球化学背景。

广义的地球化学背景则是对勘查地球化学而言的，其概念要根据研究对象的变化而变化。如农业地球化学勘查、环境地球化学勘查等的地球化学背景就不是以矿化元素为对象，而是以土壤肥料化学元素或污染物化学元素为研究对象。一般来说，勘查地球化学的背景值的确定是以所要解决的问题的关键性化学元素为依据对象。"凡是调查对象的影响范围以外的地区，就叫背景区。那里的化学元素的一般含量及一般变化幅度就叫背景值。"这就是广义地球化学背景的概念。

地球化学背景值的概念是一个相对的概念，取决于研究内容和研究地区（范围）等因素。

从研究内容来看，不同的研究对象在同一地区其地球化学背景的含义和背景值是不相同的。从研究地区来看，相同的研究对象在不同地区其地球化学背景的含义和背景值也是不相同的，所以有全球背景、大构造圈背景、区域背景等等之分。另外，在研究地区，地球化学背景值不是唯一确定的值，而是在一定范围内不规则的波动和变化值。一个地区如果没有发现地球化学异常，并不能说明该异常元素在该地区缺失或不存在，而是由于该化学元素的含量被地球化学背景的波动值所掩盖。如果采用合理的数据处理方法，常常可以揭示一些被掩盖的地球化学异常，这是地球化学背景的相对性的另一表现形式。

（二）地球化学异常及其分类

地球化学异常是相对于地球化学背景的对应概念。地球化学异常区是指与地球化学背景区有显著差异的元素含量富集区或贫化区。在异常区内各种自然介质中，元素的含量与周围背景区有明显差异，该元素的含量值称为地球化学异常值，简称异常。地球化学异常主要根据异常特征、异常的成因、异常的赋存介质等原则来分类。

1.按异常特征可做如下分类

（1）正异常

异常区内异常元素的含量的平均值高于周围背景区。这样的异常往往是该元素在该区被带入，以元素的富集作用为特征。

（2）负异常

异常区内异常元素的含量的平均值低于周围背景区。这样的异常往往是该元素在该区被带出，以元素的分散作用为特征。

2.按异常的成因可做如下分类

（1）原生异常。狭义的原生异常的含义是内生作用过程中所形成的异常，主要是指在岩浆作用、变质作用、气成作用、热液作用等内生地质作用过程中形成的地球化学异常。广义原生异常还包括有沉积岩中的地球化学异常，指的是赋存于固化岩石中的地球化学异常。

（2）次生异常。次生异常是指表生作用中所形成的地球化学异常。这类异常赋存于地表的疏松覆盖物、水系沉积物、水、空气和生物体等介质中。

3.次生异常可按异常的赋存介质再细分

（1）残积—坡积异常

这类异常是在残积—坡积物形成过程中同时形成的，赋存于基岩或矿体上方的残积—坡积物中。

（2）分散流异常

该类异常沿异常源所在汇水盆地的水系分布，赋存于水系沉积物中。

（3）水文地球化学异常

该类异常赋存于地表水和地下水中。

（4）生物地球化学异常

该类异常赋存于生物体（主要是植物）中。

（5）气体异常

以气体状态赋存于地表上方的大气中，亦存在于岩石与土壤的孔隙中。

（三）地球化学异常的主要参数

地球化学异常的主要参数值有：异常下限、异常衬度、异常强度、异常面积、异常规模、异常浓度分带性和综合异常组分特征等。

1. 异常下限

又称背景上限，它是划分异常与背景的临界值。大于或等于此值者为异常，小于此值者为背景。

2. 异常衬度

异常衬度 C_I（或对比衬度、对比值）是指某一指示元素所形成的异常含量平均值 C_A 与异常所在区域该元素的背景平均值 C_b（或异常下限值 T）的比值：

$$C_I = C_A / C_b$$

或

$$C_I = C_A / T$$

3. 异常强度

它是指指示元素含量值的大小。可用该指示元素异常含量平均值 CA 来度量。如果异常多为高含量值组成，也可用异常的最高含量值度量。

4. 异常面积

以异常下限值所圈定的异常范围。

5. 异常规模

综合异常强度与面积（或宽度）而提出的参数值。往往用异常线金属量或异常面金属量度量。

6. 异常浓度分带性

也称为异常浓度梯度。异常浓度梯度值越大，说明元素所形成的异常具有很好的分带性；异常浓度梯度值越小，说明元素所形成的异常分带性越差；异常浓度梯度值趋于零时，元素异常不具分带性。

7. 综合异常组分特征

是由多个指示元素组合反映出的地球化学异常特征。

五、地球化学晕和地球化学指示元素

（一）原生晕和次生晕

地球化学晕，又称为地球化学分散晕，简称为分散晕或晕。它是指赋存在矿体或异常源周围各种介质（如岩石、土壤等）中的一种局部的地球化学异常，是由于矿体或异常源的元素迁移富集与分散的结果。原生晕是在沉积矿床、岩浆矿床、热液矿床的围岩中所形成的，它们分布于矿床或异常的四周，包围着矿体或异常源，表现为一定的立体几何形态。次生晕形成于矿床或异常源上方的残积—坡积物中，是由于矿体或异常源在表生条件下迁移分散的结果，分布于矿床或异常源的上方，表现为一定的平面几何形态。

（二）勘查地球化学标志和指示元素

在勘查地球化学中能为达到勘查目标而提供的有用的地球化学信息或地质地球化学特征，都可以认为是勘查地球化学标志。勘查地球化学标志包括有指示元素的异常含量、指示元素的组合、不同指示元素的比值（如元素对的比值、组合晕的比值）、某些特征的指示矿物的组合、某些矿物中微量元素的含量分布特征、反映成岩成矿条件的物理—化学参数值（如温度、压力、氧化还原电位及介质的酸碱度）、同位素含量及其比值等。以上各类地球化学标志中，在勘查地球化学中最为重要也是应用最广泛的标志是指示元素的含量分布特征。

在地球化学找矿中，作为找矿标志的那些元素，称为指示元素。所选择的指示元素，既可以是矿床中主要的有用组分，也可以是特征伴生组分。所选择的指示元素应当从两方面考虑：一是看指示元素的指示作用明显与否？灵敏度大不大？一般要求所选取的指示元素的异常衬度要大，异常规模也要大，易于发现。二是看所选取指示元素是否易于测量，测量速度、测量精度、测量的费用等也是考虑因素。

指示元素还有直接指示元素和间接指示元素之分。如果直接指示元素的指示作用明显，而且在测量方面又经济又可达到要求，那么首选的是直接指示元素。例如找铜矿时，效果最好的指示元素为铜。如果直接指示元素在地质效果和分析技术上均达不到要求，那么就选择那些与矿化组分伴生的其他组分作间接指示元素。例如，应用野外便携式 X 荧光仪找金矿时，由于金的含量低，野外便携式 X 荧光仪无法测量；于是，大部分野外便携式 X 荧光仪找金矿都是利用间接指示元素（如 As、Sb 等）来工作的。

第二节 化学勘查的方法

勘查地球化学的分类有两大原则：按勘查方法分类原则和按应用领域分类原则。按勘查方法分类主要有：岩石地球化学勘查、土壤地球化学勘查、水地球化学勘查、气体地球化学勘查、生物地球化学勘查等。按应用领域分类主要有：固体矿产地球化学勘查、水资源地球化学勘查、石油和天然气地球化学勘查、工程地球化学勘查、农业地球化学勘查、环境地球化学勘查等。下面主要按照勘查地球化学方法体系介绍，同时将勘查地球化学应用领域的一些重要内容穿插在其中作简述。

一、岩石地球化学勘查方法与技术

岩石地球化学勘查方法，即岩石地球化学测量。它是通过系统采集和分析岩石样品来发现赋存于其中的原生地球化学异常，从而进行找矿的一种地球化学勘查方法。岩石地球化学异常，常被称为原生地球化学异常或原生晕。过去文献中，常把原生地球化学异常定义为在岩浆作用、变质作用、热液作用等内生地质作用过程中形成的异常。后来，地球化学家们注意到沉积岩石中的与成岩成矿作用同时形成的原生地球化学异常，才把原生地球化学异常或原生晕定义为：在成岩成矿作用过程中与岩石或矿石同时形成的，发育于固体岩石中的一种地球化学异常。

不同成因类型矿床，其形成的地质环境和地球化学条件大不相同，岩石地球化学异常的发育特征也有很大的差异。过去，尽管勘查地球化学家对内生作用各种矿床和外生作用的沉积矿床都做过大量的岩石地球化学勘查方法研究，但是，由于不同矿床类型的数量、规模、工业价值、经济价值、找矿实践等方面的不同，迄今为止，热液矿床的原生晕的研究程度大大高于其他类型矿床，其成果也最多，方法技术也相对更为成熟。因此，下面以热液矿床为主，兼顾其他类型矿床实例，介绍岩石地球化学基本勘查方法。

热液矿床地球化学异常形成的原因比较复杂，主要有矿床围岩的构造、围岩性质、成矿溶液的性质、热液的迁移和运移方式和运移过程等一些因素起作用。岩石地球化学基本勘查方法从热液的迁移和运移这一运动观点入手，抓住主要矛盾。热液迁移和运移的动力学因素则主要考虑渗滤作用和扩散作用。

（一）扩散作用

在某个由矿物、岩石和溶液构成的体系的不同部分内，浓度的不同导致的浓度梯度驱使质点（元素、离子）自动迁移，这种迁移总是从高浓度部位向低浓度部位移动，直到体系内达到浓度平衡为止，这种地球化学过程叫作扩散作用。扩散作用有下列特点。

1.扩散是一个连续的物质迁移过程，在此过程中体系内元素的浓度发生连续变化。

2.扩散介质不一定发生移动，体系内浓度陡度的存在是扩散的动力。

3.扩散的速度与浓度陡度成比例，因而随距离增大而迅速减小，即扩散服从Fick扩散定律。

（二）渗滤作用

在外力作用下，溶液中的元素或离子沿岩石中孔隙系统均匀地流动而迁移，这样一种地球化学过程叫作渗滤作用。换句话说，渗滤作用是热液在压力梯度的作用下，元素通过溶液沿岩石裂隙系统整体自由地流动而迁移的一种过程。在这迁移过程中，由于化学和物理化学的作用，溶液在所流经的围岩裂隙中留下了矿液活动的痕迹——矿体和原生晕。渗滤作用具有下列特点。

1.溶液是流动的，实质上是通过孔隙溶液的流动而迁移。

2.导致渗滤的原因是压力陡度。

3.迁移的速度恒定，并与浓度陡度无关，有时甚至向着浓度增大的方向进行。

4.受岩石过滤性质影响，渗滤溶液中的溶质与溶剂的流动速度不同，亦即在渗滤过程中经常伴随着岩石孔隙所引起的过滤效应。

岩石的细小孔隙可以近似地看作是一种半透膜。热液通过这种"半透膜"时，溶质和溶剂的透过能力不同。一般来说，溶剂易于通过而溶质相对难以通过。这样，由于溶质被"半透膜"的阻滞，热液前锋的溶质含量就自然降低。有时，溶质的透过能力较大，可以造成热液前锋的溶质含量增高。勘查地球化学以渗滤效应系数表示溶质与溶剂通过岩石细小孔隙的能力差异。

渗滤效应系数 = 溶质质点的平均速度 / 溶剂质点的平均速度

渗滤效应系数 > 1，溶质的透过能力较大，也即迁移距离较大；渗滤效应系数 < 1，溶质的透过能力较小，也即迁移距离较小；渗滤效应系数 =1 时不存在渗滤效应。

渗滤系数与岩石孔隙大小和多少有关。在岩石孔隙大小和多少条件相同的情况下，主要还是与元素本身性质有关，不同组分渗滤系数是不同的。

（三）矿床原生晕分带

矿床的岩石地球化学异常的外部形态各异。以热液矿床为例，一般来说，有线状异常、带状异常、等轴状异常和不规则状异常等。除线状异常外，带状异常、等轴状异常和不规则状异常等都可能出现岩石地球化学分带性。由于不同组分（元素、离子等）在围岩和热液中的扩散速度等的差异，必然导致热液前锋的组分浓度和各种元素在热液中的析出顺序不断变化，使各种组分在围岩中有规律地沉淀出来，形成了热液矿床岩石地球化学异常的分带，即原生晕的分带。

从分带的元素含量和组成来看，原生晕的分带主要有同一元素的浓度分带和不同元素组分分带。浓度分带是同一元素含量自矿化中心或异常中心向外呈现有规律变化的现象。这种分带自异常中心向外一般可分为内带、中带和外带三个带。主要成矿元素在内带的浓度一般高于中带和外带。对于出现负异常的某些元素，内带的浓度低于中带和外带。不同指示元素在岩石地球化学异常空间上有规律变化，就导致了不同元素的组分分带。

从分带的空间产状来看，原生晕的分带一般有水平分带、垂直分带和轴向分带。一般来说，主要由扩散作用造成的、垂直于矿体走向的异常分带叫横向分带。当矿体产状为陡倾斜时的横向分带就叫水平分带。主要由渗滤作用造成的沿矿液运移方向上的异常分带就叫轴向分带。当矿体产状为陡倾斜时的轴向分带就叫垂直分带。

1. 横向分带和水平分带

不同类型热液矿床的岩石地球化学异常（原生晕），往往具有不同的水平分带模式。例如江西德兴斑岩铜矿床原生晕的水平分带模式为：内带（w[Bi]MoCu[Ag]）→中带（ZnPb[Ag]CoNi）→外带（[Co]Mn）。陕西某铜钼钨多金属矿区原生晕的水平分带模式为：由中心向外出现 W、Mo、Sn、Bi、Cu、As、Zn、Ag、Pb 的分带性。

2. 轴向分带和垂直分带

热液矿床原生晕的垂直分带主要由不同标高位置上指示元素的组合、元素对的比值、累加晕或累乘晕比值等因子来表现。不同标高位置上指示元素的组合可以指示原生晕的垂直分带。我国石英脉型、破碎带蚀变岩型金矿床的指示元素分带序列，从上到下是：Hg–Sb、F（B、I）–As、Pb–Zn、Ag–Au、Cu–Mo、Bi、Mn、Co、Ni（Sn）。

不同标高位置上指示元素对的比值也能很好地指示原生晕的垂直分带。例如，某铀矿床的原生晕的主要指示元素由矿体上部到矿体下部出现的分带序列为 Pb—Mo—U。Pb 为矿床原生晕的前缘组合，U 为矿床原生晕的尾部组分，因而 $w(Pb)/w(U)$ 比值最能显示原生晕的垂直分带规律。

各指示元素的异常含量值（或异常的线金属量值或面金属量）累加就构成累加组合晕，累乘就构成累乘组合晕。采用累加组合晕或累乘组合晕的比值也能指示热液矿床原生晕的垂直分带。例如，某斑岩铜矿床的自上而下的垂直分带序列为：Hg——Bi（As，Sr，Ag）——（Pb，Mo）——（Sn，Cu）——W——Zn——Co，将 P（As）·P（Sr）·P（Ag）/P（Zn）·P（Co）·P（Sn）线金属量比值作为该矿床原生晕的分带系数，随矿床深度增加，原生晕的分带系数值变化是：$1.1 \times 10^{-1} \to 1.1 \times 10^{-2} \to 8.2 \times 10^{-6} \to 1.9 \times 10^{-8} \to 1.8 \times 10^{-10}$。

二、土壤地球化学勘查方法与技术

土壤地球化学勘查是针对土壤中的地球化学异常的勘查形成了一套方法技术。土壤地球化学异常是次生地球化学异常之一，找矿地球化学中所指的次生晕中包括土壤中的次生晕。也有的文献将次生晕称之为分散晕。矿体及其原生晕在表生分散作用下，导致矿床标型指示元素在不同介质中形成分散晕，在土壤中形成土壤分散晕，在水中形成水化学晕，在植物中形成生物地球化学晕，在大气中形成气体晕。本节主要介绍土壤地球化学异常（晕）的勘查方法。

（一）理想土壤剖面

土壤是母岩经过地表风化作用和成土作用逐渐发展起来的。在一定的条件下，矿物岩石风化逐渐成土，土壤形成一定的分层结构。理想的土壤剖面由上而下可分为四层，影响土壤分层的主要因素有地形、母岩、气候、生物等。其中气候影响土壤分层较为明显，不同气候带土壤分层结构不同。

（二）化学元素在土壤中的存在形式

化学元素在土壤中的存在形式主要有三种：赋存于矿物之中，溶解于土壤水中，被吸附状态。

1. 赋存于矿物之中

土壤中的矿物主要有原生矿物和次生矿物两大类。原生矿物主要指的是母岩风化和成土过程中保留下来的一些抗风化能力强的矿物。例如，锆石、绿柱石等硅酸盐矿物；锡石、金红石、刚玉、石英等氧化物矿物；自然金、铂、金刚石等自然元素矿物。次生矿物指原生环境下在土壤中新形成的矿物。例如，高岭石、伊利石、蒙脱石、绿泥石等黏土矿物；褐铁矿、软锰矿等铁和锰的氧化物矿物等。土壤中的一部分化学元素来自这些原生矿物和次生矿物，在这些矿物中以主元素或微量元素形式存在，一般来说，不经转换是不易溶于水的。

2. 溶解于土壤水之中

这类存在形式的元素是能溶于水的可溶性组分。在母岩风化和成土过程中，一部分可溶性组分转入到水体之中，或迁移到别地，或保留在土壤水之中。成土之后，雨水、地表水、地下水还要为土壤带来部分可溶性组分。

3. 被吸附状态

母岩风化和成土过程中，溶解于水体之中的可溶性组分有一部分被土壤中的有机质以及黏土矿物等次生矿物吸附。

（三）土壤地球化学勘查工作方法与技术

土壤地球化学勘查的工作方法包括资料调研、实地踏勘、方案设计、野外采样、样品加工与分析、数据处理、成果解释及异常检查八个步骤。

第一步，资料调研。工作之前应根据勘查目标和任务认真做好资料调研工作。要收集勘查区的地理地形、地貌、地质背景、水文资料、土壤资料、地球物理、地球化学等方面的资料并消化。

第二步，实地踏勘。在资料调研的基础上，到勘查目标要求的现场踏勘。踏勘的目的在于将资料调研阶段获得的初步认识变成感性认识。踏勘中还要做土壤剖面测量、土壤取样方法和取样方式的实验研究。

第三步，方案设计。这一步骤非常重要，牵涉到整个土壤勘查地球化学工作的成功与否。方案设计内容主要有：采样测网的布置、采样方法、样品加工方法、样品分析方案、资料处理及成果解释方法、异常检查的安排，等等。方案设计要按国家对地球化学勘查的有关规范要求进行。

第四步，野外采样。采样方法正确与否，直接影响到土壤地球化学勘查的效果。采样点应避开碎石堆、采矿坑口、采石场、公路等土壤结构遭到人为破坏的地方。如测网上的测点遇到这样的情况，可移点，但移动范围不得大于点距的十分之一。如规定范围找不到合适的点，则可舍去该点。采样深度一般要求在土壤B层位置，采集其中的黏土及较细的砂土，如有较大的碎块可弃去。样品重量一般为 50 ~ 100g。当土壤颗粒或粒度较大时，样重可以加大到 200g，特别要求时可以大于 200g。

第五步，样品加工与分析。对野外采集到的样品，可以自然风干、微火烘烤或日晒方式来干燥，切切不可用高温烘烤方式来干燥。如要测定样品中的挥发组分，切不可用微火烘烤或日晒方式，只应采用自然风干。如要进行土壤样品结构分析，对样品中的泥质团块只能用手搓碎或用木棒轻轻敲碎，不可用别的硬质工具猛敲，以免破坏样品的原始颗粒度。土壤化学成分分析样品可按送样要求研磨过筛，最后进行有关实验室分析测试。

第六步，数据处理。根据样品分析结果，可按化探数据处理方法进行数据处理并做各种地球化学图件。

第七步，成果解释。结合勘查区相关资料，对数据处理结果和有关图件做系统分析，按勘查目标，做出成果解释。

第八步，异常检查。根据成果解释，对土壤地球化学勘查所发现的异常要及时地检查与验证。检查与验证要求按有关规范进行。

三、水系沉积物地球化学勘查方法与技术

各种水系中发育的沉积物在地表分布广泛，水系沉积物地球化学勘查是一种效率高、效果好、经济实用的地球化学找矿方法。水系沉积物地球化学勘查是根据水系沉积物中样品分析结果，追索和圈定沿水系发育的地球化学次生异常。所谓分散流是水系沉积物地球化学异常的另一种表述。

（一）分散流的形成和发育特征

矿床（体）或含矿岩石（地球化学晕）的风化剥蚀产物，在水的机械冲刷力和化学溶解力的作用下，以碎屑和溶解物形式随流水一起被搬运离开源区。碎屑物质在水流变缓的水系的合适部位沉积，溶解物在流水的物理化学条件改变地段沉积。原先赋存在风化产物中的化学元素转移到水系沉积物之中，形成元素的次生地球化学异常。这种异常沿原生矿体或含矿岩石所在的汇水盆地的水系分布，形成了分散流。

矿床分散流的发育有一定的规律。了解这些规律，有利于更好地解释水系沉积物地球化学勘查结果。

（二）采样与分析

在勘查地球化学工作中，土壤样品代表采样地点附近一个比较均匀的样品，岩石样品则代表采样地点上一个不均匀的样品，而水系沉积物的少量样品则可代表大范围内元素含量变化的概况。这是因为水系沉积物的样品，可视作上游汇水盆地中物质的天然组合样品。由于这一特点，水系沉积物地球化学勘查工作方法有自己的特殊之处。下面对水系沉积物地球化学勘查的采样、分析与编图作一简述。

1. 采样密度

在工作程度较低的地区，为了迅速地圈定面积数千乃至数万平方千米的地球化学省、大的矿化带以及一些特征的构造带，采样密度可以大大放低到 $20 \sim 200\ km^2$ 一个样。

为了圈定区域性异常、大型矿床以及矿化带异常，可采用 $5 \sim 20\ km^2$ 一个样。

2. 采样布局

采样点应尽可能分布均匀。不均匀的布点可能漏掉异常和其他重要的地质信息，给以后的数据处理带来困难。

3. 采样对象与采样方法

金属元素在河道中不同物质（如砾石、粗砂、粉砂、淤泥）中的含量是不同的（特别是其中的水成部分）。在一个地区采样，最好统一采取一种物质，否则在整个图幅上就会因各个样点采取的物质不同而出现可变偏倚，造成一些假异常或偶然的变化趋势。

但是实际上要做到采集同一种物质的样品是比较难以做到的。通常的做法是将采集的样品筛选到一定的粒径，可较大地压抑因样品的物质不同而产生的可变偏倚。采集淤泥及粉砂样品，样品的重现性显然比粗砂或细砂好。因而应以采集淤泥及粉砂样品为主。在采集样品时，要避免采集表层样品，因为表层有机物有铁锰氧化物聚积，它们从正常水中富集金属，有可能产生假异常。

采样的位置通常选择在河床的底部、河道岸边水面以上或水面以下，还可在河漫滩。

在河床的底部采集的样品，可较好地代表上游汇水盆地中的金属含量，且最少受岸土稀释的干扰。在间歇性流水地区、干涸的河道或只有很少流水的河道，采样也应在其中。

如果河道中水流湍急，细粒较少，不易采到样品，应尽量在水流缓慢处、水流停滞的地点、转石的背后及河道转弯的内侧等较多细粒物质处采样。

如果在河道中采集不到较多的细粒物质，则应在靠近水流渗湿的岸边采样，采样时要避免两岸塌积物的稀释作用。

4.样品加工与分析

一般情况下，筛选样品中要将小于80目的粒径部分作为分析试样。

要根据不同情况，有区别地筛选样品的不同粒径。水系沉积物异常的水成部分特别发育，异常中金属元素聚积于黏土颗粒上，要发现这部分异常，只有分析较细粒径的试样；活动元素如Cu、Zn、Ni、Co等主要集中于细粒径部分；不活动元素如Cr、W、Nb、Ta、Be、Sn等，主要集中于中粗粒径部分；在地形切割深、物理风化占优势的山区，各种金属元素可能倾向于富集在较粗粒径的颗粒中；距异常源地较近的较粗粒径颗粒中元素含量较高，距源地较远的细粒径中部分元素含量相对增高。

四、生物地球化学勘查方法

生物圈是一个特殊的圈，它包含在地壳、水圈和大气圈之中。凡是有生物存在的地方，都属于生物圈的范围。生物圈可以视植物、动物和微生物的总和，其上限不超过对流层，下限至大洋的底部，在地壳内可深达地下水准面下 3～4 km。生物地球化学是着重研究生物参与化学元素及其同位素在生物圈中的分布、迁移和富集的作用；也就是说，它是研究发生于生物圈内有生物参与的地球化学过程。生物地球化学勘查的服务领域主要有四个：找矿、农业、医学和环境保护。

（一）生物元素及其地球化学分类

生物圈具有高度不均一性，因此精确估计其平均化学成分是很困难的。

化学元素的生物地球化学分类方案很多，根据化学元素在生物体内的丰度、化学性质以及它所具有的生物功能和生物反应，将自然出现的 92 种元素分为三大类：生物必需元素、生物非必需元素和有毒元素。其中生物必需元素也叫生命元素，共有 25 种，它们是 C、H、O、N、S、P、Cl、Na、K、Ca、Si、Mg、V、Cr、Mn、Fe、Co、Cu、Zn、Se、Mo、F、B、I、Sn。研究生物地球化学地方病、生物地球化学省、生物地球化学区划、地球化学生态学、医学地理和环境保护，主要考虑的是生命元素和有害元素。

生物地球化学省是地球上化学元素含量水平不同于邻近地区，并因而引起当地动植物区系的各种生物反应的范围。在极端情况下，由于某一种或某几种元素含量严重不足或过剩会产生地方病。目前已揭示 Co、Cu、I、Mn、Mo、Ni、B、P、Se、F、Sr、Ca、P、As、Tl 等 30 多种元素不足、过剩，或比例失调会引起的生物地球化学地方病。生物地球化学省分为地带性和隐地带性两种类型。前者分布在一定的土壤气候地带内，是某些化学元素不足而产生的，隐地带性可以出现在任何地带内，是由于某些化学元素过剩而产生的，且往往与矿产分布有关。

（二）生物地球化学找矿

1.植物地球化学勘查

植物地球化学勘查主要通过植物学和生物地球化学的观察和测定来选择有效指示植物或指示植物群落，确定与矿床有关的高浓度元素对某些特定植物造成的毒性变态反应，并以其作为找矿的生物地球化学标志。

（1）指示植物

指示植物对一种或若干种微量元素有特别的嗜好，它们只能在能充分提供这些化学元素的地域内正常生长。目前，世界上已发现有近百种植物对 17 种化学元素有明显的指示作用。

指示植物可分为"通用性指示植物"和"地方性指示植物"。前者在分布上只与一定的含矿岩石及其土壤有关，在其他条件下则不能生长。例如生长在富锌岩层上的锌堇菜，生长在含硒土壤中的黄芪以及对铜有明显指示作用的合氏罗勒和铜苔等，都是重要的通用性指示植物。这类植物的数量很少，分布范围也很有限，用起来比较困难。地方性指示植物的分布则比较广泛，但是只有在某些地区才能作为指示植物使用。

（2）指示植物群落

在一定地段的自然环境条件下，由一定的植物种类结合在一起，成为一个有规律的组合，称为"植物群落"。指示植物群落则是由能够反映特定的矿床、岩层或岩石的若干指示植物种类的共生组合。

某些植物群落与矿体没有直接的关系，但它可以指示某些岩性或构造环境，因而可以作为间接的找矿标志。例如，我国南岭地区万山型汞矿层控于中寒武统白云岩的背斜构造中，而且竹子也易于在这些部位丛生，所以它能作为寻找这类矿床的间接标志。不同岩性（如基性、超基性岩、中酸性岩、石灰岩和砂、页岩等）和不同构造环境（如断裂、穹窿、盆地以及由此派生的地貌、水文现象）中植物群落的种类和分布的差别非常明显，以至于这些差别早已成为航空地质判读的重要依据之一。另一些指示植物群落则与矿床的伴生元素有关，但并不反映主矿化元素。

（3）植物对化学元素的毒性反应

观察确定植物的毒性反应是植物地球化学勘查中另一种常用的找矿手段。找矿中，应经常注意植物由于过量金属中毒而使叶子颜色呈反常的现象。在植物代谢过程中，高浓度的 Ni、Cu、Co、Cr、Zn 和 Mn 等元素都能使叶绿素的形成受到阻碍，结果使植物的叶子褪色而产生色症。

正常植被的缺乏可作为矿化的标志。硫化物矿床氧化带形成的酸性环境和过量的可溶性金属可以阻止正常植被的发育。例如在赞比亚，有些大的矿床最初是由于地表没有树木而被发现的。

在实际工作中，必须区别由其他因素造成的植物发育异常，如病虫害、排水不良以及土壤过酸等也可以引起植物萎黄病。因此，植物地球化学勘查的成效如何，在很大程度上取决于地质工作者是否具备一定的植物学知识，是否能在野外识别一些由过量金属引起的一些重要反应特征——如萎黄病叶、发育不完全、矮小症或畸形果实等等。为了能够识别野外所遇的植物群落，指出气候与土壤等其他因素对植物区系发育的影响，发现植物地球化学异常和异常评价，与植物工作者的密切配合是十分必要的。

2. 生物地球化学遥感

生物地球化学遥感是应用遥感技术来了解植物的种类、分布和发育情况，并以此解释和分析化学元素在植物、植被及其下伏土壤和基岩中的分布情况，以达到寻找矿化异常和圈定矿化远景区的找矿手段。

不同类型的岩石常具有不同地貌特征和不同的上覆土壤，并由此而发育有不同的植物种类和群落。这些植物在不同光谱波段的航空影像上具有特定的结构、灰阶和其他光谱特征。这些对于判读岩类、地层产状和构造等与成矿有关的地质要素均具有实际的指示意义。矿区特有的植物群落或植物区系及其生长状况可以作为一种确定隐伏矿体的植物地球化学标志。这种由地球化学异常造成的植物地球化学特征，有时在航空照片上，特别是在红外假彩色图像或多光谱图像上反映特别明显。此外，地下水的分布对植物的种类分布和生长状况也有重要影响，而地下水的分布又与地质构造和岩性密切相关。实际上，生物地球化学遥感属于一种宏观的植物地球化学勘查方法。这种方法在那些植被密集、通行困难和工作程度较低的大区域中，应用于矿产或地下水勘查，往往能得到较好的效果。在这种条件下，与其他方法相比，具有快速和经济的优点。

生物地球化学遥感以植物反射出来的电磁波光谱为信息来源。当光线射到叶片上时，发生光的吸收、透射和反射。叶绿素色素的含量是控制叶片的可见光光谱段电磁波发射特征的主要因素。叶绿素对 0.45 μm（绿色）附近有一反射峰值。因此，植物大都显绿色。另外，在 0.7 ~ 1.3 μm 和 0.5 ~ 0.9 μm 的近红外范围内，植物也有相当大的反射率。吸收光的物质除叶绿素之外，主要还有水。特别是在 1.4 μm 和 1.9 μm 处，有两个水的强吸收带。所以，对于绿叶植物来说，植物中叶绿素和水的含量基本控制了植物对可见光——近红外光光谱段电磁波的反射特征。基于以上原理可知，位于叶绿素吸收带内的光谱发射率与植物的叶绿素含量或叶绿素密度呈反消长关系；植物对 1.7 μm 到 1.3 μm 附近的电磁波几乎是不吸收的，其反射率的大小与植物组织的形状、尺寸和细胞之间的空间存在程度有关。因而根据植物的分光性测定的结果，有可能分辨植物的种类、分布和发育情况。

植物地球化学的遥感判读要求达到地面 3 m 的分辨率。因此，生物地球化学遥感勘查主要通过航空遥感进行。

3. 生物地球化学勘查工作方法

（1）准备工作

除了一般勘查地球化学工作的地质准备工作之外，还应着重了解工作地区的自然景观的特点，熟悉工作地区的植（动）物分类、分布及其生态学特点。在研究已有资料的基础上，分析这些条件对有关勘查矿床中元素迁移和分布可能产生的影响，可能出现的植物种属及其生长规律和异常标志，并初步确定野外试验性研究的地点、季节、取样范围和有关研究项目。

在野外装备的准备中，除了一般地质测量和常规化探的用具外，还应配备植物样品的采集、干燥、包装等必需的用具，如植物夹、吸水纸、枝剪、托盘（供清洗和晾晒植物样品用）和样袋等。

（2）野外试验性研究

野外工作的开始阶段，在有关生物地球化学和植物地球化学资料缺乏的情况下，必须进行方法的试验性研究，以确定生物矿化标志和指示元素，为正式采样制定统一的取样对象及其数量、方法和网度的标准。试验性研究的主要目的还在于了解和把握各种干扰因素的来源及其影响程度，选择有效的"标志生物"。标志生物可以是生物整体或其器官，也可以是某生物群，如植物或细胞群落。作为标志生物必须具备三个条件：①它在工作地区普遍发育，易于观察，便于采集植被样品；②它对矿致地球化学异常有明显的反应；③它所反映的地球化学异常受非矿因素影响较小。

试验性研究应选择在工作地区中1～2条有代表性的剖面上进行。剖面应尽量通过区内已知矿点（或矿体），以便获得植物中元素含量、组合与矿化（品位、组合、埋深和位置等要素）之间关系的信息。同时还应进行面上的踏勘采样，其目的是弥补试验性研究剖面的局限性，全面了解整个工作地区情况。为此，取样点应布置在一些剖面所不能反映的具有独特而典型的植被、地貌、水文和其他景观条件的位置上。如果工作地区内无已知矿点，还应在邻近可对比地区的有关矿点或矿床上进行采样，以得到真正反映矿化的生物地球化学异常构成的特征资料而应用于新区。

在试验性研究中，还可以同时采集土壤、岩石和地下水露头的样品，以了解植物体内及其根系环境中元素含量的关系。在一个新的工作地区，生物地球化学勘查的试验性研究可以和其他化探方法的试验研究同时进行。

（3）植物地球化学填图

植物地球化学填图是一种以小块面积的统计区为单位进行的大比例尺统计性植物填图。一个统计区应包括一个植物群落的大多数植物。统计区的大小则视植物群落的均匀性而定。植物分布变化越大，统计区应越小，反之亦然。显然，统计区越大，获得的信息越少。通常所用的方法是从一块5㎡的小地块开始，观察确定其中植物种属，并按一定的比例（10，50，100㎡…）逐渐扩大范围。每次扩大观察面积时都要注意其中种属的变化。当发现种属在某处迅速增加或减少时，该处则为统计区的最佳界限。各统计区确定后，再统计各种属的密度或间距（密度的倒数）。统计可用直接计数或按目估分级。例如可分成：①很稀少；②稀少；③常见；④密集；⑤很密集五个级别。在损失一定精度的前提下，目估分级能大大加快填图的进度。目估时应尽量避免由于不同人的统计、不同季节时的统计所造成的误差。

在勘查狭长状的矿体时，植物地球化学填图可以只在通过测区的若干条平行的测线或带上进行。带状植物地球化学填图则同样通过划分和统计一系列排列成带的统计区来完成。

与找矿有关的植物地球化学填图还可以包括以下项目的测定。

①覆盖度

整个植株在地表上的垂直投影面积，覆盖度通常以该投影面积所占统计面积的百分数表示。由于不同层次植株的重叠，该值常超过100%。

②层次

它是群落的结构特征之一,是不同高度的植物形成群落的地上成层现象,其根系则形成地下层次。例如,森林群落一般有乔木层、灌木层、草本层和地层四个层次。草原地区常见的地下层次则由一年生植物的根、鳞茎和块茎等构成的浅层,由禾本科植物的须根构成的中层和由双子叶植物的直根系构成的深层三个层次。群落的地上和地下分层是对应的。例如上述乔木层的根系可达土壤最底层,灌木的根系较浅,而草本和地被植物的根系则大多在表层。因此,植物群落的层次对于评价生物地球化学异常的地下立体结构具有一定的意义。

此外,在工作时还应观察记录植物种属的生长发育情况和是否有畸变或病害等现象。将上述各方面结果分析用不同的符号和颜色成图后,能全面地反映测区内各种植物的组合和分布特征。通过对植物图和地质图以及其他化探图件的分析对比,有助于揭示植物及其生长状况与地质体之间的关系,选择出有效的指示植物。在对植物图进行分析评价时,必须同时考虑到坡度、排水、光照、高度和地形起伏等条件对植物分布的影响。

五、气体地球化学勘查方法

气体地球化学勘查的主要目的有二:一是寻找固体矿产资源和油气资源,二是用于评价大气环境质量。目前的工作以找矿地球化学为主,通过研究与固体矿产和油气资源有关的气体异常来找矿。用于气体地球化学勘查的指示气体有:Hg 蒸气、CO_2、SO_2、H_2S、He、Ne、Ar、Kr、Xe、Rn、F、Cl、Br、I、CH_4 等。近些年来发展起来的地气法,主要通过收集和测定地下深部上升气流带来的纳米金属微粒,寻找地球化学异常,达到找矿的目的。

(一)气体迁移的数学描述

引起气体流动的力是多种多样的,主要的有大气压力变化及地下压力的变化。气体从高压区向低压处流动,力图消除压力差。地下的各种裂隙、断裂、不整合面、层间滑动都是低压带,可以吸引气体向它们流动,并沿着它们的方向迁移很远的距离。因此,气体异常的形成非常明显地受构造控制。这就是气体异常深部填图的基础。在地表,大气压力的变化好比一个巨大的活塞,大气压降低,可以引起土壤气体逸出;大气压升高,空气将赶入土壤,这样就会产生土壤中气异常周期性的变化。观察表明,气压对土壤中气含量的波及范围只限于 3 m 以内。

另一个引起气体迁移的重要作用是借助地下水的运动,即气体可以先溶解于水中,随地下水流动到另一地点后,再在新的条件下回到气相。还有一些气体异常,本来并没有气体,完全是在通过当地地下水的反应新生成的。所以,在进行气体地球化学找矿时,对当地的水文地质条件要有深入的了解。一般来说,控制地下水运动的因素对地下气体的运动有同样的重要性。

(二)Hg 蒸气测量

Hg 元素在原子结构上的特殊性使它成为在常温下呈液态,且是具有显著蒸气压的独一无二的金属元素。现在人们相信,有一个 Hg 的气圈与其他惰性气体一起,包围着地球,它的平均浓度为 1 ~ 10 ng/m³ 左右。在海洋上空它低于大陆上空,说明汞气的来源是大陆。如果把化学元素的一次电离电位对原子序数作曲线,则可以看出所有的惰性气体形成一系列主峰,而 Hg、

Cd、Zn 形成次一级峰，其中又以 Hg 的峰最接近惰性气体。所以，Hg 气圈的存在不是偶然的。

1.Hg 的地球化学行为特征与汞气异常的形成

Hg 的地球化学行为，有两方面的重要特征。

第一，它是典型的亲硫元素。因而，它在内生成矿作用中，大都以类质同象或呈机械混入物的形式进入其他硫化物中，或呈硫汞络阴离子形式 $[HgS_2]^{2-}$ 与其他亲硫元素一起存在于成矿溶液中，使 Hg 呈高度分散状态。只有在低温热液条件下，Hg 才以独立矿物（辰砂，HgS）结晶沉淀出来形成矿床。

研究表明，热液中的 $[HgS_2]^{2-}$ 在与热液中二氧化碳（CO_2）反应，或是氧化还原反应，或是水解反应，均可使热液中的硫浓度降低，而形成 HgS（辰砂）沉淀。在酸性（pH < 4.46）介质环境作用下，$[HgS_2]^{2-}$ 则形成金属汞（Hg^0）气进行迁移。

$$[HgS_2]^{2+}+2H^+=Hg^0+2HS^-$$

当汞（Hg^0）气沿着断裂和围岩空隙上升至地表土壤或大气中时就可形成汞气异常。

此时，在表生作用过程中，辰砂也可以被氧化生成金属汞。

$$HgS+O_2=Hg0+SO_2$$

从而在一些金属矿床上方次生汞气异常。

在岩石中呈离子状态在硫化物中以类质同象或机械混合物形式存在的汞，若遇到 Fe^{2+} 或有机质的作用时，Hg^{2+} 则可以被还原成亚汞离子。亚汞离子在自然界不稳定，就可以形成金属汞和二价汞离子。

$$Hg^{2+}+Fe^{2+} \rightarrow Hg^++Fe^{3+}$$

$$2Hg^+ \rightarrow Hg^0+Hg^{2+}$$

所以，在油气田上方所形成的汞气，可能与生油岩中有机质的还原作用有关。

第二，Hg 及其化合物均具有很高的蒸气压。

Hg 在低温时就可挥发。与其他金属元素相比，Hg 为最易挥发的金属元素。即使在常温下，金属 Hg 的蒸气压也是很显著的。因此，在表生作用下形成的金属 Hg 可以不断地释放出 Hg 蒸气到土壤和大气中形成 Hg 气异常。同样，Hg 的硫化物（如辰砂）也可以形成 Hg 气异常。这主要是 Hg 的硫化物与 Hg 一样具有高的蒸气压。

正由于 Hg 及其化合物的易挥发性，具有高的蒸气压这一重要特征，因此在 Hg-Sb 矿床以及含汞的其他硫化物矿床上方的土壤及大气中形成了 Hg 蒸气异常。一般地说，由地下深部上升的 Hg 蒸气，具有较强的穿透力，它可沿着构造断裂、破碎带上升，从地面以下几百米甚至几千米，可以一直到达地表。即使疏松覆盖物较厚，例如 20 ~ 30 m，以至上百米，地表土壤中仍有 Hg 气异常显示。

在矿床上方产生 Hg 气异常的另一个重要原因，就是岩石中 Hg 的逸散能力小。从矿床及其分散晕上逸出的 Hg 要比岩石多 5 ~ 1400 倍。因此，这一因素大大加强了无矿区和矿区 Hg 含量的差异，使矿区上方土壤或大气中具有明显 Hg 气异常。

2. 影响 Hg 气地球化学异常的因素

影响矿床上方土壤及大气中 Hg 气地球化学异常的因素很多，大体上可归纳为地质因素、自然条件与人为因素这几个方面。

（1）地质因素

地质因素包括下伏矿体的类型、规模、产状及埋藏深度，以及矿体上覆地层和围岩的性质与厚度。

①矿体的类型、规模、产状及深度

不同类型的矿床，其 Hg 的分布量是不同的，因而导致了在不同类型矿床上方土壤及大气中所形成的 Hg 气异常强度的差异性，矿体的规模大小直接控制着 Hg 气异常的规模。一般矿体规模大，其上方土壤及大气中产生的 Hg 气异常规模也大。当然，这必须在其他条件相同的情况下进行比较。因为 Hg 气异常的强弱还受矿体的产状和埋藏深度所控制。往往矿体埋藏深度大，异常强度随之减弱；矿体产状陡，异常宽度较窄；矿体产状平缓，异常发育较宽；矿体上盘异常下降缓慢，下盘异常急剧消失。

②矿体上覆地层、围岩的性质与厚度

矿体上覆地层、围岩的性质与厚度对 Hg 气异常的形成有明显的影响。一般矿体围岩裂隙发育、岩石破碎程度大，有利于 Hg 气的运移和向地表扩散。当 Hg 气到达地表土壤时，若土壤的孔隙发育，特别是非毛细管孔隙的发育，有利于 Hg 的保存与聚集。若土壤层太薄，则 Hg 气易于逸散到大气中，使土壤中 Hg 气浓度减少，因而土壤中 Hg 气异常就相对减弱。土壤的水文地质条件及土壤中腐殖质多寡也会不同程度地影响土壤中 Hg 气异常的形成。一般，土壤中腐殖质多，含水量少，就会有利于 Hg 气异常的形成。

（2）自然条件与人为因素

自然条件，主要包括气候条件与气象条件等。此外，其他一些自然现象（如地震、火山活动等）的产生，也会影响 Hg 气异常的变化。

大气的温度、湿度、大气压、大气降雨以及风向、风速等是影响地壳层（岩石圈）、水圈、大气圈下层和土壤中 Hg 气浓度变化的重要因素。

温度。随着温度的增高，大气圈和土壤中 Hg 蒸气压会大大增强。例如，在温度由 0℃ 上升到 40℃ 时，金属 Hg 上方的 Hg 蒸气压应会从 $0.000\ 19 \times 133\ Pa$ 增大到 $0.006\ 3 \times 133\ Pa$ 水银柱。又如在一个地面温度低于 3℃ 的永久冻土地区取样，土壤气体中的 Hg 含量最高达 1 000 mg/cm^3，而在地面温度达 14℃ 的另一个地区，土壤气体中 Hg 含量为 3800 mg/cm^3。由此可见，温度的变化对于 Hg 气异常的变化是显著的。温度对 Hg 异常的影响，温度的日变与温度的季节性的变化相比，后者较前者的影响明显。

大气压。实验表明，气体异常含量随大气压的升高而降低。因而，在 Hg 气测量中常常发现，同一天气、不一时间对于同一地点测出的 Hg 气异常的含量不同。在过去某些地区发现过这种情况。例如，在亚利桑那州某地区，在晚间气压偏低时，土壤气中平均 Hg 含量比清晨高一倍。在内华达州科尔兹金矿区，土壤气中的最高 Hg 量是下午（13～14 时）测得的；在 11 时和 16～17 时，该矿区的 Hg 含量降低 1～2 倍。中午前后土壤气中 Hg 含量最高，这是由于此时压力降低，从土壤中排出的气体最多所致。

湿度和大气降雨。这两个因素对大气和土壤中汞异常影响强烈，大雨尤为明显。这是由于岩石圈和大气圈界面上 Hg 蒸气的平衡被破坏所致。首先是因为近地表岩石及其上覆土壤的孔隙度变小，使土壤中非毛细管孔隙中气体被排出，通气变差，导致了降水后土壤中汞气含量的降低。湿度对大气中 Hg 异常的影响，是随云量情况、太阳作用和大气压等条件的变化而变化的。对土壤中 Hg 气异常的影响，则是随着土壤介质湿度的增大而增大的，这可以从硫化物中 Hg 的蒸发过程得到证实。

风向和风速。风向和风速对大气中 Hg 气异常的影响较明显。对于土壤中 Hg 气含量的变化也有不同程度的影响。如在风速述 10 m/s 的大风中对土壤气采样，也可观测到地表以下 0.5 m 深度 Hg 气含量也有所降低。

对于自然界所出现的某些自然现象，如地震、火山活动等所产生的 Hg 气异常也已被证实。曾发现地震活动产生时，从切过断裂构造的钻孔中抽气，其 Hg 含量比震前高。在地热区 Hg 含量也比该区以外的地段高。

人为因素的影响，则主要是指人工取样、样品的测试分析及厂矿排出的废气、废渣等。例如，在人工取样中，在不同高度取空气样品，这些样品分析结果发现 Hg 的浓度是随高度的变化而变化，并且 Hg 的含量随高度的增加而大大降低。

3. 样品的采集方法

进行汞气测量的气体样品采集，目前根据取样介质的不同，主要有以下三种方法。

土壤气体样品的采集。土壤中气体的采集通常是用抽气工具从土壤中抽取气体，然后以金丝取样管捕集 Hg。取样深度以 0.5 m 为宜，孔距一般不小于 5m 即可。

地面空气样品的采集。把具有足够灵敏度和稳定性能的仪器装在汽车上，并使空气风箱筒（取样器）位于车子正前面。沿横过已知矿区的测线，在行驶过程中连续采集地表空气样品。试验表明，空气风箱筒距地面 0.3 m 时最为适宜，经钼镍矿床和铅锌矿床试验，找矿效果很好。

大气样品的采集。用飞机采集大气样品，这就是所谓的"航空化探"方法之一。在飞机上安装一个进气管，将空气引人舱内，并以金箔捕集 Hg，而后采用测汞仪进行测量。实践表明，航空气测取样高度在离地面 300 m 以下，能够检出矿床上方 Hg 气异常。

（三）硫化气体测量

在硫化矿石废石堆附近的刺鼻的气味及温泉地区的臭皮蛋味使人们绝不怀疑含硫气体的存在。因此有利用 SO_2 及 H_2S 找矿的设想投入试验。虽然有过一些在已知硫化矿床及地热区检出

SO_2、H_2S 异常的报道，由于未说明详细的分析方法，其结果不是令人怀疑就是随后又被否定了。用狗的灵敏嗅觉来找硫化物转石的成功率也不令人满意。此外，大量的 SO_2 及 H_2S 是由人工污染及地表细菌活动产生的。因此，这两种最普通的含硫气体能否用于找矿尚存在问题。利用人工废石埋于取样点进行被动富集的方法，美英两国研究人员都试验了，英国人认为没有价值而放弃了。他们现致力于研究从天然吸附剂——土壤中解脱含硫气体的找矿方法。

硫化气体（SO_2、H_2S）对于硫化矿床来说，是典型的气态指示组分，特别是二氧化硫晕最为特征。硫化矿床中的硫化物（特别是黄铁矿）在氧化作用下形成的 SO_2 气体，在其矿床上方土壤中的质量浓度可达 $25 \times 10^{-9} \sim 50 \times 10^{-9}$，而 SO_2 背景值为 $2 \times 10^{-9} \sim 10 \times 10^{-9}$。各种类型的硫化物矿床都可能发现 SO_2 和 H_2S 气晕。它们可以透过厚层疏松沉积物到达地表土壤或大气中形成气体异常。因此，SO_2 和 H_2S 气体异常可作为找矿标志。

（四）二氧化碳和氧气测量

由于硫化矿床的氧化使其上方土壤中的二氧化碳偏高，而氧气（O_2）偏低。由此应用 CO_2 或 CO_2/O_2 比值可以作为某些矿床的找矿标志。苏联部分学者认为，在干旱地区，其隐伏矿体之上可产生清晰的 CO_2 和 O_2 异常，并且很少有假异常。

他们在硫化物矿床上的 $0.4 \sim 2.5m$ 深处的壤中气内发现了 O_2 下降和 CO_2 升高现象。他们对这一现象做如下解释：硫化物氧化消耗氧，氧化产物中硫酸与围岩或脉石矿物中的碳酸盐作用生成 CO_2。这两个反应可概括成（以黄铁矿为代表）：

$$4FeS+15O_2+8H_2O \rightarrow 2Fe_2O_3+8H_2SO_4$$
$$H_2SO_4+CaCO_3 \rightarrow CaSO_4+CO_2+H_2O$$

假定土壤有效孔隙度为 20%，据上式可以算出一吨黄铁矿完全氧化，可使 350 000 m^3 范围内的氧从 21% 降低到 20%；由此产生的 CO_2，使同一范围内的浓度达到 0.53%；这种变化量用轻便的仪器完全可以测出。由于这两种气体是常量气体，背景平稳，测定仪器简单，精度高。但 CO_2 产生的原因很多，所以异常解释困难。作为扩大气体测量的种类，它们有利于综合解释，对这两种气体的测量工作是值得开展的。在苏联，已进行过 CO_2 区域填图的试验。在英国也开展过野外试验。在外来覆盖物上方取得了肯定的结果，在多金属矿床的冰积物中记录到峰值达 8.0% 的 CO_2 异常。

（五）烃类气体测量

甲烷（CH_4）及其他烃类气体测量，目前主要用于油气普查和勘探工作中。这种方法应用于海洋石油地球化学勘查被认为是一种特别经济有效的直接找油法之一。它的工作原理是探测油气苗。油气苗是碳氢化合物潜藏的重要指示，它们从海底下游逸出来溶于海水中，被海水运移和混合。一般来说，在离油气苗源 $10 \sim 20\ km$ 范围都可以探测到。它的工作方法大致如下：

1. 取样

地球化学勘查取样在船上可与海洋地震或其他设备一起连续地进行，由于其拖曳体和拖缆几乎垂直下沉，因此不影响其他物探设备。取样深度在 75 m 以下为宜，效果因地区、季节和气候不同而有差异。仪器包括温盐深探头、高分辨率的底视声纳和电磁探头。温深剖面用来定出取样深度和鉴别不同水体。记录流速、流向、盐度和温度在垂直剖面的关键位置。

2. 分析

有两台分析仪，一台是测量碳氢化合物的总量，另一台是测定甲烷、乙烯、乙烷、丙烷、异丁烷和正构丁烷的富集度，鉴别碳氢化合物异常的性质。频谱和质谱都以低带形式记录下来。分子量较大的碳氢化合物被解释为油矿的指示，而乙烯则是近代生物作用的指示。气体比例可用来证实异常是否与油矿有关。分析的灵敏度必须达到每毫升水 5×10^{-9} ml 气。

3. 记录

所有资料做数字磁带记录和模拟磁带记录，记录资料包括影响碳氢化合物异常分布的水体参数、碳氢化合物富集度和测线等。自动记录由计算机快速处理，然后自动绘制碳氢化合物富集等值图。

最后，把碳氢化合物富集等值图作为进一步调查工作的基础，或者与地质和地球物理资料对比，帮助做出进一步详查或钻探的决定。

（六）地气测量

地气测量的找矿机理：地球内部存在着垂直运移的上升气流，当它流经矿体或岩体时，将其中元素的纳米微粒携带并迁移至地表，从而在矿体上方形成了成矿元素、伴生元素的地气异常。目前，地气测量也被称为地气纳米金属微粒测量。根据采样方式的不同，地气测量可分为主动式（瞬间采样）和被动式（积累采样）两种。无论主动式还是被动式，均需采用捕集材料，一般选择聚氨酯泡沫塑料，并要进行预处理。

1. 主动法地气测量及野外操作过程

野外操作过程。所谓主动法纳米金属微粒测量是指在外动力的作用下，使地下气体中的纳米金属微粒向捕集器流动，并通过捕集装置中的捕集材料，使其富集在捕集材料中的一种纳米金属微粒测量的方法。

主动法纳米金属微粒测量是在试验区的面积性或剖面性测量点位上，踩平表土后，用铁锤和钢钎打出深 0.6 ~ 0.8m 的孔洞，用螺纹采样器旋入孔内 0.2 ~ 0.35m 深，用硅胶管依次连接螺纹采样器、微孔除尘过滤器、纳米金属微粒捕集器和大气采样器或抽气筒，并按试验所选择的采样量，单孔抽取 3L/孔气体样品。在每个采样点上约 5 ~ 10m 范围内打制三个孔洞，抽取 9 L 样品。

采样过程中应注意下列事项：

（1）采样位置应选择在土层较厚和土壤颗粒较细的地方，避开碎石堆、废石堆和新的人工堆积物。

（2）旋进螺纹采样器时，应注意平稳，不要发生晃动。螺纹采样器要拧紧，保证采孔的密封性。

（3）捕集剂应放在干燥干净的塑料袋内，取放时应使用无污染的竹夹，捕集剂取出后放在预先用王水清洗并晾干的塑料小袋内密封保存。

（4）每批样品应插入 5 ~ 10 个空白捕集材料进行背景及空白检查。

2. 被动法地气测量

采样材料选用经处理后的聚氨酯泡沫塑料。在每个测点上挖 40 ~ 50 cm 深的坑，坑内放置采样器，掩埋 25 d 后取出采样器，采用中子活化分析多元素含量。

第三节 勘查结果的处理

一、勘查地球化学数据获取

第一手资料的获取，是勘查地球化学工作的一个重要环节。要获取勘查地球化学数据，就必须完成勘察设计、野外取样（部分工作可以在野外现场测试）、样品加工、分析测试等工作。

（一）勘察设计

勘察设计的核心内容是编制勘察设计书。勘察设计书包括的主要内容有：勘查目的、勘查任务、勘查区或邻区的工作程度（以往工作经验、工作区地理、地形、地貌、地质、气候、植被和土壤覆盖等），设计勘查地球化学工作方法技术（按规范要求）并论证其有效性，以及经费预算和施工安排（时间、顺序、人员、后勤、安全等组织工作）等。

（二）野外取样

野外取样方法的正确与否，直接影响到勘查地球化学工作质量的高低。岩石、土壤、水系沉积物、水文、生物、气体的取样方法各不相同，在勘查地球化学方法一章中已有介绍。

值得指出的是，近些年来，地学核技术在地球化学勘查中的作用越来越大，其中一个重要因素是地学核技术发展了一套野外现场快速分析测试技术。如便携式 X 射线荧光仪，可以对岩石露头、土壤、水系沉积物等介质在野外现场测试某些化学元素的含量，这就把野外取样、样品加工、测试分析流程简化到野外现场原位测试上来。

（三）样品加工

除水样和某些现场的冷提取分析外，原始样品总要经过或多或少的加工才能进行分析。首先是除去水分，因为潮湿样品不但难以进一步加工而且极易发霉，不便运输和保管。其次是分出有效部分，最后研磨均匀以达到分析的要求。因为大多数分析方法只取很少的试样（称量）进行分析，如垂直电极光谱分析取 40 mg 左右，化学分析取 250 mg 左右等等。要使这样小的称量代表全样就必须使样品中待测元素分布非常均匀，一般天然状态是达不到如此高的均匀度的，只有靠人为的研磨才行。

化探样品的加工一般包括干燥、破碎、揉碎、过筛、淘洗、缩分、研磨、混合等步骤，这些步骤的一定组合形成一种加工方案，加工方案视样品的性质、工作目的、分析方法而异，需要合理选择。

样品加工这一环节的重要性往往受到忽视，由此而引起的问题很难察觉，它经常被当作分析误差与取样误差处理了。因此，加工时更应小心防止问题的发生。

样品的干燥可用日晒或烘箱，如需分析汞及其他挥发成分，则不要使温度超过60℃，以免损失太多。对于黏土质样品，干后固结成块需要在干燥过程中不时搓碎之。

加工过程中最大的问题是污染。第一种情况是样品之间的污染，只要操作认真，而且加工按测点顺序进行就不会发生问题。第二种情况是样品被加工工具污染，尤以碾磨与过滤两道工序为甚。

钢磨引起显著的污染，而且随被碾物质的不同而变化。较硬的物质（如石英）引起的污染更重。由此可以推想，碾磨时间长也会有同样的结果，即会造成污染程度的变化，这对化探工作是最不利的。瓷盘引起的污染极小，这并不是说瓷盘比钢盘硬，而是瓷盘本身不含上述微迹元素，所以采用高纯度的硬瓷磨具（高铝瓷磨具）是防止污染的好办法，我国有关单位已开始小批量生产这种设备。

筛子是另一个可能的污染源，其中铜筛，尤其是生锈、破损的细铜筛污染最甚。现在大多数工作已使用尼龙筛，污染问题当可解决。可尼龙筛易变形，孔目不是很可靠，需经常更换新的网布。小于150目的粉末，通常不用筛子，而根据手感决定，即用手指捏搓时，无粗糙感即可。

除了上述筛取细粒物质的常规方法外，有时需要采用去泥、淘洗、磁选等方法分离有用的粒级，这种方法一般用于特定的矿种，需根据当地的情况通过试验选用。

在加工样品时，还应注意下列几点：①防止样品号码的错乱。②不能随便更动加工方案，因为同一原始样品经过不同的加工方案，例如孔目不同，就能得出不同的含量。所以，至少一个工区要用同一方案，否则会产生系统偏差。③疏松物样品在第一次过筛前不要研磨，以保持样品的粒度比例。④注意改进加工工作的劳动条件，如搞好通风防尘，这不但对维护工人健康有利而且可以减少污染。⑤矿石样品与普通样品要严格地分用加工工具，最好不同一室。

（四）分析测试

目前常用的地球化学分析方法有光学法、核技术法、色谱法、电化学法及其他方法。光学法包括分光光度计法、比色法、旋光测定法、比浊法、荧光测定法、振动光谱法、原子吸收光谱法、发射光谱法、电子探针与离子探针等；核技术法包括中子活化分析技术、辐射测量技术、γ射线光谱法、X射线荧光测定法等；电化学法包括电位法、电导法、极谱法等；色谱法中又有气相、液相与热解色谱法等；其他还有热分析法、动力、催化法等。

在微量元素地球化学样品测试方面，X射线荧光光谱法（XRF）、中子活化分析（NAA）、等离子体光谱（ICP-AES）和等离子体质谱法（ICP—MS）是重要的测试手段。

X射线荧光光谱法（XRF）分析不破坏样品，对样品的要求不苛刻（固体、粉末、液体、植物、土壤等均可），可测试的浓度范围广，可以同时测定 Na、Mg、Ai、Sl、Ca、As、Y、Zr、Nb、Sn、U、Th 等30多种主要元素和微量元素。XRF法分析高含量样品时，相对偏差2% ~ 5%左右；

分析低含量样品时，相对偏差 10% ~ 20%；当被测元素接近探测限时，相对偏差可达 50% 以上。对于稀土元素，XRF 法的检出限在（0.5 ~ 1）× 10^{-6} 之间，是区域化探分析的一种重要手段。

中子活化分析（NAA）、仪器中子活化分析（INAA）、超热中子活化分析（ENAA）、放射中子活化分析（RNAA）等。其中以 INAA 法应用最广。主要优点是不破坏样品、样品用量少、分析灵敏度高、精密度好、准确度高；对元素周期表中大多数元素的分析灵敏度在 10^{-6} 到 10^{-13} 之间，可同时测定下列元素：Na、Mg、Al、K、Ca、Sc、Ti、V、Cr、Mn、Fe、Co、Ni、Cu、Zn、Ga、Ge、As、Se、Br、Rb、Sr、Zr、Nb、La、Ce、Nd、Sm、Eu、Tb、Yb、Lu、Au 等。

和经典光谱相比，等离子体光谱（ICP-AES）检出限较高、分析精度好（相对标准偏差 RSD 一般不大于 10%）、干扰水平低、分析准确高度（系统误差一般不大于 10%）、同时多元素测定能力强、分析速度快。其中，稀土元素的检出限为：La（0.03）、Ce（0.12）、Pr（0.11）、Nd（0.08）、Sm（0.07）、Eu（0.009）、Gd（0.04）、Tb（0.4）、Dy（0.02）、Ho（0.02）、Er（0.02）、Tm（0.02）、Yb（0.005）、Lu（0.003）、Y（0.01）。

等离子体质谱（ICP-MS）法将等离子体作为质谱分析的离子源。和 ICP-AES 比较，其干扰更小，分析速度更快，检出限更低（特别是不同元素的 ICP-MS 检出限差别小），可在大气压下连续操作，灵敏度高出 1 ~ 2 个数量级。

二、勘查地球化学数据处理

（一）原始资料及质量评定

1.原始资料

原始资料中最主要的是分析结果，其次是采样记录本、地质观察记录、岩矿鉴定报告、山地工程编录，等等。此外，还保存有一些辅助性的材料如送样单、外检记录等。这些资料的宝贵之处在于，它包含了一切有用的信息，所有后续的工作只不过是尽可能地充分应用它们而已。往往因为其原始性而不被人们所重视，这是不对的。原始资料要由专人在日常工作中经常性地清理、审核、整饰、编排、装订，确保其原始性、系统性与完整性。

随着化探工作规模的扩大与分析项目的增多，原始数据的生产速度是惊人的。例如一幅 1：20 万的图幅，按组合样计算也有 1800 个左右，分析 30 个元素，再加上坐标，总计就有 58000 个左右的数据。这么大量的数据要保管、储存、取用并不是简单的事情，国内外大力发展计算机的数据处理系统，这是不可少的基础性工作。

2.分析质量监控

目前，国内各省实验室已广泛使用的化探样品分析方法有：发射光谱方法、原子吸收分光光度方法、比色法、离子选择电极法、原子荧光法、射线荧光光谱法和等离子焰光量计法等。化探样品分析选用的方法应尽可能采用多元素同时测定的方法，而且必须具有较高的生产效率，以适应大量化探样品日常分析的需要。

3.分析质量监控的统计学基础

在化探样品分析中，即便用一种固定的方法，同一个熟练操作人员对同一个样品进行多次重复分析，他每次得到的拟测元素含量结果往往并不相同。之所以出现各种不同的分析结果，原因在于称重、加工、溶样、容量测定等步骤都会产生误差，而且全都综合在最终的分析结果之中。此外，化探样品的采集，即便在同一个采样点上采集两个样品，其分析结果也不会完全一样，这就是采样误差。特别是在区域化探中，往往在一个较大的面积内采集几个样品组合成一个样品，并利用该样品的组分来估量整个单位面积内的平均组分，这也难以避免存在采样误差。化探的数据处理是建立在采样与分析质量可靠的基础上进行的，因此必须对如何保证数据质量的可靠性有一个基本了解。

（1）基本概念

①真值与平均值

真值是在无系统偏差条件下无穷多次测定值的平均值。由于实际工作中不可能对一个样品测定无穷多次，故严格说来，真值是无法确定的。

平均值是同一种测定方法对同一个样品进行多次测定所得结果进行统计计算求得的估计值。

可用值是对同一个样品分别用多种测试方法测得的估计值，同时对每种方法都赋予与其方法局限性的权而求得的平均值。这是目前勘查地球化学建立标准样中每个元素含量时常采用的方法。

②准确度和精密度

准确度是多次测定值的平均值与真值的符合程度。精密度是多次测定的重现性，即它们之间的符合程度。

精密度可以用数据方差来衡量，也可以用标准离差来衡量，还可以用变差系数百分数来衡量。

准确度和精密度是互不相倚的。一种测试方法或结果，可以既准确又精确，即每次测定的结果都比较接近，而它们的平均值又非常接近真值。也可以是准确的但不精密，即多次测定的平均值接近真值，但每次测定的数值之间相差较大。也可以是精密的但不准确，即多次测定的数值互相接近，但其平均值则远离真值。或者是既不准确又不精密。

③检出限和识辨力

检出限通常称作灵敏度，是用一定分析测试方法能够测出的元素最低含量。采用不同分析方法分析不同元素，检出限会有很大差异。

识辨力指分析方法能表达分析元素的浓度级的数目。在一定的含量间隔范围内，表达浓度级数目越多，表明该分析方法识辨力越强。

以上介绍的一些统计参数是化探选择分析方法的评价依据，也是评价化探数据可靠性的重要依据。

（2）化探数据中的误差

误差即指某种分析测试方法的测定值与真值之差；偏差（偏倚）是指测定值与平均值之差，但习惯上两者混用，不加区别。

过失误差是人为因素造成，如读数错误、看错谱线等引起。

在化探工作中，特别是区域化探中遇到的偏倚往往是可变的。这在以往应用的半定量光谱分析中特别严重。在当前使用较完善的分析方法时也难以完全避免。我国开展区域化探的初期，试验结果表明，除了随机误差之外，分析方法与方法之间，实验室与实验室之间，人与人之间，季节与季节之间，甚至月与月，日与日之间都有系统误差存在，这种误差称为可变偏倚。

可变偏倚在采样中也同样存在。不同地区岩石出露程度不同，或某些地区有厚的覆盖物分布，就可能带来采样偏倚，所采样品在某些地区代表性较好，能比较好地反映基岩中元素含量变化；另一些地区代表性较差，对基岩含量的估量就可能偏低或偏高。

不同地区水系密度小，水系沉积物样品反映上游汇水盆地中元素含量平均值时也会发生可变偏倚，特别是当汇水盆地中有几种不同岩石分布时更是这样。

采样偏倚还可能由于在不同采样地点岩土物质混入比例不同所造成。采样地点上局部环境的变动也会发生采样偏倚。例如土壤或水系沉积物中 Fe、Mn、有机物及 pH 值的局部变化可以使金属含量变化无规律，甚至出现假异常。

不同性质或不同粒级的样品中金属富集粒度不同，如果没有规定统一的采样方法，不同采样人员的采样方法与习惯不同，所采集的样品性质变化太大，也会发生可变偏倚。

不同地点的岩石、土壤、水系沉积物等的均匀性是不同的。在一个采样地点，由于物质比较均匀，重复采样比较接近；在另一个物质很不均匀的采样地点，重复采样会得出相差较大的结果。这是在区域化探采样中经常遇到的可变偏倚。

在一个地区或图幅之内出现可变偏倚，对化探的解释推断会带来严重影响，它会在图上出现假的变化趋势和假的异常。

把野外采样操作尽量标准化，可以大大抑制采样人员之间的可变偏倚。不同采样点上，由于物质的差异、局部环境的变化所引起的采样偏倚是难以避免的，今后可以设法将它们在数据的处理中进行校正。岩石出露程度、覆盖物性质及水系密度不同所造成的可变偏倚也需在解释推断阶段时给以估量。

不同采样地点局部环境的变化，以及不同地点物质均匀性不同所造成的可变偏倚，如果严重也会造成假异常。若在一个地点上采集几个样品混合成一个组合样，有助于抑制可变偏倚的起伏。以后的数据处理（网格化、移动平均等）还可以进一步压低可变偏倚。通过这些措施，可以使可变偏倚减少到不致危害解释推断的程度。

至于随机误差，它在任何采样与分析工作中总是存在的。分析实验室通常使用的检查方法（随机抽若干样品，进行重复分析，计算合格率）主要是为了控制这种误差。化探分析不同于一般矿石分析，在化探分析中对于合格率笼统地规定一种标准来对待不同地区的情况与不同要求显然是不够的。往往同等变化幅度的采样与分析的随机误差，在一个地区或图幅内足以影响或歪曲元素含量的真实变化，而在另一个地区并非如此。这就必须针对具体情况做具体分析。如果在数据中没有严重的可变偏倚，则可以使用方差分析方法来检验这一地区范围内随机误差起伏是否有可能掩盖了该地区元素含量变化的真实起伏。对随机误差的检验也可以纳入误差监控系统之中。此外，数据处理（网格化、移动平均等）也可以使随机误差有所降低。

4.分析质量的监控方法

（1）分析质量监控的目的

在化探分析中质量监控的主要目的如下。

第一，及时发现批样之内或批样之间的可变偏倚，以便采取措施，从仪器设备、工作环境、工作条件、操作人员及方法各方面查找原因。

第二，为发现不同图幅或不同实验室之间的恒定偏倚和校正提供依据。

第三，对采样中的随机误差进行估计。

（2）分析质量监控的内容

第一，用各省制备的二级标准样（GRD系列）监控本实验室内长期工作情况下的条件与仪器稳定性。

第二，用一级标准样（GSD系列）监控各省实验室及方法之间出现的系统偏倚。

第三，用重复采样、重复分析监控采样与分析误差是否干扰或掩盖了图幅内和图幅间地球化学变异。

第四，实验室的例行内检工作按5%～10%进行。

第五，外检工作对于已通过国家计量认证获得证书的实验室，可以免于外检。其他实验室要送1%～3%的样品进行外检。

5.采样与分析质量的评价方法

为了评价分析数据质量的可靠性，应从以下统计数据进行误差衡量。

对于送实验室分析的全部样品和要求分析的所有元素，百分之百的都能报出数据，则认为测试方法完全满足化探工作要求。若数据报出率大于80%，则认为基本满足要求。

（二）勘查地球化学数据处理方法

本部分只简要介绍几种常用的化探数据处理方法，有关这些方法的详细的数学描述和讨论请参阅数学地质方面的参考资料。

1.方差分析

方差分析是分析处理试验数据的一种方法。在地质科学与找矿勘探实践中，每种地质现象、地质过程、地质体都包含着许多相互制约、相互依存、相互矛盾的因素，如何分析这些复杂因素解决地质问题，这就是方差分析所要解决的问题。例如一套碳酸盐岩地层，肉眼是难以识别（分层）的，但可以用方差分析方法分析它们之间各种化学成分数据，找出分层的主要化学成分，从而达到分析的目的。又如岩性、蚀变与矿化的关系，沉积岩岩性的纵横变化与古地理环境的关系等方面的问题，都可以用方差分析方法解释。方差分析是两个总体参数检验的推广，是判断两个以上总体参数是否相等的问题。在化探数据处理中，常用两种方差分析方法，即固定方差分析和随机方差分析。

（1）固定方差分析

把单因素固定方差模型应用于两组数据，但该模型也可以推广到多组数据。在这一模型中，要将数据的组内变差与组间变差进行比较，如果组间变差大于组内变差，则认定两组的平均值不同。这种对比要通过 F- 检验来完成。

（2）随机方差分析

这种方法常用于对来源可辨的变差做对比。在勘查地球化学中，指的是分析误差、取样误差和区域变异的相对大小。在评价变化趋势时，总希望分析误差比区域变异小。为了做这种对比，首先把不同来源的变异分离开来，然后用 F- 检验做必要的对比。

2. 回归分析

回归分析是处理相关关系的一种常用方法，它是以大量观测数据为基础，建立某一变量与另一变量（或几个变量）之间关系的数学表达式，是一种能从众多的变量（或预先尽可能多地考虑一些变量）中自动挑选重要变量（指标或因子），并确定其数学表达式的一种统计方法。它具有一定的统计意义和实际意义。利用这种方法可以自动地、大量地从众多可供选择的指标中，选择对建立回归方程式重要的指标。因此，它在勘查地球化学数据处理中有着广泛用途。例如：

（1）圈定异常和成矿"靶区"进行矿产统计预测。

（2）确定找矿标志，或用一种或几种元素的含量预测另一种难于分析的元素含量。

（3）对化探异常进行分类以便对其进行综合评价，综合解释。

（4）研究矿体产生的地球化学晕的幅度与取样地点距离矿体远近的相关关系，如在垂直方向上，它有助于推断矿体的埋深；研究矿体剥蚀深度；内生矿床分散晕的垂直分带序列等。在水平方向上，它能为评价异常或进行勘探设计提供依据。

（5）解决控制问题，即在一定程度下控制。变量的取值范围，应立足在指定的范围内取值。

（6）可用来建立各种找矿模式，发现新的找矿线索等。概括起来说，回归分析可以解决预测问题和控制问题。

3. 移动平均分析

在区域地球化学和环境背景研究中，常常要进行大量的采样测试工作。人们发现，在不同采样位置上采样测试结果是不均一的，如果将一条观测线上采样的测试值顺序连接起来，则形成一条元素含量变化的折线，平面上元素含量值变化就更复杂了。在这种情况下，在数据图上主观勾绘元素等值线图或用线性插值方法勾绘等值线图来描述区域元素分布规律是困难的，往往得到的等值线图是粗略的、随意的，不能反映非线性变化的特点，对于这一类问题可以用移动平均分析方法来解决。移动平均分析方法是在矿山开采实践中产生的，最初是用该法降低品位方差进行矿床储量计算。现在人们通常用移动平均分析方法来光滑数据曲线，光滑平面数据曲面。它能消除采样测试误差，从而清晰地显示出元素区域性分布规律和变化趋势。实际上它是一种低通的滤波方法。由于这种方法运算简单，广泛地应用于区域地球化学数据处理及需要光滑曲线、曲面的研究与实践工作中。

4. 趋势分析

趋势分析是一种研究随机变量在空间位置上变化规律的数理统计方法。它用某种数学模型去拟合实测模型。在地质工作中经常需要研究某种地质特征的空间分布特征与变化规律。例如，为了查明某一地区的地质构造，需要研究某些地层单位的厚度或某一标准层的高程在该地区内的系统变化；为了了解某一岩浆侵入体物质成分空间变化特征，需要研究其矿物成分或化学成分在该岩体内的变化规律；又如在化探工作中为了发现矿化异常，需要研究化学元素在测区内的"区域趋势"和"局部异常"。地质上的这些变量常常随空间位置的变化而改变，可以说它们是空间位置的函数。这种随机变量可借用地质统计学中的一个名词——区域化变量来称呼它们，或者简单地理解为空间变量。

趋势分析根据数学手段和方法的不同，可以分为滑动平均（或叫移动平均）、多项式拟合趋势分析和调和趋势分析。

趋势分析依空间的维数，又可分为一维、二维和三维。对于多项式趋势分析，不同维中按自变量的最高次数，又可分为一次、二次……六次，等等。一般说，多项式次数愈高，则趋势面与实测数据偏差愈小，但是还不能说它与实际情况最符合，这还要在实践中检验。一般说变化较为缓和的资料配合较低次数的趋势面，就可以比较好地反映区域背景；而变化复杂起伏较多的资料，配合的趋势面可以适当高一些。

由于地球化学变量在空间上表现为既有随机性，又有结构性（受周围点的含量控制），因此可以采用趋势分析来进行研究。

趋势分析的任务主要是确定测区中地球化学变量空间分布的数学模型和区分测区中地球化学变量的"区域变化趋势"和"局部异常"。

5. 判别分析

判别分析是对样品进行分类的一种多元统计方法，它在化探中的应用成效最为显著。它的工作过程大体可以分成两个阶段：第一阶段是选择已知归属的对照组（或叫培训组），并用对照组的分析数据建立判别方程式。第二阶段是把未知归属的样品的分析结果，代入判别方程，算出结果后就可以确定其归属。当然实际工作中需要根据多元素进行判别。

决定判别效果好坏的是对照组的精心挑选和判别变量的合理决定。前者不但要求有代表性，即每一类都有一定的数量，而且要求判别变量在同一组内的差异要小而在不同组内差别要大。所以需要通过对比不同的变量组合来选择最佳的判别方程。为了取得对照组样品，一方面可以选用已知的地质单元内的样品，如得不到足够的资料，则可以先在全体数据中选择部分有代表性的样品进行聚类分析，然后将其结果作为对照组。当然，决定判别成效的最终根据不在于判别对象确定是可判别的，这一点可以用统计检验来证实。

一旦判别方程建立后，就可以对样品进行逐个判别，因此它不受样品数目的限制，适用于大量常规化探样品。

6. 聚类分析

聚类分析又称点群分析、群分析和丛分析。它是根据样品所具有的多种指标，定量地确定各种样品（或变量）相互间的亲疏组合关系的方法。按照它们亲疏的差异程度进行定量的分类，以谱系图形式直观地加以描述。聚类分析在勘查地球化学数据处理方面有广泛的应用。如了解成矿元素究竟和哪些因素有关；找出和成矿元素伴生的相关元素，以利用和成矿元素关系密切的其他元素为找矿标志；研究次生分散晕中异常元素究竟和哪些元素共生组合在一起；根据已知矿床（点）的成矿元素组合特征预测成矿远景区。

7. 因子分析

因子分析是用来研究一组变量的相关性，或用来研究相关矩阵（或协方差矩阵）内部结构的一种多元统计分析方法。它将多个变量综合成为少数的"因子"，也就是在较少损失原始数据信息的前提下，用少量的因子去代替原始的变量，从而达到对原始变量的分类，揭露原始变量之间的内在联系。

因子分析从以下三个方面为地质工作中的成因推理提供重大帮助。

（1）压缩原始数据

地质人员在研究每一个地质问题时都希望获取尽可能多的数据，而在最终综合这些数据以形成地质成因概念则又会为面对这大量复杂的、通常又是相互矛盾的数据而深感苦恼。简单地说，地质人员在收集数据时总希望尽可能多，而在分析、综合数据时又希望尽可能少。因子分析恰恰提供了一条科学的、逻辑的途径，能把大量的原始数据大大精简，以利于地质人员进行综合分析。这种精简又以不影响主要地质结论的精确性为前提，或者说是在不损失地质成因信息的前提下进行的。

（2）指示成因推理的方向

在形成成因结论的过程中，人们的思维和推理是最重要的一环。从大量复杂的地质数据中理出一个成因的头绪并不是一件容易的事。不同的人对同一组地质数据，往往导出不同的成因结论，其原因是人们在推理过程中掺入了主观、片面的意见。因子分析有可能把庞杂的原始数据按成因上的联系进行归纳、整理、精练和分类，理出几条比较客观的成因线索，为地质人员提供逻辑推理的方向，帮助他们导出正确的成因结论。

（3）分解叠加的地质过程

现在所看到的地质现象往往是多种成因过程叠加的产物，既有时间上不同过程的叠加，又有空间上不同过程的叠加，各个过程互相干扰，互相掩盖，造成了地质成因研究的复杂化。因子分析能提供从复合过程中弄清每个单一过程的性质和特征的途径。

因子分析在地质成因研究中，潜在地解决地质问题的能力是很大的，但是并非使用因子分析就能完全克服成因研究中的各种困难。

8. 对应分析

在地质和化探数据的统计分析中，经常要处理三种关系：即变量之间的关系，样品之间的关系以及样品和变量之间的关系。因子分析中提出了 R 型分析和 Q 型分析，它们分别可以用来研究变量之间和样品之间的关系，两种因子分析通常是分别进行，甚至只做 R 型因子分析，不做 Q 型因子分析；或者只做 Q 型因子分析，不做 R 型因子分析。这样人为地把 R 型和 Q 型分析割裂开来，结果漏掉了许多有用的信息。地质成因问题是通过不同特征的样品表现出来的，因此，成因与样品是有联系的。R 型分析和 Q 型分析之间不可分割，有一种对应关系。

另外，一般来说，在原始数据矩阵中，样品的数目远远超过变量数目，这样就给 Q 型分析的计算带来极大的困难。如果有 100 个样品，每个样品测定 10 个指标，这样 R 型分析只要计算一个（10×10）阶相关矩阵的特征值和特征向量，而进行 Q 型分析就要计算阶数大得多的矩阵的特征值和特征向量，这给计算带来极大的困难。于是人们就设法从 R 型分析的结果推导 Q 型分析的特征值和特征向量。

对应分析就是把 R 型分析与 Q 型分析统一起来，把变量和样品同时反映到相同坐标轴（因子轴）的一张图上，这样就便于地质解释与推断。对应分析点聚图中，变量点群表示了具有同一地质作用的元素组合，样品点群表示了相同类型的样品，而且样品点群的地质成因是由它们邻近的变量所表征。这就有助于对样品类型的地质解释，同时通过样品在空间的分布可以了解地质过程的空间关系。

9. 相关分析

相关分析研究变量与变量之间的关系，这是整理化探资料一定要碰到的问题，例如各指示元素之间的消长关系，次生晕总金属量与矿床规模的依赖关系，铁帽中残存金属含量与原始品位的关系，等等。如能灵活应用相关分析提供的方法，则可以在资料处理中发掘出很有价值的信息。相关分析还能帮助建立经验公式，一些更高一级的统计分析也往往是通过相关分析进行的，因此它是最常应用的一种方法。

相关分析的内容很多，理论与方法都比较成熟，按变量的性质可分为正态与非正态两类；按变量间关系的性质，可分线性与非线性两类；按涉及变量的多少，可分成二元及多元等。当然，最简单的是二元线性正态相关分析，其他各种类型的相关分析可以通过变量转换或取舍，转化成线性正态模型。

相关性的好坏由相关系数来度量。必须指出，相关系数受个别特高点的影响很大，有时，甚至只是因为包含了一个特高点，把相关系数由 0.2 "提高" 到 0.9。原始数据进行对数转换能缓和这种影响。参加计算的数据越多越好，但不要把不同总体的样品混在一起。为了避免对分布型式的依赖，过去曾经引入过一些非参数性的相关系数，如秩相关系数、中位数四分法相关系数等。

经验证明，只要对原始数据做适当的筛选，常用的相关系数（皮尔逊相关系数）仍是最稳健的统计量，相关系数的统计检验已有现成的表格可查，凡超过临界值者，表示相关显著。

三、勘查地球化学资料解释

（一）勘查地球化学异常的解释和分析

早期化探工作，把注意力全部集中在明显的异常上，而对广大的背景地区甚至低缓异常则常常忽略，这就使异常变成一些孤立的圈圈，导致异常评价的简单化。随着经验的积累，人们逐渐认识到异常与背景应当作为一个统一体来看待，广义地说，异常评价实际上是对地球化学资料进行全面的地质解释。

异常评价成功有两种情况：①正确地肯定了异常的远景，达到了预期的地质目的。②及时地对异常作了否定评价，节省了勘探时间和资金。

异常评价失误也有两种情况：①应该肯定的异常不敢肯定，延长了找矿周期，甚至失掉发现矿藏的机会。②肯定了一些无意义的异常，导致验证落空。得到肯定结果的工作，当然令人鼓舞，但对于否定的结果，绝不能成为灰心的理由。相反，更应该积极总结经验，使其成为勘查地球化学的财富。国内外出版的各种化探工作史例，是很有价值的文献，只可惜大都报道的是成功的例子。从其数目上来说，只占整个工作的极小部分。

（二）勘查地球化学常用图件

1. 原始性图件

原始性图件不受或稍受编制人主观意志的影响，从图上可以直接恢复分析数据。许多地球化学家都十分重视保存所有的信息。保存有信息的图件有剖面图、平面剖面图、数据图、符号图等等。

（1）剖面图

它是以曲线的形式表示某一方向上（测线或钻孔）地球化学指标变化的细节与地质现象的关系。地质剖面图根据需要可选择不同比例尺。剖面图制作的关键是纵比例尺的选择，可以用普通比例尺、对数比例尺或其他更方便的比例尺。普通比例尺适用于表示变化幅度小的数据，例如常量元素通常用之，对数比例尺适用于表示变化达几个级次的元素。不论何种比例尺，背景含量一般不要高于 2×10^{-6}。同一批数据，用不同比例尺制作，给人的印象是不同的，所以比例尺的选择很重要。

剖面图虽然有简单明了的特点，但它不能反映两侧的情况，如孤立看一个剖面就难以解释。所以，每条剖面，要在适当的平面图上标明其位置，否则其价值就降低了。

剖面图还有一个优点是可以同时做许多元素的曲线，有利于对比元素间的关系。

（2）平面剖面图

把剖面图放在剖面所在的平面位置，就成了平面剖面图。这种图在详细测量时最常用到，特别是与物探方法平行作业时，总是要做这种图件。它不但能反映每条测线内含量的变化，而且更重要的是能反映测线之间的对比关系，尤其是对于那些单向延长的地质体，如断裂、剪切带、岩脉、矿脉等，有很好的追索表达能力。在试图把峰值进行对比联结的时候，则要充分地注意当地的地质情况。

纵比例尺的选择要注意不要使含量曲线过多地伸到上面的剖面中去，以利观察。

（3）数据图

数据图就是把分析结果如实填在取样点旁。这种图与其说是成果图，还不如说是一个数据处理的中间环节，因为有许多数据处理方法要用数据图进行。

数据图最大限度地保存了资料的原始性，但异常分布、背景起伏表示得最不清楚。由政府部门或研究机构进行的区域性地球化学调查，加工过的图件公开出版，私人探矿公司可以免费得到；但他们宁愿要原始数据，可见原始数据的重要性。

在制作数据图时，要百分之百地检查，以免抄错。

（4）符号图

符号图与数据图的性质完全一样，只是因为数字高低不太醒目，所以采用一套与含量成比例关系的图案标在采样点旁，使异常点醒目地表示出来。

2.等值线图

虽然符号图上能够显示出一些主要的异常点来，但是对于区域性与局部性的变化趋势却表现得很不明显，而等值线图却最适合表现这些特点。

勾绘等值线的基本规则是根据数据按比例内插。这一规则对地形等高线或物探异常是可以严格遵守的，但化探数据跳动很大，而且点与点之间并没有什么物理定律的制约，因等值线不能在严格意义下来理解。在人工勾绘时，要对工区内的地质构造、已知矿产分布、地形、覆盖物性质有一定的了解，同时还要参考采样记录、考虑分析误差及该元素的地球化学性状，才能做出较好的等值线图。切忌拘泥于数据，使等值线出现波浪状、羽毛状线条。在根据未处理过的数据勾绘时，高含量圈内允许有若干低含量点；相反，低含量地区的个别高点也可以不予考虑。同样一份数据，很可能勾出不同的等量线图来，因为此时必然要带入主观成分。做得好时，可以把原始资料的粗糙性、偶然性去掉，而突出其本质的主流的东西。

等值线也可以由计算机绘制。这给人一种错觉，以为机器绘的是"客观的"，其实不然。因为机器是按程序绘图的，而程序中所用的取数与内插规则是多种多样的。在编制或购买绘图软件时，最好用同一份数据进行对比，选择较好的那种程序。用优良的程序绘制的图件光滑美观，而且可以绘制多份。

为了使等值线与频率分布联系起来，也可以取不同百分数作为等量线值，例如95%分位数一般就是异常下限，用它圈出的就可算是异常。

3.地球化学剖面图

这是表示地球化学异常在三度空间发育的常用图件。例如岩石地球化学剖面，通常由地表、坑道或若干钻孔控制。由于岩石中化学元素分布不均匀，在对比前，要先对数据进行平滑处理（通常是用三点或五点移动平均）。经过这种处理，虽然曲线光滑了，但还是不能直接勾绘等浓度线。因为一个 50×10^{-6} 的 Cu 含量，在花岗闪长岩中和大理岩中代表着完全不同的意义。所以，在建立原生晕剖面图时用相对浓度较好。相对浓度就是实测浓度对于采样点上岩石的背景值之比（衬度）。

在对比和外推各个控制工程之间的异常时，要考虑地质条件、控制因素、矿体形态特点。从所有可能的连接方式中选择最合理的方案，并应参考勘探剖面上矿体的连接规则，同一剖面可有三种不同连接方式，如果钻孔较多，连接的可能性就更多。

4. 灰度等级图

由于等值线图的勾绘很费时间，而且带有主观性。再从制作等值线图的过程来看，它需要经过数据的网格化，因此，当数据点很多时，可以不必再勾等值线，而把每一个网格看成一个像元，直接把网格化数据用一定的灰度来代表，这种方法是从遥感数字图像技术上引用过来的。

5. 综合异常图

综合异常图是把多元素异常表达在一起，这方面也有许多不同的方法，这要根据综合的方法而异。近年来流行一种指标一张图的做法。因而综合指标的选择就很关键了。现在经常应用的综合指标有比例、累加、累乘、相关、因子得分、三角图解等。三角图解是岩石学及地球化学中常用的表示三个端元成分相互关系的方法。在整理化探资料时，可选出三个有代表性的元素，在它们的三角图解上划分出一定的区域。各点实测含量落在某区，就用该区符号表示在平面图上。

6. 解释推断图

解释推断图是所有图件中的上层建筑。它要求综合尽可能多的资料，并在某种地质成矿理论的指导下，把工区内发现的元素分布情况（包括背景与异常）做出总结性的展示，并据以圈定成矿远景区，提出今后各类矿化的找矿方向及其具体工作方法建议。属于这类图件的有各类成矿预测图、各类地球化学分区图、各种比例尺的异常推断解释图以及理想分带模型图。

第四章 地质矿产的勘查过程

第一节 地质矿产勘查的过程综述

一、矿产勘查标准化

（一）标准化

标准化（standardization）是在经济、技术、科学及管理等社会实践中，对重复性事物和概念通过制订、发布和实施标准达到统一，以获最佳秩序和社会效益。

标准化的目的之一，就是在企业建立起最佳的生产秩序、技术秩序、安全秩序、管理秩序。企业每个方面、每个环节都建立起互相适应的成龙配套的标准体系，使每个企业生产活动和经营管理活动井然有序，避免混乱，克服混乱。"秩序"同"高效率"一样也是标准化的机能。标准化的另一目的，就是获得最佳社会效益。一定范围的标准，是从一定范围的技术效益和经济效果的目标制定出来的。因为制定标准时，不仅要考虑标准在技术上的先进性，还要考虑经济上的合理性。也就是企业标准定在什么水平，要综合考虑企业的最佳经济效益。因此，认真执行标准，就能达到预期的目的。

（二）标准

标准（standard）是对重复性事物和概念所做的统一规定。它以科学、技术和实践经验的综合成果为基础，经有关方面协商一致，由主管机构批准，以特定形式发布，作为共同遵守的准则和依据。根据中华人民共和国标准法第六条规定：标准的级别分为国家标准、行业标准、地方标准、企业标准四级。

（三）规范

规范（specification）是对勘查、设计、施工、制造、检验等技术事项所做的一系列统一规定。根据国家标准法的规定，规范是标准的一种形式。

（四）地质矿产勘查标准

我国地质矿产勘查标准化工作始于 20 世纪 50 年代，按照统一和协调的原则，分别由各部门制定了一系列关于地质矿产勘查的标准和规范规程，初步统计已达上百种，其中固体矿产勘查规范已达 45 种，涉及 84 个矿种，形成了一个独立的体系，并且已进入了国家的标准化管理体系。这些大部分的标准都可以在中国地质调查局、中国矿业网，以及中国矿业联合会地质矿产勘查分会等相关网站上查阅。

二、矿产勘查阶段的基本概念

矿产勘查工作是一个由粗到细，由面到点，由表及里，由浅入深，由已知到未知，通过逐步缩小勘查靶区，最后找到矿床并对其进行工业评价的过程。

也就是说，一个矿床，从发现并初步确定其工业价值直至开采完毕，都需要进行不同详细程度的勘查研究工作。为了提高勘查工作及矿山生产建设的成效，避免在地质依据不足或任务不明的情况下进行矿产勘查、矿山建设或生产所造成的损失，必须依据地质条件、对矿床的研究和控制程度，以及采用的方法和手段等，将矿产勘查分为若干阶段，这种工作阶段称为矿产勘查阶段。

每个阶段开始前都要求立项、论证、设计、施工，而且在工程施工程序上，一般也应遵循由表及里，由浅入深，由稀而密，先行铺开，而后重点控制的顺序。每个阶段结束时都要求对研究区进行评价、决策、提出下一步工作的建议。

矿产勘查过程中一般需要遵守这种循序渐进原则，但不应作为教条。在有些情况下，由于认识上的飞跃，勘查目标被迅速定位，则可以跨阶段进行勘查；反之，如果认识不足，则可能会返回到上一个工作阶段进行补充勘查。

三、矿产勘查阶段的划分

矿产勘查阶段的划分是由勘查对象的性质、特点和勘查实践需要决定的，或者说是由矿产勘查的认识规律和经济规律决定的。阶段划分的合理与否，将影响矿产勘查和矿山设计以及矿山建设的效率与效果。

预查：依据区域地质和（或）物化探异常研究结果、初步野外观测、极少量工程验证结果、与地质特征相似的已知矿床类比、预测，提出可供普查的矿化潜力较大地区。有足够依据时可估算出预测的资源量，属于未发现的矿产资源。

普查：是对可供普查的矿化潜力较大地区、物化探异常区，采用露头检查、地质填图、数量有限的取样工程及物化探方法开展综合找矿。对区内地质、构造特征达到相应比例尺的查明程度；对矿体形态、矿石质量、矿石加工技术条件和矿床开采技术条件做到大致查明、大致控制的程度；矿体的连续性是推断的。通过概略研究，最终应提出是否有进一步详查的价值，或圈定出详查区范围。

详查：是对普查圈出的详查区通过大比例尺地质填图及各种勘查方法和手段，进行比普查阶段更密的系统取样，基本查明地质、构造、主要矿体形态、产状、大小和矿石质量，基本确定矿体的连续性，基本查明矿床开采技术条件，对矿石的加工选冶性能进行类比或实验室流程试验研究，对新类型矿石和难选矿石应进行实验室扩大连续试验，在详查所获信息的基础上开展概略研究，做出是否具有工业价值的评价。必要时，圈出勘探范围，并可供预可行性研究、矿山总体规划和做矿山项目建议书使用。对直接提供开发利用的矿区，其加工选冶性能试验程度，应达到可供矿山建设设计的要求。

勘探：是对已知具有工业价值的矿床或经详查圈出的勘探区，通过加密各种采样工程，其间距足以肯定矿体（层）的连续性，详细查明矿床地质特征，确定矿体的形态、产状、大小、空间位置和矿石质量特征，详细查明矿床开采技术条件，对矿产的加工选冶性能进行实验室流程试验或实验室扩大连续试验，新类型矿石和难选矿石应做实验室扩大连续试验，必要时应进行半工业试验，在勘探所获信息的基础上开展概略研究，为可行性研究或矿山建设设计提供依据。

第二节 矿产的预查阶段

预查相当于过去的区域成矿预测（regional prognosis）阶段。预查工作比例尺随勘查工作要求的不同而不同，可以在 $1 : 100$ 万 ~ $1 : 5$ 万变化。预查工作采用的勘查方法主要包括遥感图像的处理和解译、区域地质、地球物理、地球化学资料的处理，以及野外踏勘等。

一、区域矿产资源远景评价

区域矿产资源远景评价是指对工作程度较低地区，在系统收集和综合分析已有资料基础上进行的野外踏勘、地球物理勘查、地球化学勘查、三级异常查证，圈定可供进一步工作的成矿远景区的预查工作。条件具备时，估算经济意义未定的预测资源量（334_2）。其工作内容包括：

1. 全面收集预查区内各类地质资料，编制综合性基础图件；

2. 全面开展区域地质踏勘工作，测制区域性地质构造剖面，实地了解成矿地质条件；

3. 全面开展区域矿产踏勘工作，实地了解矿化特征，并开展区域类比工作；

4. 择优开展物探、化探异常三级查证工作；

5. 运用 GIS 技术开展综合研究工作，对区域矿产资源远景进行预测和总体评估，圈定成矿远景区；

6. 条件具备时对矿化地段估算 334_2 资源量；

7. 编制区域和矿化地段的各类图件。

二、成矿远景区矿产资源评价

成矿远景区矿产资源评价是指对工作程度具有一定基础的地区或工作程度较高地区，运用新理论、新思路、新方法，在系统收集和综合分析已有资料基础上，对成矿远景区所进行的野外地质调查、地球物理和地球化学勘查、三级至二级异常查证、重点地段的工程揭露，圈出可供普查的矿化潜力较大地区的预查工作。条件具备时，估算经济意义未定的预测资源量（334_1）。其工作内容包括：

1. 全面收集成矿远景区内的各类资料，开展预测工作，初步提出成矿远景地段；

2. 全面开展野外踏勘工作，实际调查已知矿点、矿化线索，蚀变带以及物探、化探异常区，了解矿化特征，成矿地质背景，进行分析对比并对成矿远景区资源潜力进行总体评价；

3. 在全面开展野外踏勘工作的基础上，择优对物探、化探异常进行三级至二级查证工作，择优对矿化线索开展探矿工程揭露；

4. 提出成矿远景区资源潜力的总体评价结论；

5. 提出新发现的矿产地或可供普查的矿产地；

6. 估算矿产地 334_1 和 334_2 预测资源量；

7. 编制远景区及矿产地各类图件。

三、预查工作要求

本阶段的勘查程度要求搜集并分析区内地质、矿产、物探、化探和遥感地质资料，对预查区内的找矿有利地段、物探和化探异常、矿点、矿化点进行野外调查工作；对有价值的异常和矿化蚀变体要选用极少量工程加以揭露；如发现矿体，应大致了解矿体长度、矿石有用矿物成分及品位、矿体厚度、产状等，大致了解矿石结构构造和自然类型，为进一步开展普查工作提供依据，并圈出矿化潜力较大的普查区范围。如有足够依据，可估算预测资源量。

（一）有关资料收集及综合分析工作

1. 全面收集工作区内地质、物探、化探、遥感、矿产、专题研究等各类资料，编制研究程度图。对以往工作中存在的问题进行分析；

2. 对区域地质资料进行综合分析工作，根据不同矿产类型，编制区域岩相建造图、区域构造岩浆图、区域火山岩性岩相图等各类基础图件；

3. 对区域物探资料进行重磁场数据处理工作，推断地质构造图件以及异常分布图件；

4. 对区域化探资料进行数据分析工作，编制数理统计图件以及异常分布图件，开展地球化学块体谱系分析、编制地球化学块体分析图件；

5. 对区域遥感资料进行影像数据处理，编制地质构造推断解释图件；

6. 对矿产资料进行全面分析，编制矿产卡片以及区域矿产图件；

7. 运用 GIS 技术，对上述资料进行综合归纳，编制综合地质矿产图，作为部署野外调查工作的基础图件。

（二）野外调查工作

固体矿产预查工作，必须以野外调查工作为主，野外调查和室内研究相结合。野外调查工作包括区域地质踏勘工作，区域矿产踏勘工作，地球物理、地球化学勘查，物探、化探异常查证、矿点检查工作；室内研究包括已有地质资料分析，综合图件编制，成矿远景区圈定、预测资源量估算等工作。

1. 区域地质踏勘工作

区域地质踏勘工作是预查工作的重要基础工作，无论是否已经完成区调工作都要精心组织落实，一般情况下部署一批能全面控制区内区域地质条件的剖面，进行踏勘工作，踏勘时应进行详细的路线观察编录，并绘制路线剖面图，对重要地质体布置专题路线观察。通过区域地质踏勘工作，实地了解主要地质构造特征、成矿地质背景条件。

踏勘时应适当采集关键地段、有代表性地质、矿化现象的岩矿标本，并进行必要的岩矿鉴定或快速分析测试。通过踏勘选择确定实测地质剖面位置，建立遥感解译标志。

2. 区域矿产踏勘工作

区域矿产踏勘工作是预查工作的关键基础工作，一般情况下，工作区内都有一定数量的矿化线索、矿化点、矿点、物探、化探异常区，因此必须全面开展踏勘工作，对不同类型的矿化线索，都必须进行现场踏勘。对有较多工作程度较高矿产地的地区，应经过分类，对不同类型的代表性矿产地进行全面踏勘，详细了解矿化特征、成矿地质背景、工作程度、以往评价存在问题等情况，修订原有的矿产卡片。

对已有成型矿床的远景区，必须开展典型矿床的野外专题调查工作，通过实地观察，详细了解矿床成矿地质条件、矿化特征、找矿标志等资料，以便指导远景区总体评价工作。

对与成矿有关的侵入岩，在已划分侵入体的基础上，大致查明其岩石类型、形态与规模、矿物成分与岩石地球化学特征、结构构造、接触关系、包体与脉岩的规模、产状、组分等，以及与成矿有关的侵入体内外接触带的交代蚀变、同化混染和分异特征、矿化特征等，圈定接触带、捕房体或顶盖残留体，测量接触带产状。根据侵入体相互接触关系和同位素年龄资料确定侵入体的侵入时代和侵入顺序，研究其时空分布规律及与围岩和成矿的关系、控矿特征，研究侵入体及岩浆作用与成矿关系。

对与成矿有关的火山岩，应在已划分的岩石地层单位基础上，进一步划分其岩性（岩相）及岩石组合，大致查明火山岩岩石的岩石类型、矿物成分、结构构造、地球化学特征、产状与接触关系、空间分布，以及沉积夹层、火山地层层序等特征，划分火山喷发韵律和喷发旋回，建立火山岩地层层序，确定火山喷发时代，分析火山岩时空分布规律，研究火山作用与区域构造及成矿作用的关系。对与成矿作用密切的火山活动，应圈定火山机构，划分火山岩相，分析研究火山机构、断裂、裂隙对矿液运移和富集的控制作用及与火山作用有关的岩浆期后热液蚀变、矿化特征。

对与成矿有关的变质岩，应在已划分的构造—地（岩）层或构造—岩石单位基础上，进一步划分其岩性及岩石组合，大致查明变质岩石的岩石类型、矿物成分、结构构造及主要变质岩类型的岩石地球化学等特征，恢复原岩及其建造类型。大致查明不同变质岩石类型的空间分布、接触关系及主要控制因素，并建立序次关系。对成矿作用密切的变质岩，应进一步研究其岩石组合、变质变形特征，划分变质相和变质带，研究变质期次、时代及其与成矿作用的关系。

对与成矿有关的构造，应大致查明基本构造类型和主要构造的形态、规模、产状、性质、生成序次和组合特征，建立区域构造格架，探讨不同期次构造叠加关系及演化序列。深入研究成矿有关的褶皱、断裂构造或韧性剪切带等构造特征，以及矿体在各类构造中的赋存位置和分布规律，分析构造活动与沉积作用、岩浆作用、变质作用及成矿作用的关系。

3. 地球物理、地球化学勘查工作

一般情况下，区域矿产资源远景评价工作应当在已完成 1：25 万～1：50 万地球物理（包括航空或地面）、地球化学勘查工作的基础上进行，如尚未开展 1：25 万～1：50 万地球物理及地球化学勘查工作的地区，应单独立项开展 1：25 万～1：50 万地球物理及地球化学勘查工作。一般情况下，成矿远景区矿产资源评价工作应当在已完成 1：5 万地球化学勘查工作的基础上进行，如尚未开展 1：5 万地球化学勘查工作的地区，应单独立项开展 1：5 万地球化学勘查工作，必要时应单独立项开展 1：5 万地球物理勘查工作。

对重要矿化地段，重要物探、化探异常区，以及开展物探、化探异常二级查证的地区应部署大比例尺（一般为 1：2.5 万～1：1 万）地球物理、地球化学勘查工作。

对部署钻探工程的地区，必须做地球物理精测剖面，地球化学加密剖面。对钻探工程在条件适宜的情况下，应开展井中物探工作。

地球物理和地球化学勘查方法应根据具体地质条件，选择有效的方法。

4. 遥感地质调查工作

遥感地质调查工作应贯穿于预查工作的全过程，收集资料及综合分析工作阶段，应选用合适的遥感影像数据，进行图像处理，制作同比例尺遥感影像地质解释图件。野外踏勘阶段，必须对遥感解释进行对照修正，最大限度地通过野外踏勘，提取地层、岩石、构造、矿产等与成矿有关的信息以及确定矿产远景地段。室内综合研究阶段，应利用遥感资料提供成矿远景区，优化普查区，提供矿化蚀变地段。

5. 矿点检查和物探、化探异常查证工作

经过收集资料，综合分析，区域地质踏勘，区域矿产踏勘，物探、化探、遥感等资料综合分析及数据处理工作，对具有成矿远景的矿产地或矿化线索以及有意义的物探、化探异常开展检查工作，主要内容包括：草测大比例尺地质矿产图件，开展大比例尺物探、化探工作，布置少量探矿工程。了解远景地段的矿化特征，提出可供普查的矿化潜力较大地区，或者提出可供普查的矿产地。

对物探、化探异常查证工作，按照异常查证有关规定执行。

6. 探矿工程

预查阶段的探矿工程布置，要求达到揭露重要地质现象和矿化体的目的。

槽井探、坑探和钻探等取样工程应布置在矿化条件好，致矿异常可能性大或追索重要地质界线的地段。探矿工程的布置需有实测或草测剖面，使用钻探手段查证异常时，孔位的确定要有实际依据，一旦物性前提存在，应用物探有关勘查方法的精测剖面反演成果确定孔位、孔斜和孔深；在围岩地层和矿层中岩矿心采取率要符合有关规范、规定的要求。

7. 采样和化验工作

预查工作必须采集足够的与矿产资源潜力评价相关的各类分析样品，各类采样、化验工作技术要求参照有关规范、规定执行。

四、预测资源量（334_1、334_2）的估算

（一）预测资源量（334_2）的估算条件

1. 初步研究了区内地质构造特征和成矿地质背景、各类异常的分布范围和特征、矿点、矿化点和矿化蚀变带的分布；

2. 经过三级异常查证，获得了相应的数据，判定属矿致异常特征者或通过矿（化）点及有关民采点、老硐评价证实有潜力的地区；

3. 编制了估算 334_2 资源量所需的地质图件；

4. 估算参数除预查工作实测外，部分参数可与地质特征相似的已知矿床类比，新类型矿床的估算参数要按地质调查的实际资料获取。

（二）预测资源量（334_1）的估算条件

1. 初步了解了工作区内的地质构造、矿点、矿化点、矿化蚀变带、各类异常的分布范围和特征；

2. 异常、矿（化）点经过了三级至二级查证，已有见矿工程；

3. 据地表观察和物、化、遥异常推断了矿体的产状、规模、分布范围，矿石品位和自然类型；

4. 顺便了解了工作区的水文地质、工程地质、环境地质和开采技术条件。

五、预查工作提交成果

（一）预查地质报告及附件、附表、附图

1. 预查地质报告

预查地质报告主要包括以下内容：

（1）工作目的和任务；

（2）自然地理及经济条件；

（3）以往地质工作评述；

（4）区域地质背景；

（5）区域矿产资源远景评价；

（6）成矿远景区矿产资源评价；

（7）预查工作方法及质量评述；

（8）预测资源量估算；

（9）结论。

2. 预查地质报告一般应附的附图、附件和附表

矿产预查地质报告中常见的附图包括交通位置图、研究程度图、实际材料图、地质矿产图、物化探参数图、物化探推断成果图、遥感解释图、地质和工程剖面图、成矿预测图、预测资源量估算图、地质工作部署建议图、工程编录图等。

有关预查项目的批复文件应作为预查地质报告的附件。矿产预查报告常见的附表包括：样品

登记和分析结果表；预测资源量评价数据表（各工程、各剖面、各块段的矿体平均品位、平均厚度或面积、体积计算表）；地球物理、地球化学勘查各类数据表；物化探异常登记表和异常查证结果表；探矿工程一览表；生产矿井、老硐、民采坑道等资料汇总表；质量验收资料；插图图册、照片图册；新发现矿产地和可供普查的矿产地登记表；重要的原始资料清单等。

（二）数据光盘及其相关的数字化资料

重要的勘查工作可摄制成声像资料；所有的地质信息资料均应按照相关要求刻录于光盘中。

预查工作成果要以纸质和电子文档的方式报相关部门审查和存档。

第三节 矿产的普查阶段

矿产普查的工作比例尺一般在 1：10 万～1：1 万，主要采用的方法包括相应比例尺的地球物理、地球化学、地质填图、稀疏的勘查工程等。

一、矿产普查的目的和任务

矿产普查的目的是对预查阶段提出的可供普查的矿化潜力较大地区和地球物理、地球化学异常区，通过开展面上的普查工作、已发现主要矿体（点）的稀疏工程控制、主要地球物理、地球化学异常及推断的含矿部位的工程验证，对普查区的地质特征、含矿性和矿体（点）做出评价，提出是否进一步详查的建议及依据。

其任务是在综合分析、系统研究普查区内已有各种资料的基础上，进行地质填图，露头检查，大致查明地质、构造概况，圈出矿化地段；对主要矿化地段采用有效的地球物理、地球化学勘查技术方法，用数量有限的取样工程揭露，大致控制矿点或矿体的规模、形态、产状，大致查明矿石质量和加工利用可能性，顺便了解开采技术条件，进行概略研究，估算推断的内蕴经济资源量（333）等。必要时圈出详查区范围。

二、矿产普查要求的地质研究程度

本阶段的勘查程度要求搜集区内地质、矿产、物探、化探和遥感地质资料，通过适当比例尺的地质填图和物探、化探等方法及有限的取样工程，大致查明普查区的成矿地质条件，大致查明矿体（层）的形态、分布、规模、产状和矿石质量，推断矿体的连续性，大致了解矿床开采技术条件，对矿石加工选冶性能进行类比研究，最终提出是否具有进一步详查的价值，并圈出可供进一步开展详查工作的范围。

（一）地质研究程度

在预查工作和搜集区内各种比例尺的区域地质调查资料的基础上，视研究程度和实际需要开展地质填图工作。对区内地层、构造和岩浆岩的产出、分布及变质作用等基本特征的查明程度，应达到相应比例尺的精度要求。

全面搜集区内各种地质资料和研究成果，注重搜集和研究区内与矿体（点）形成有内在联系的成矿地质条件资料进行分析。与沉积有关的矿产应着重搜集研究沉积环境方面的资料及含矿岩层（系）的产出、层位、层序和岩石组合等资料；与岩浆活动有关的矿产应着重搜集研究岩石类型、围岩及接触关系、蚀变特征等方面的资料；与变质作用有关的矿产应着重搜集研究变质作用及其产物的物质组成和空间展布等方面的资料；对主要（控矿）构造应大致查明其性质、规模、分布及与矿化的关系。

（二）矿产研究

依据区内矿产、地球物理、地球化学和重砂矿物、遥感影像特征，结合区域成矿地质背景、已有矿产资料、矿山生产资料、矿化类型、蚀变分带、分布特点、矿体的展布特征、矿石的物质组成，矿石矿物、脉石矿物、结构构造、矿石品位、有关物理化学性质及有害组分含量；对重点解剖的主要矿体（点），充分运用区域成矿规律和新理论进行深入研究，指导区内的找矿工作。注重综合评价，应了解共、伴生矿产及其品位和质量，并研究其分布特点。

（三）开采技术条件研究

顺便了解与矿山开采有关的区域和测区范围内的水文地质、工程地质、环境地质条件。矿化强度大、拟选为详查的地区，当水文地质条件复杂或地下水丰富时，应适当进行水文地质工作，了解地下水埋藏深度、水质、水量及与矿体（点）的关系、近矿岩石强度等。

（四）矿石加工技术选冶性能试验

对已发现矿产应与同类型已开采矿产的矿石物质组成、结构构造、嵌布特征、粒度大小、品位、有害组分等进行类比，并就矿石加工选冶的可能性做出评述；对无可比性的矿石应进行可选（冶）性试验或加工技术性能试验。

对有找矿前景的全新类型矿石，应先进行专门的矿石加工技术选冶性能试验研究，为是否需要进一步工作提供依据。

三、矿产普查的控制要求

普查工作重在找矿，要求对整个普查区的矿产潜力做出评价。通过对面上工作各种资料的全面综合分析研究和对矿体（点）进行数量有限的取样工程，大致了解矿石质量和利用可能性，有依据地估算矿产资源的数量，最终提出是否具有进一步详查的价值，圈定出详查区范围。

普查阶段一般应填制1：5万地质图，地质条件复杂、测区范围小、找矿前景大时可填制1：2.5万地质图。对矿化明显的局部地段，为满足施工工程、控制矿体（点）、估算矿产资源数量的要求，可填制1：1万～1：2000地质简图。

对发现的矿体，地表用稀疏取样工程、深部有极少量控制性工程证实，大致控制其规模、产状、形态、空间位置，并分别详细记录矿体实测和有依据推测的规模、长度、厚度及可能的延深。

四、矿产普查技术方法

（一）测量工作

必须按规定的质量要求提供测量成果。工程点、线的定位鼓励利用GPS技术，提高测量工作质量和效率。

（二）地质填图

地质填图尽可能使用符合质量要求的地形图，其比例尺应大于或等于地质图比例尺，无相应地形图时可使用简测地形图。地质填图方法要充分考虑区内地形、地貌、地质的综合特征及已知矿产展布特征，对成矿有利地段，要有所侧重。对已有的不能满足普查工作要求的地质图，可根据普查目的要求进行修测或搜集资料进行修编。

（三）遥感地质

要充分运用各种遥感资料，对区内的地层、构造、岩体、地形、地貌、矿化、蚀变等进行解释，以求获得找矿信息，提高普查工作效率和地质填图质量。

（四）重砂测量

对适宜运用重砂测量方法找矿的矿种，应开展重砂测量工作，测量比例尺要与地质填图比例尺相适应。对圈定的重砂异常，根据需要择优进行检查验证，做出评价。

（五）地球物理、地球化学勘查

应配合地质调查先行部署，用于发现找矿信息，为工程布置、资源量估算提供依据，根据普查区的具体条件，本着高效经济的原则合理确定其主要方法和辅助方法。比例尺应与地质图一致，对发现的异常区应适当加密点、线，以确定异常是否存在和大致形态。

对有找矿意义的地球物理、地球化学异常，结合地质资料进行综合研究和筛选，择优进行大比例尺的地球物理和（或）地球化学勘查工作，进行二级至一级异常的查证。当利用物探资料进行资源量估算时，应进行定量计算。验证钻孔和普查钻孔应根据具体地球物理条件，进行井中物探测量，以发现或圈定井旁盲矿。

（六）探矿工程

根据已知矿体（点）的信息和地形、地貌条件，各类异常性质、形态、地质解释特征以及技术、经济等因素合理选用。

探矿工程布设应选择矿体和含矿构造及异常的最有利部位。钻探、坑道工程，应在实测综合剖面的基础上布置。

（七）样品采集、加工

样品的采集要有明确的目的和足够的代表性。

普查阶段主要采集光谱样、基本分析样、岩矿鉴定样、重砂样、化探样及物性样等。有远景的矿体（点）还应采取组合分析样、小体重样等。必要时采集少量全分析样。

基本分析样依据矿种和探矿工程的不同，选择经济合理的取样方法，坑探工程一般应采用刻槽取样的方法，刻槽断面一般为 $10cm \times 3cm$ 或 $10cm \times 5cm$，不适宜刻槽取样的矿种应在设计中规定；钻探工程的矿心样应用锯片沿长轴 $1/2$ 锯开，取其一半做样品，不得随意敲碎拣块，确保分析结果能反映客观实际。取样规格要保证测试精度的要求，样品的实际重量用理论重量衡量时应在允许误差范围内。

（八）编录

各种探矿工程都必须进行编录。探槽、浅井、钻孔、坑道要分别按规定的比例尺编制。有特殊意义的地质现象，可另外放大表示，图文要一致，并应采集有代表性的实物标本等。

地质编录必须认真细致，如实反映客观地质现象的细微变化，必须随施工进展在现场及时进行。应以有关规范、规程为依据，做到标准化、规范化。

（九）资料整理和综合研究

要贯穿普查工作的全过程。对获得的第一性资料数据应利用计算机技术和GIS技术进行科学地处理，对获得的各类资料和取得的各种成果应及时综合分析研究，结合区内或邻区已知矿床的成矿特征，总结区内成矿地质条件和控矿因素，进行成矿预测，指导普查工作。

普查工作中使用的各种方法和手段，其质量必须符合现行规范、规定的要求，没有规范、规定的，应在设计时或施工前提出质量要求经项目委托单位同意后执行。各项工作的自检、互检、抽查、野外验收的记录、资料要齐全，检查结论要准确。为保证分析质量，普查工作中要由项目组按规定送内、外检样品到有资质的单位进行分析、检查。

五、可行性评价工作要求

普查工作阶段可行性评价工作要求为开展概略研究，一般由承担普查工作的勘查单位完成。概略研究，是对普查区推断的内蕴经济资源量（333）提出矿产勘查开发的可行性及经济意义的初步评价，目的是研究有无投资机会，矿床能否转入详查等，从技术经济方面提供决策依据。

概略研究采用的矿床规模、矿石质量、矿石加工技术选冶性能、开采技术条件等指标，可以是普查阶段实测的或有依据推测的；技术经济指标也采用同类矿山的经验数据。

矿山建设外部条件、国内及地区内对该矿产资源供求情况，以及矿山建设规模、开采方式、产品方案、产品流向等，可根据我国同类矿山企业的经验数据及调研结果确定。

概略研究可采用类比方法或扩大指标，进行静态的经济分析。其指标包括总利润、投资利润率、投资偿还期等。

六、估算资源量的要求

矿产普查阶段探求的资源量属于推断的内蕴经济资源量（333），其估算参数一般应为实测的和有依据推测的参数，部分技术经济参数可采用常规数据或同类矿床类比的参数。当有预测的资源量（334_1）需要估算时，其估算参数是有依据推测的参数。

矿体（点）或矿化异常的延展规模，应依据成矿地质背景、矿床成因特征和被验证为矿体的异常解释推断意见、矿体产状及有限工程控制的实际资料推断。

七、矿产普查工作提交成果

矿产普查工作提交的成果包括地质报告及附图、附件、附表等。

（一）矿产普查地质报告

矿产普查地质报告包括以下主要内容：

1. 工作目的任务及完成情况；

2. 普查区范围、交通位置及自然经济状况；

3. 普查区以往地质工作评述；

4. 普查区地质特征，阐述其地层、构造、岩浆岩、变质作用、水文地质条件；

5. 普查区地球物理、地球化学特征及解释推断意见，阐述地球物理、地球化学场特征，物探、化探异常描述及验证结果，物探、化探推断（或圈定）矿体的意见；

6. 普查区矿产特征，矿化带（点）的分布特征、矿体产出特征、矿石质量等，新发现的矿产地、可供详查的矿产地；

7. 普查区含矿性总体评价；

8. 普查技术方法及质量评述，地形、工程测量、地质填图、遥感地质、物探、化探、探矿工程、重砂测量、取样与加工、分析测试、资料编录；

9. 推断的内蕴经济资源量（333）、预测的内蕴资源量（334_1）估算（参数确定、估算原则、估算方法的选择及结果）。

（二）矿产普查报告一般应附的文件、表格、图件

矿产普查报告中主要的附件和附表为：地质勘查许可证及工作任务书等；资源量估算指标；矿石可选性或加工技术性能试验资料；地质工作质量验收材料；样品化学分析表；样品内外检结果计算表；有关岩、矿石物性测定表；水文地质调查表；推断的资源量估算表。

主要的附图包括：研究程度图，地形地质图，实际材料图，各种异常图，地球物理，地球化学，遥感推断图，矿产及预测图，主要矿体图件，资源量估算图，以及其他必要图件。

矿产普查项目提交地质成果（包括光盘）应反映客观实际。文字报告应简明扼要、重点突出、文理通顺，图文表吻合，图件编绘应符合有关质量要求。所提交的正式成果，应经项目承担者及技术负责人签字。

第四节 矿产的详查阶段

预查阶段所发现的异常和矿点（或矿化区）并非都具有工业价值。经过普查阶段的勘查工作后，其中大部分异常和矿点（或矿化区）由于成矿地质条件差、工业远景不大而被否定，只有少数矿点或矿化区被认为成矿远景良好，值得进一步研究。也只有通过揭露研究，肯定了所勘查的靶区具有工业远景后，才能转入勘探。因此，勘探之前针对普查中发现的少数具有成矿远景的异常、矿点或矿化区进行的比较充分的地表工程揭露以及一定程度的深部揭露，并配合一定程度的可行性研究的勘查工作阶段，称为详查。详查阶段的工作比例尺一般在 1：2 万～1：1000，

其目的是确认工作区内矿化的工业价值、圈定矿床范围。

一、详查工作的基本原则

详查阶段在矿床勘查过程中所处的地位决定了它在勘查工作上具有普查和勘探的双重性质，即在此阶段既要继续深入地进行普查找矿，尤其是深部找矿，又要按勘探工作的技术要求部署各项工作。在工作过程中应遵循如下原则。

（一）详查区的选择

在选择详查区时，目标矿床应为高质量矿床，即是要优选矿石品位高、矿体埋藏浅、易开采和加工、距离主要交通线近的矿点作为详查靶区。

详查区可以是经过普查工作圈定的成矿地质条件良好的异常区或矿化区，也可以是在已知矿区外围或深部，经大比例尺成矿预测圈出的可能赋存隐伏矿体的成矿远景地段，值得进行深部揭露。具体选区和部署工程时，可参考下面两种情况：

1. 经浅部工程揭露

矿石平均品位大于边界品位，已控制的矿化带连续长度大于50m，而且成矿地质条件有利、矿化带在走向上有继续延伸、倾向上有变厚和变富的趋势的地段。

2. 规模大的高异常区

且根据地质、地球物理、地球化学综合分析认为成矿条件很好的地区，有必要进行深部工程验证。

（二）由点到面、点面结合，由浅入深、深浅结合

这里的点是指详查揭露部位，一般范围不大，但所需揭露的部位并不是孤立的，其形成和分布与周围地质环境有着紧密的联系。因此，在详查工作中必须把点与周围的面结合起来，一方面，由点入手，利用从点上获得成矿规律的深入认识和勘查工作经验，指导面上的勘查研究工作，同时又要根据面上的研究成果，促进点上详查工作的深入发展。另一方面，详查工作应先充分进行地表和浅部揭露，然后利用地表和浅部工作所获得的认识指导深部工程的探索和研究。

采用地表与地下相结合、点上与外围相结合、宏观与微观相结合、地质与地球物理以及地球化学方法相结合的研究方式，形成一个完整的综合研究系统，各方面的研究成果互相补充、互相印证。

二、详查设计

详查设计是部署各项详查工作的依据和实施方案，也是检查各项任务完成情况的依据。因此，必须在全面收集工作区内地质、地球物理、地球化学等资料的基础上，科学合理地编制项目设计。

（一）详查设计的一般程序和要求

1. 现有资料的综合研究

在全面收集资料的基础上，应对各种资料进行认真的综合整理和分析研究，深入了解详查区内的地质特征及区域地质背景，充分认识各类异常和矿化的赋存条件及分布特征；认真分析前人

的工作情况、研究程度、基本认识和工作建议等，总结前人工作的经验和教训，既要充分利用好前人的资料，又需要突破和创新。

2. 现场踏勘

为了加深对详查区地质和矿化特征的认识，在室内资料综合分析研究的基础上，设计组全体人员应到野外进行实地踏勘，重点了解工作区内主要的地质构造特征、岩性分布和露头发育程度、各类异常和矿化特征，以及地形地貌、气候和交通条件等，以便科学合理地选择勘查手段和布置工程。

3. 编制设计

在资料综合分析和现场踏勘的基础上，针对某些重大问题进行学术研讨，形成工作方案，然后编制设计。详查设计由文字报告和设计附图两部分组成。文字报告的内容一般包括区域地质、详查区地质和矿化特征、勘查手段和工程部署方案的技术思路及其要求、地质研究工作要求、取样工作要求等。在文字报告中应根据已经掌握的地质特征和矿化规律，对设计依据进行充分论证，对各项工作的技术要求进行详细阐述，对预期成果应有充分的估计。

设计附图一般包括区域地质图、详查区地形地质图、勘查工程设计总体布置图、地球物理和地球化学工作设计平面图、坑道勘察设计平面图、钻孔设计剖面图等图件。图件编制要求详见有关规范。

4. 设计审批

详查项目设计应在施工前两三个月提交上级主管部门审批。未经批准的设计不得施工；设计一经批准，不得随意更改。如遇情况变化需要更改设计时，应补报上级核准。

（二）详查设计应注意的几个问题

在设计过程中，既要注意对详查工作区进行全面研究，又要重点突破，尽快查明其工业远景以及矿化赋存规律，充分体现由点到面、点面结合，由浅入深、深浅结合的战略战术思想。因而，设计过程中应注意以下几方面问题：

1. 勘查工程的布置应有针对性、系统性和灵活性。所谓针对性是指工程揭露的目标要具体，明确揭露对象（如矿化体、控矿构造或岩体等）和穿透部位；第一批工程要布置在最有可能见矿的地段和部位。系统性是指工程布置要考虑勘查项目的发展情况进行总体设计，即按一定的勘查系统布置工程。灵活性是指工程定位时，在不影响设计目的和勘查效果的情况下，其地表实际位置相对于设计位置可适当位移（但最终的成果图上所标定的位置是工程竣工后的位置而不是设计位置），施工顺序也可适当变更。

2. 工程的总体设计本着由点到面、点面结合，由浅入深、深浅结合的思想，地表和浅部的揭露要充分，以便掌握规律，预测深部；深部工程应根据浅部工程获得的资料和线索"顺藤摸瓜"，先稀疏控制，再适当加密。

3. 设计中要把科学研究纳入项目实施的内容，确定研究专题的目的、任务和要求以及完成期限等。

三、详查工作要求

1. 通过 1：1 万～1：2000 地质填图，基本查明成矿地质条件，描述矿床地质模型。

2. 通过系统的取样工程、有效的地球物理和地球化学勘查工作、控制矿体的总体分布范围，基本控制主矿体的矿体特征、空间分布，基本确定矿体的连续性；基本查明矿石的物质成分、矿石质量；对可供综合利用的共生和伴生矿产进行了综合评价。

3. 对矿床开采可能影响的地区（矿山疏排水位下降区、地面变形破坏区、矿山废弃物堆放场及其可能的污染区），开展详细的水文地质、工程地质、环境地质调查，基本查明矿床的开采技术条件。选择代表性地段对矿床充水的主要含水层及矿体围岩的物理力学性质进行试验研究，初步确定矿床充水的主（次）要含水层及其水文地质参数，矿体围岩岩体质量和主要不良层位，估算矿坑涌水量，指出影响矿床开采的主要水文地质、工程地质，以及环境地质问题；对矿床开采技术条件的复杂性做出评价。

4. 对矿石的加工选冶性能进行试验和研究，易选的矿石可与同类矿石进行类比，一般矿石进行可选性试验或实验室流程试验，难选矿石还应做实验室扩大连续试验。饰面石材还应有代表性的试采资料。直接提供开发利用时，试验程度应达到可供设计的要求。

5. 在详查区内，依据系统工程取样资料，有效的物探、化探资料以及实测的各种参数，用一般工业指标圈定矿体，选择合适的方法估算相应类型的资源量，或经预可行性研究，分别估算相应类型的储量、基础储量、资源量。为是否进行勘探决策、矿山总体设计、矿山建设项目建议书的编制提供依据。

第五节　矿产的勘探阶段

矿产勘探是对已知具有工业价值的矿床或经详查圈出的勘探区，通过加密各种采样工程（其间距足以肯定工业矿化的连续性），详细查明矿体的形态、产状、大小、空间位置和矿石质量特征；详细查明矿床开采技术条件，对矿石的加工选（冶）性能进行实验室流程试验或实验室扩大连续试验；为可行性研究和矿权转让以及矿山设计和建设提交地质勘探报告。

一、勘查工作程度要求

通过 1：5 000～1：1 000（必要时可采用 1：500）比例尺地质填图，加密各种取样工程及相应的工作，详细查明成矿地质条件及内在规律，建立矿床的地质模型。

详细控制主要矿体的特征、空间分布；详细查明矿石物质组成、赋存状态、矿石类型、质量及其分布规律；对破坏矿体或划分井田等有较大影响的断层、破碎带，应有工程控制其产状及断距；对首采地段主矿体上、下盘具工业价值的小矿体应一并勘探，以便同时开采；对可供综合利用的共、伴生矿产应进行综合评价，共生矿产的勘查程度应视矿种的特征而定：异体共生的应单独圈定矿体，同体共生的需要分采分选时也应分别圈定矿体或矿石类型。

对影响矿床开采的水文地质、工程地质、环境地质问题要详细查明。通过试验获取计算参数，结合矿山工程计算首采区、煤田第一开采水平的矿坑涌水量，预测下一水平的涌水量；预测不良工程地段和问题；对矿山排水、开采区的地面变形破坏、矿山废水排放与矿渣堆放可能引起的环境地质问题作出评价；未开发过的新区，应对原生地质环境作出评价；老矿区则应针对已出现的环境地质问题（如放射性、有害气体、各种不良自然地质现象的展布及危害性）进行调研，找出产生和形成条件，预测其发展趋势，提出治理措施。

在矿区范围内，针对不同的矿石类型，采集具有代表性的样品，进行加工选冶性能试验。可类比的易选矿石应进行实验室流程试验；一般矿石在实验室流程试验基础上，进行实验室扩大连续试验；难选矿石和新类型矿石应进行实验室扩大连续试验，必要时进行半工业试验。

勘探时未进行可行性研究的，可依据系统工程及加密工程的取样资料、有效的物探、化探资料及各种实测的参数，用一般工业指标圈定矿体，并选择合适的方法，详细估算相应类型的资源量。进行了预可行性研究或可行性研究的，可根据当时的市场价格论证后所确定的、由地质矿产主管部门下达的正式工业指标圈定矿体，详细估算相应类型的储量、基础储量，以及资源量，为矿山初步设计和矿山建设提供依据。探明的可采储量应满足矿山返本付息的需要。

二、勘查类型划分及勘查工程布置的原则

正确划分矿床勘查类型是合理地选择勘查方法和布置工程的重要依据，应在充分研究以往矿床地质构造特征和地质勘查工作经验的基础上，根据矿体规模、矿体形态复杂程度、内部结构复杂程度、矿石有用组分分布均匀程度、构造复杂程度等主要地质因素加以确定。

勘查工程布置原则应根据矿床地质特征和矿山建设的需要具体确定。一般应在地质综合研究的基础上，并参考同类型矿床勘探工程布置的经验和典型实例，采取先行控制，由稀到密、稀密结合，由浅到深、深浅结合，典型解剖、区别对待的原则进行布置。为了便于资源储量估算和综合研究，勘查工程尽可能布置在勘查线上。

一般情况下，地表应以槽井探为主，浅钻工程为辅，配合有效的地球物理和地球化学方法，深部应以岩芯钻探为主；在地质条件复杂，钻探不能满足地质要求时，应尽量采用部分坑道探矿，以便加深对矿体赋存规律和矿山开采技术条件的了解，坑道一般布置在矿体的浅部；当采集选矿大样时，也可动用坑探工程；对管条状和形态极复杂的矿体应以坑探为主。

加强综合研究掌握地质规律，是合理布置勘查工程、正确圈定矿体的重要依据。地质勘查程度的高低不仅取决于工程控制的多少，还取决于地质规律的综合研究程度。因此要充分发挥地质综合研究的作用，防止单纯依靠工程的倾向，努力做到正确反映矿床地质实际情况。

各种金属矿床勘查类型和勘查工程间距，应在总结过去矿床勘查经验基础上加以研究确定。

三、矿床勘查深度的确定

矿床的勘查深度，应根据矿床特点和当前开采技术经济条件等因素考虑。对于矿体延深不大

的矿床,最好一次勘探完毕。对延伸很大的矿床,其勘查深度一般为 400 ~ 600m,在此深度以下,只需打少量深钻,控制矿体远景,为矿山总体规划提供资料。对于埋藏较深的盲矿体,其勘查深度可根据国家急需情况,与开采部门具体研究确定。

四、勘察设计

勘察设计的内容包括文字说明书和图件两部分,在有关规范中有明确的要求。文字说明书应阐明:设计的指导思想、目的任务、地质依据;探矿工程的布置;地球物理和地球化学方法的应用;设计工作量和工程施工程序;勘查质量要求和主要技术措施;所需人力、物力、财力的预算和预期的工作成果等。设计图件的种类和数量应根据工作任务和地质条件具体确定。一般应有矿床地形地质图、勘查工程布置图、勘查线设计剖面图以及其他论证地质依据的图件资料等。

勘察设计根据其性质和任务的不同可分为总体设计、年度设计,以及补充设计。总体勘察设计是在矿床转入勘查阶段时,根据工作区的地质特点、范围大小、发展远景以及人力、物力、财力等情况,对勘查工作进行统一安排和部署。特别是在勘查地段的顺序安排和勘查系统的选择上,既要考虑近期的勘查任务,又要兼顾矿床的将来发展远景。所以,总体设计必须按有关规范的要求周密地编制。

年度勘察设计一般是在年度勘查工作总结和认识的基础上编制。它主要叙述来年勘查工作的安排和工作部署,也要进行勘查费用和勘查成果的预测。

补充勘察设计主要是针对某些勘查工作已基本结束,但未达到预期的勘查程度或在勘查过程中遇到某些情况变化,需要及时进行补充工作而做的勘察设计。这种设计往往属于单项工程设计或对原设计的补充。

五、关于储量比例

储量比例反映了对一个矿区整体的勘查程度,也必然反映了工程投入和资金投入的多少。在计划经济体制下,国家是勘查开发投资者,要求勘查者按一定的储量比例进行勘查,以求将开发投资风险降至最低。过去关于储量比例的规定有一定的经验依据,而且也可以灵活应用,但在计划经济体制下,勘查和开发工作及其投资是分部门管理,有部门利益的驱使,勘查、设计各方面都不愿意突破这一界线,使灵活的规定失去了原来的意图而变得僵化。

六、可行性研究

（一）可行性研究的条件

满足下列条件可开展可行性研究:

1. 具有投资者（业主）对项目进行可行性研究的委托（协议、合同）书;

2. 具有预可行性研究成果;

3. 拟建矿山,具有达到勘探程度的勘探地质报告,或达到勘探程度能满足可行性研究所需的各种矿产地质基础资料及相应的矿石选冶加工性能试验资料;

4. 具有研究所需的其他各种技术经济资料及相关资料。

（二）可行性研究的内容和要求

1. 市场调研及预测

包括产品及主要原辅材料市场评述。要求说明该项目的必要性，确定产品的市场参数，如该矿产品的市场容量、供求状况、价格水平和走势、销售策略、销售费用等。

2. 资源条件评价

包括勘探地段矿产资源储量评述、矿石选冶加工技术性能试验及开采技术条件评述、外部建设条件评述等，这部分内容是可行性研究中最重要的部分。

3. 矿山建设方案研究

包括生产规模、厂址、产品、技术、设备、工程、原材料供应等局部方案的研究和总体方案的研究；环境影响评价、劳动安全卫生、节能节水；组织机构设置及人力资源配置；建设实施进度及投产达产进度设计、建设投资估算和生产期更新投资估算、生产流动资金估算、生产成本和费用估算。应进行多方案比较，择优而定，所形成的总体方案，需协调优化，化解瓶颈和消除功能过剩。

4. 经济评价

包括财务分析和评价指标计算（含不确定性分析）、必要时进行国民经济评价和社会评价、风险分析和风险化解措施（有概率条件时）、资金筹措方案等。经济评价是为矿床开发项目推荐技术上可行、经济上合理、环保上允许的最佳方案，为投资决策提供所有必要的资料，包括矿产资源储量、政策、技术、工程、财务、经济、环保、商务等。

5. 结论与建议

对影响项目的关键性因素的研究结果应有肯定的结论，选定的厂址、规定的生产能力、生产大纲、原辅材料的投入、工艺技术、机械设备、供水供电、建构筑物、内外部运输、组织管理机构、建设进度等都是经多方案研究后相互协调的结果，使项目的技术和经济数据都能满足投资有关各方的审查评估需要以及银行的认可。

第五章 地质勘查的技术创新与发展

第一节 地质勘查发展的原则和目标

科技创新是提高社会生产力和综合国力的战略支撑。从世界范围看，创新驱动将是大势所趋。当前，我国正处在全面建设小康社会的关键时期和深化改革开放、加快转变经济发展方式的攻坚时期，实施创新驱动，把科技创新摆在国家发展全局的核心位置是我国发展新时期对科技工作的科学定位。面对新形势、新要求，地质科技工作需要加快创新步伐。

一、指导思想

以科学发展观为指导，围绕自然资源部"尽职尽责保护国土资源，节约集约利用国土资源，尽心尽力维护群众权益"的工作定位，实施"全面跟踪基础上的自主创新"战略，用15年的时间，深化资源节约利用、地质找矿、土地资源管理、地质灾害防治等重点领域的关键性高新技术创新，并加快高新技术在国土资源工作中的应用，提高国土资源工作效率，推动国土资源工作现代化的实现。

二、基本原则

坚持科技发展与服务目标相结合。科技发展与国家目标紧锁，是国际科技发展的大趋势。因此，我国需要围绕以保障资源安全，推动经济社会可持续发展，服务国土资源管理为主线部署科技任务，以保障资源供应，改善生态环境，防治地质灾害，促进决策科学化和管理现代化为目标，使国土资源科技发展符合引进、模仿、创新的规律。

从我国实际出发，深化自主创新。我国国土资源科技工作不断取得新成果，但与实际需要相比仍存在差距，主要表现在：自主创新能力不够，许多先进技术仍然依靠引进，装备制造能力大而不强。我国需要结合国土资源工作新形势，立足我国现状与需求，充分挖掘国内技术潜力，加大自主研发力度，为保障资源供给能力提供技术支撑。

重视高科技的推广应用，成熟技术及时标准化。突出科技成果的转化与应用。许多高新技术成果尚未形成生产力。因此，对于重点领域、大型项目，要组织力量，加强勘查技术的推广，推进高新技术和先进适用技术的应用程度和范围，加快地质工作现代化步伐。

三、总体发展目标

根据全面建设小康社会的紧迫需求、世界科技发展趋势和我国国力，必须把握科技发展的战略重点。一是重视遥感应用技术的基础性研究，以实用化为导向，以应用技术研究为突破口，拓宽遥感对地观测技术在地质工作中的应用，逐步缩小与世界先进水平之间的差距。二是加强勘查地球物理仪器、数据处理与解释技术的自主创新。三是研究地球化学填图与矿产勘查一体化，同时将地球化学勘查技术应用向环境监控与调控等领域拓展。四是开展钻探方法技术与仪器的创新研究，使我国的钻探技术达到国际先进或领先水平。五是融合大数据等高新技术，结合传统地质信息技术，组成新的地质信息技术体系，全面提升我国地质信息化水平。

第二节　遥感技术的发展

一、目标与框架

以缓解能源资源压力、保障地质环境安全、促进地球科学发展为宗旨，落实地质找矿新机制，采取自主开发和引进相结合的方式，总体跟进，重点突破，以实用化为导向，拓宽遥感对地观测技术的服务领域，以应用技术研究为突破，力争在以土地资源、矿产资源为主的国土资源调查与监测技术方面逐步缩小与世界先进水平之间的差距，为资源勘查、地质环境评价、重大工程建设、地球科学发展提供基础支撑，全面提升我国地质研究水平。

（一）总目标

加强自主创新，提高遥感数据的分辨率和精度，使遥感技术在发现矿产资源、应对地质灾害、开展土地调查等方面得到规模化应用，解决我国社会发展新阶段所面临的资源短缺瓶颈、生态退化、重大地质灾害防治等问题，同时，逐步缩小与世界先进水平之间的差距。主要分为三个阶段。

第一阶段（2015～2016年）：继续构建国产现有卫星在找矿、地质灾害防治、土地资源调查领域的应用模式。

第二阶段（2017～2020年）：自主研发符合国土资源业务领域需求的高分辨率遥感平台的具体参数、有效荷载，提高数据的精度，推出高分辨率遥感平台，并提高数据处理的效率。

第三阶段（2021～2030年）：建立各种业务的遥感应用模式与业务流程，实现遥感技术在国土资源业务领域的规模化应用。

（二）发展框架

根据遥感技术发展趋势、国内外技术发展现状以及地质工作需求，至2030年，我国发展遥感技术要着眼以下三个主要方向：

第一，发展具有自主知识产权的卫星系统，实现数据获取精准化、规范化。

第二，建立数据处理自动化技术流程与标准体系，实现空间信息处理和信息提取的定量化、自动化和实时化。

第三，构建国土资源遥感应用系统。

二、关键技术

我国遥感技术的发展应着重于遥感装备系统建设、遥感信息处理、遥感技术应用三个方面的关键性技术。分述如下。

（一）遥感装备系统建设

2020年前，我国需要针对遥感器的性能需求展开调研、论证，定制不同类型、不同频谱、不同波段、不同平台、不同星座的卫星系统，满足国土资源调查、监测和监管工作对空间分辨率、光谱分辨率和时间分辨率的需求。至2030年，逐渐形成自主获取信息源及基于自主信息源的卫星载荷。

1. 国产卫星遥感信息源

随着国土资源调查的深入与持续，资源卫星应用领域快速拓展，应用水平大幅提高，尤其是面对"双保"工程，实施找矿战略突破行动，将导致对资源卫星数据需求量的急速增长，加剧对高质量资源卫星数据的供需矛盾；同时，地质资源调查和地质灾害环境监测等属于持久性工作，对资源卫星数据不仅有数量上和质量上的要求，更需要保证数据信息获取的多样性、连续性、稳定性和可靠性，因此单纯依靠国际资源卫星获取的数据不能完全满足当前及未来国土资源调查对高质量、连续、稳定和可靠的基础信息数据的巨量需求。

2. 卫星研制的前期论证

加强影响图像质量及其应用的卫星技术指标论证，提高国产遥感卫星数据质量和卫星性能。开展上星平台稳定性对图像质量影响的分析研究，从图像质量满足土地资源调查以及监测应用的需求出发，论证确定卫星平台稳定性的合理指标。从区域数据覆盖能力出发，研究提出灵活机动的在轨成像工作模式。分析卫星载荷的空间分辨率、光谱分辨率、辐射分辨率、波段间配准误差、内部几何畸变、图像压缩算法和压缩比等技术指标对国土资源业务如土地资源调查监测、地质灾害监测与预警等应用的影响，研究提出合理的卫星载荷技术指标。

3. 星上数据实时处理技术

星上数据实时处理是智能卫星最突出的特点之一，处理后的信息产品数据量大大减少，在减小数据传输压力的同时，也使得遥感信息能够直接被终端用户接收。星上数据实时处理可以实现从现有遥感卫星"给什么—要什么"的模式向"要什么—给什么"的模式转变，提高遥感成像效率和数据利用效率。

4. 数据的时效性

将单星模式工作的卫星按照一定的相位要求布放，形成多星工作模式的卫星星座，可以有效地提高时间分辨率。卫星星座主要分为两类，一类是同一轨道面内卫星以等间隔相位布放的星座，另一类是不同轨道面内卫星以等间隔相位布放的星座。

我国需要全面系统地发展具有快速、灵活、机动性强的高、中、低空飞行平台技术，特别是要注重 POS 和惯性导航技术的集成，以及发展自动传输技术等。主要目的是，进一步增强满足地质灾害监测和矿山环境监测等遥感应急数据快速获取的能力，保障大面积、高分辨率和高质量航空遥感数据快速获取的能力。

开展 CCD 数字相机、三维成像仪、航空合成孔径雷达及轻型数码航空遥感系统研制。加大引进国际上先进的成像光谱仪的力度，重点开展国产成像光谱仪的研制，同时开创国内岩芯编录系统研制，发展机载高光谱新型传感器和航空热红外测量系统；利用已有国产无人机平台，开发低空无人机遥感对地观测系统。

（二）遥感信息处理

针对目前存在的问题和遥感地质调查技术发展与地质应用的实际需求，建立遥感地质调查技术标准体系，制定遥感地质应用相关技术规定、规范和标准。通过从数据库构建、辐射定标及归一化、并行处理、三维地质填图、多源数据融合、深空探测等诸多方面取得突破，实现地质遥感几何与物理方程的整体反演求解，进而在未来 15 年内，初步实现空间信息处理和信息提取的定量化、自动化和实时化。

1.高光谱遥感岩矿多维数据库构建技术

传统的关系型数据库（Relational Database，即 RDB）以其坚实的理论依据和出色的成功应用而堪称主流数据库。在这种关系型数据库中，数据库表遵循严格的二维结构，即元组为表中的最小不可分解单位，表中不能再有表。这样的结构曾经大力推动了关系型数据库的发展和应用。但随着面向对象（Object Oriented，即 OO）技术的发展和成熟，越来越要求数据库能有效地实现对对象的存储管理，而关系型数据库的这种严格的二维结构已经限制了对对象的存储管理要求。面向对象存储技术的发展，强烈要求突破现有的二维关系型数据库的结构模式，进而实现多维数据库的结构模式。

2.海量遥感数据自动化并行处理

遥感所带来的信息和数据所呈现出的海量程度和复杂程度都是空前的，随着地质应用需求的不断扩大和计算机技术的快速发展，数字图像处理面临着复杂化和高速化的挑战，借助于并行计算机的并行处理可以为这一问题的解决提供必要的技术手段。研究海量遥感数据的并行处理机制，改造串行算法并进行并行化处理开发，可直接提高海量遥感数据处理的效率和自动化程度。多用户、多任务、多线程、高稳定性、高可靠性是设计算法和模型重点需要考虑的特性。

3.高光谱地质三维填图技术

在油气探测、资源普查与固体矿床探测中发挥了重要作用。世界各国非常重视高光谱遥感技术在找矿、精细采矿与矿产综合利用中的应用价值，高光谱矿物填图技术已经大范围推广应用。矿物填图不仅可以直接识别与成矿作用密切相关的蚀变矿物，圈定找矿靶区，指导和帮助找矿，还可以根据矿物的空间分带、典型矿物或标志矿物的成分及结构变化，推断成岩、成矿作用的温压条件、热动力过程、热液运移和岩浆分异的时空演化，恢复成岩、成矿历史，建立不同矿床的成矿模型和找矿模型。

目前，钻探是各种固体矿床探测和能源探测的直接手段，通过钻探岩芯的采样分析，可以对矿床的种类、品位和储量进行精确估计。

4. 多源遥感数据与地学数据融合技术

随着地质勘查技术的发展，信息的来源和种类越来越多，在信息的实际应用中，单一的信息源所提供的信息往往是片面的。通过对多源数据的融合处理，可以有效消除数据中信息的不确定因素，减少解释的多解性，从而大大提高目标识别的精度。多源数据的融合则是高度集成和有效获取目标信息的手段。采用恰当的数据融合技术，可以对多源数据进行优化，达到减少冗余信息、综合互补信息、捕捉协同信息的目的。

遥感数据与地学数据的多源融合是基于它们之间的相关性进行的。不同类型空间数据之间，存在着两种相关关系，即套合和耦合。所谓套合是指两者之间空间上相关，但成因关系不明显；而耦合则是空间上和成因上两者均相关。对于多源数据综合分析模型的建立，也是基于数据之间内在关系来考虑是套合还是耦合。数据融合处理是多源遥感数据和地学数据综合处理、分析和应用的重要手段。

5. 遥感地质深空探测技术

开展以月球探测为主的遥感深空探测技术研究，重点开展月球影像制图研究、遥感月球地质填图与资源评价预研究。月球探测是人类进行太阳系空间探测的历史性开端，大大促进了人类对月球、地球和太阳系的认识，带动了一系列基础科学的创新，促进了一系列应用科学的新发展。

同时，月球的主要岩石类型为玄武岩、斜长岩、（超）基性岩、角砾岩和克里普岩；月球的岩石和土壤中已发现 100 多种矿物，与地球矿物的成分、结构和特征几乎相同，但月球矿物不含水，在强还原环境中形成。月球有开发利用前景的矿产资源尚需进一步探测，对人类社会可持续发展的意义需做出经济技术评估。

（三）国土资源遥感应用业务系统

发展支撑国土资源业务的关键技术，加强遥感技术的应用力度，形成较完整的基于自主信息源的遥感应用体系，实现地质工作的现代化，主要包括：矿产资源与能源探测技术，高光谱定量化信息提取技术，高精度干涉雷达监测技术，地质灾害与矿山环境遥感快速应急响应调查、监测与评价技术，海洋及近海域遥感探测技术，深空探测技术等前沿技术，以及相关业务应用系统需要研制的关键技术。

1. 建立规模化、业务化运行的星—空—地联合遥感地质勘查系统

由于地质调查的多层次性与多要素性，需要不同的遥感数据和遥感技术手段的综合。在目前多源数据并行和多技术研发的情况下，择机开展地质调查遥感技术方法综合研究，可以充分发挥地质调查遥感的综合效益。需要加强遥感高技术工作指南编写以及技术流程与应用体系等综合研究，以推进遥感技术的业务应用。将航天、航空、地面、地下的遥感数据采集、处理、应用集成

在一起，建设地质勘查遥感系统，形成星载、机载技术系统与航空物探技术系统、地面和地下物探技术系统、地球化学立体地质勘查技术体系的相互融合。

2. 系统性开展地物波谱的研究，深度挖掘利用遥感数据的地质信息

遥感地质找矿是遥感信息获取、含矿信息提取以及含矿信息成矿分析与应用的过程。遥感技术在地质找矿中的应用主要表现在遥感岩性识别、矿化蚀变信息提取、地质构造信息提取和植被波谱特征等方面。岩性识别主要是应用图像增强、图像变换和图像分析方法，增强图像的色调、颜色以及纹理的差异，以便能最大限度地区分不同岩相、划分不同岩石类型或岩性组合。矿化蚀变信息提取主要是基于特定蚀变岩石在特定的光谱波段形成的光谱异常，可以用来圈定矿化蚀变异常区和确定找矿靶区。野外地质观察表明，矿化蚀变带总是沿着一定的地质构造分布，构造是成矿的重要控制因素，对内生矿床尤为重要。地质构造信息提取主要是线形影像和环形影像的解译，针对不同的成矿构造环境条件，可以提取不同的成矿构造信息。为了解决植被覆盖区的隐伏矿找矿问题，遥感生物地球化学技术应运而生。运用遥感生物地球化学方法在植被覆盖区寻找隐伏矿和优选远景区能取得较好的效果。在遥感图像上，植物对金属元素的吸收和积聚作用表现为异常植被与正常植被在灰度值和色彩上具有的明显差异。为此，需要寻求更为成熟的多光谱和高光谱岩性信息提取方法。

加强遥感信息的提取研究，如高光谱与岩石光谱的对应关系与内在联系的研究。遥感蚀变信息的准确度、识别的可靠性、定量化程度有待提高。遥感蚀变信息的异常分级与成矿地质意义上的异常关系问题等，还有待深入研究与探讨。需要根据遥感信息对沉积岩和变质岩的岩性识别进行研究。

3. 将遥感技术与地学理论有机衔接，提升遥感地质找矿的理论水平

理论基础和应用基础研究不足或滞后已成为遥感技术进步和应用向纵深发展的障碍。遥感找矿要以遥感地质为主，认真总结各种矿床的遥感地质标志特征，建立找矿模式，重点是遥感信息的矿床地质"纯量"和特色，然后逐步上升到矿群、矿带及其地质环境背景，才能建立遥感地质找矿的坚实理论基础。目前的研究探索还处在初级阶段，理论水平低是目前遥感地质找矿的主要障碍，需要攻关突破。

4. 发展多源遥感地质信息反演技术，研究遥感找矿机理及其与成矿机理的有机协同模式

为了满足地下矿产资源的发现、土地资源的查明对遥感技术的需求，需要加大遥感应用的深度和广度。目前可用的遥感数据有20多种类型，涉及不同空间分辨率、光谱分辨率以及成像雷达数据、地面和钻孔等实测光谱数据等。海量数据提供了丰富的蚀变异常信息、岩石矿物以及组成成分信息、地质构造信息等，如何有效地进行这些地质找矿遥感信息的反演以及这些信息的综合应用，需要结合成矿机理，大力发展遥感协同分析技术及应用模式，并从异常信息的提取迈向异常信息与成矿机理相结合的高度。

5. 拓展遥感技术在地质灾害调查中的应用范围

目前，地质灾害研究中的关键遥感技术包括光学遥感（高光谱分辨率遥感和高空间分辨率遥感）和微波遥感技术。在灾害预警阶段，主要用到的是高分辨率遥感解译和工程地质相结合的方法和多光谱遥感地物识别技术。地质灾害发生后，对其进行实时调查，及时了解灾害造成的破坏情况，为救援及防灾工作提供参考依据，高分辨率的遥感数据对地质灾害进行实时调查，尤其是周期短、精度高的遥感数据的获得与应用越来越受到重视。最后，灾害评估和灾后恢复重建评估两个阶段非常重要，利用未受灾和成灾后的影像数据，准确地查明灾区受损情况，主要用的是遥感影像变化区域监测技术。

拓展和深化遥感技术的应用领域，例如在丘陵、平原、海岸带、干旱区开展高水平的遥感调查，提高我国突发性地质灾害应急监测的技术水平，增强应急响应能力。充分利用航天遥感、差分干涉雷达和全球定位系统及集成技术进行地质灾害监测，建立实用性的全国重大自然灾害遥感实时监测评价技术系统。

6. 加强雷达遥感应用研究

土地资源调查监测工作涉及的领域众多，任何单一类型的资源卫星数据都难以满足规模化应用的需求，综合利用来自不同资源卫星系列、不同传感器类型的遥感数据是土地资源调查监测卫星遥感技术应用的长期策略和方针，可以有效地发挥各种遥感技术的优势，弥补单一数据信息量不足给实际应用带来的困难。雷达遥感不受天气影响，具有全天候、全天时的观测能力，可作为中国多云、多雨、多雾的西南等地区难以获取光学影像的有效数据源。

7. 建立标准体系，推动遥感技术的自动化、工程化水平

随着国土资源管理对遥感技术业务化应用的迫切需求，遥感技术的自动化、工程化程度亟待提高。

第一，统一我国已有的应用卫星存在标准、软件、平台接口，解决集成难的问题。为了实现遥感数据的共享及信息化批量处理，保障不同部门、不同应用领域中数据的连续性和一致性，必须对遥感数据产品进行规范化和标准化，包括数据格式、数码转换、质量控制、数据分类等。第二，随着遥感地质数据库、干涉雷达遥感监测、干涉雷达与热红外遥感、高光谱数据处理技术、数字遥感等新技术方法的日趋成熟，上述技术领域应该成为标准化发展的方向。第三，遥感应用标准的研制始终是一项制约我国遥感技术发展的薄弱环节，需要加强基础地质调查、油气调查、地质灾害调查、城市地质调查等应用领域遥感技术标准的研制。

8. 从顶层设计角度推动遥感应用的综合化、产业化、业务化

从顶层设计角度，建立有效的空间数据的公益型应用模式，整合国产空间数据资源，建立合理灵活的数据与知识共享机制。完善数据接收、数据处理、建设遥感基础库、野外调查系统、建设专题产品库、服务系统和系统集成这七大业务流程，实现遥感业务流程信息化；建设矿产资源开发调查监测系统；开发一个遥感服务与管理平台；建立起一个星—空—地协同发展的集遥感数

据获取、数据处理、信息提取和成果服务为一体的国土资源遥感业务体系。

第三节 钻探技术的发展

一、目标与框架

面向国家对矿产资源、油气勘查、工程勘查及地质灾害评价等的战略需求和钻探技术发展的需求，开展钻探方法技术与仪器创新研究，使我国的钻探技术达到国际先进或领先水平，促进地质找矿、能源探测与环境建设重大突破的实现。

围绕地质勘查工作发展需要，针对钻探关键技术问题，全面开展现代化的深孔地质岩芯钻探、反循环取样钻探、深水井钻探、定向钻探、浅层取样钻探等领域的施工设备、器具及钻进工艺技术的系统研究，完成 5000 m 以内地质钻探装备及工艺技术体系建立，形成我国钻探装备的工业化与多样化发展格局，建立现代化的钻探装备设计研发和生产体系。以高科技为核心带动工艺及装备的发展，实现钻探装备的智能化，先进、高效钻探技术的应用水平大幅度提高，全面提升我国的装备与施工技术水平，总体技术水平达到国际先进，增强钻探技术为地质、矿产勘查的服务能力。分为以下三个阶段。

第一阶段（2015 ～ 2016 年）：完成 3500 m 以内地质钻探装备及工艺技术体系建立，形成我国钻探装备的专业化与多样化发展格局，在深孔钻进技术、复杂地层钻探技术、空气钻进技术、定向钻探技术、浅层取样技术等方面取得重大进展；初步实现钻探装备的机械化和自动化，大幅度提高我国钻探装备与施工技术水平，实现产品国际市场占有率的提高。

第二阶段（2017 ～ 2020 年）：完成 5000 m 以内地质钻探装备及工艺技术体系建立，完善我国专业化与多样化钻探装备系列，实现钻探装备的机械化和自动化，基本完成钻探技术研究基础平台、计算机技术和信息系统建设，建立完整的行业规范及标准体系。装备及施工技术与国际先进水平同步，成为钻探装备制造与出口大国。

第三阶段（2021 ～ 2030 年）：建立现代化的钻探装备设计研发和生产体系，以高科技为核心带动工艺及装备的发展，实现钻探装备的智能化，总体技术水平达到国际先进。

二、关键技术

制约我国钻探技术发展的关键性技术较为分散，其发展路径需要分阶段、多目标予以实施，现分述如下。

（一）2015 ～ 2016 年

1.完成 3500 m 全液压地质岩芯钻机的研制，钻深能力 400 m 自动化全液压岩芯钻机的研究实现突破，开展 600 m 全液压坑道钻机与水平绳索取心钻具的研究与应用，开展 300 m 以浅新型轻便取心取样钻机的研究。针对国内需求，加强对传统机械钻机的改进与提高。

2.开展 3500 m 深孔绳索取芯钻探用新型钻探管材、铝合金钻杆、各类孔底动力钻具（液动锤、螺杆钻、涡轮钻、水力脉冲发生器等）、长寿命钻具和钻头的研发，通过生产试验使其具备实用能力。建立相关研究测试平台，完善配套装备、施工工艺及标准，完成超深孔钻探技术方案预研究，为深部地质找矿提供技术支撑。

3. 开展特殊地质样品的采集技术研究。结合不同的资源（天然气水合物、油页岩及干热岩等）及地质环境（松散、破碎、水下等）需求，采用多种技术手段研究复杂地层的取芯工具，开展特殊地质样品的采集技术研究。结合公益性勘查工作，开展工程示范，提高复杂地层取芯质量。开展各种复杂地层钻进用泥浆处理剂研制、"广谱"型堵漏技术研究、膨胀套管理论及应用技术研究、套管钻进技术研究，完成200℃～240℃耐高温钻井液研究。明显提高复杂地层的钻探施工能力。

4. 完成600 m反循环取样钻探装备及配套钻杆、钻具及施工工艺研究，重点突破小直径反循环中空潜孔锤技术。通过工艺及技术的配套，完成5 000 m以上反循环取样钻探对比试验，编制反循环钻进技术规程。

5. 完成1 500 m、2 500 m车装全液压水井钻机的研制任务，结合生产实际完成样机的生产试验及性能测试。研制一种用于地质灾害应急抢险的轻便、高效履带式多功能钻进设备，形成一套完善的设备和工艺技术方法。开展多种用途的大口径快速钻进工艺技术的配套研究。

6. 完成适合地质勘探纠斜用的小直径泥浆脉冲式MWD的研制、定向取芯器具及工艺研究；开展电磁波双向传输随钻测斜仪的研制，开展初级导向钻进试验，初步形成地质勘探小直径滑动导向钻进技术。在固体矿产水溶开采领域和煤层气开采领域，推广"慧磁"定向钻进中靶系统，在推广的过程中进一步完善产品系列。

7. 开展直升机吊装搬迁钻探设备和机具方法技术的国内外调研。

8. 开展钻探技术专业研究平台及相关的仪器研究建设，完成钻探装备检测平台建设、孔底动力钻具测试平台建设，完成钻探施工设计与决策软件系统的开发，总体方案的设计和软件系统的开发及组织应用。搭建行业网络平台，基本实现基础信息和文献资源共享。

（二）2017～2020年

1. 完成5 000 m全液压地质岩芯钻机的研制，开展提高效率、防尘、降噪、降耗等技术的研究与应用，形成一套成熟的自动化岩芯钻探装备技术体系。通过大量示范工程，推广先进的钻探装备，使先进的钻探装备市场占有率超过20%。

2. 完成轻合金钻杆，5 000 m大深度、高强度绳索取芯钻杆研究，推广完善井底动力钻具，优化完善深孔绳索取芯钻探器具、辅助工具及工艺参数。

3. 完成国内钻头与地层对应体系建立，使我国深部地质找矿绳索取芯钻探技术钻深能力超越4000 m。完成超深孔钻探工艺技术关键问题的研究，提高我国深部地质找矿钻探技术水平。

4. 完成浅层取样钻探技术在地质调查领域的普及应用，建立相关标准和规范。

5. 对多种复杂地层取芯钻具及工艺进行完善和综合规范化，简化类型，提高对各类复杂地层和样品采集的适应性。结合重点工程进行示范和改进，加强推广和普及，初步建立特种资源钻探技术示范基地，充分支撑地质勘查的技术需求。

6. 开展破碎地层孔壁强化技术研究、膨胀地层用强抑制性冲洗液技术研究、堵漏技术成果集成研究以及膨胀套管及尾管技术、套管钻进技术的推广完善，开展250℃耐高温钻井液研究、耐温 –20℃以下的钻井液探索性研究。规范岩芯钻探各种孔内事故处理方法，建立孔内事故处理技术服务体系。

7. 实现600RC钻机及配套工艺技术的完善改进，进行系列化研发，完成配套规程的制定。完成 10 000 m 以上进尺工程示范推广应用，为技术工艺产业化应用奠定基础。

8. 开展全液压水井钻机生产试验，完善、拓展钻机性能，提高钻机自动化和智能化程度。结合工程实践，对地质灾害应急抢险需要的轻便、高效履带式多功能钻进设备进行改进和完善，同时开展系列化装备研究。提高大口径反循环及多介质冲击钻进工艺的普及程度，实现总体工艺技术水平与国际同步。

9. 推广完善定向取芯设备及工艺方法。完成对小直径旋转导向执行机构研究，实现小直径钻进随钻测斜。在多领域推广"慧磁"定向钻进中靶系统，完成中靶系统的套管模式、双水平井对接模式、煤矿通风井对接模式等研究。定向钻进勘探及采矿技术得到广泛推广应用。

10. 研发直升机吊装搬迁钻探设备的技术和装备，并做野外试验。

11. 开展钻探技术专业研究平台及相关的仪器研究建设，完成各类专业测试平台（高压釜、无磁平台）的搭建。完善钻探施工设计及决策软件功能，软件功能达到实用性，能够满足现场技术上的要求，施工设计系统普及率达到20%，钻探施工决策专家系统完成开发，开始应用。建成科研成果和技术经验信息系统，对科技成果进行合理评价和实时推广。

（三）2021～2030年

1. 完成 5 000 m 以内全液压岩芯钻机生产的系列化、产业化和自动化，在地质岩心钻探领域大量推广应用，总体技术能力达到国际先进水平。结合工程实践及不懈的研究，进一步优化深孔钻进工艺参数，完善钻具结构，使我国深孔绳索取芯钻探技术钻深能力接近 5 000 m；结合超深孔钻探的实施，完成万米超深孔施工，钻探施工整体达到国际先进水平，部分工艺技术达到国际领先。

2. 针对各类地质需求，实现配套取芯技术的快速开发、配套应用能力，在各类钻探工程中实现在陆地、水域等多种环境下各类深部地质样品的采集能力，完成天然气水合物钻采等技术的示范研究基地建设，整体能力达到国际先进水平。开展强破碎地层综合孔壁稳定技术研究，强分散地层孔壁稳定技术研究及冲洗液流变性控制、恶性漏失地层综合堵漏技术研究，300℃耐高温钻井液研究。建立覆盖全国的钻探事故应急响应机制和处理机制，建立专家技术咨询服务网络，大幅度提高钻探施工的效益。

3. 实现系列化多种装载形式KC钻机的成功研制，推广应用进尺 10×10^4 m 以上。

4. 根据市场需求及全液压钻机技术发展情况，进行特殊工艺技术配套的工具及装备创新研究，提高钻进效率，引领全液压钻机的技术发展。形成一系列的地质灾害应急抢险快速成孔设备及相应的钻进工艺技术方法，满足各类地质灾害应急抢险工作的需要。

5. 形成成熟的定向取芯工艺，实现系列化定向取芯设备和器具的生产能力，最终实现地质钻探自动导向钻进。定向钻探技术走向成熟，钻探靶区深度可达 3 000m 以上，小口径孔（小于 120 mm）可实现 600 m 以上水平位置，并编制相应的技术标准，推动该技术的规模应用。

6. 研发直升机吊装搬迁钻探设备和机具技术和装备，在特殊困难地区实现应用。

第四节 地质信息技术的发展

一、目标与框架

信息技术将继续向高性能、低成本、普适计算和智能化等方向发展，寻找新的计算与处理方式和物理实现是未来信息技术领域面临的重大挑战。随着云计算、大数据及移动 GIS 技术等一系列新兴技术的发展，由遥感、地理信息技术及数据库等传统地质信息技术构成的地质信息技术体系将不断融入新兴的高新技术，从而促进地质调查、矿产勘查及地质灾害预警等行业的发展，进而形成新的地质信息技术体系，新的地质信息技术体系又指导和规范地质相关行业的发展和应用，从而形成良性发展机制。

（一）总体目标

结合国际技术发展趋势、我国的技术现状与需求，展望 2030 年，我国地质信息技术发展的总体目标是：突破国土资源信息化应用方法和技术，融合大数据等高新技术，结合传统地质信息技术，组成新的地质信息技术体系，实现地质信息共享服务。地质信息技术基本满足地质工作的需求，从而提高国土资源管理和服务水平。通过发展"地质信息高新技术"，构建"地质信息技术标准体系"，打造"地质信息共享服务平台"。

（二）阶段目标

第一阶段（2015 ~ 2016 年）：对地质信息技术的应用趋势进行分析。包括智慧地球，智慧勘探，"一张图"对云计算、大数据等高新技术在地质信息行业中的应用进行可行性分析，对大数据、云计算等高新技术的概念、原理、应用有一个深层次的认识，深化地质信息技术发展与应用的顶层设计研究。

第二阶段（2017 ~ 2020 年）：对三维 GIS、大数据等为代表的高新技术进行深入研究，融合新兴高新技术和地质信息传统技术，从而使我国的地质信息技术体系及其标准规范与国际接轨。通过关键技术的深度集成，为全国四级"横向整合，纵向贯通"的国土资源信息化总体格局提供技术保障。

第三阶段（2021 ~ 2030 年）：整体推进，全面提升地质信息共享，完善服务体系。深入研究和突破与地质信息相关的关键技术，实现高新技术在行业中的全面应用。通过对核心技术的研究，打造基于大数据的地质信息服务平台等一系列具有现代高技术含量的服务与信息共享平台，从而全面提升地质信息技术对地质各行业的指导和促进作用，大幅度提高我国地质信息化水平。

二、关键技术

我国地质信息技术的发展水平相对落后，现代高新技术与传统地质信息技术的融合需要突破的关键性技术尚处于探索之中。关键技术分三个阶段分别阐述。

（一）2016年之前

对三维空间信息处理与数据建模技术进行重点研究，将野外数字填图资料与地球物理、地球化学和遥感等多源地学数据建模并进行综合的分析、解译和表达，将三维空间信息技术融入区域地质工作流程中，实现地质调查等地质行业从野外地质编录、数据编辑、成图处理、地质建模及成果展示一体化处理与多元立体化表达。

大力发展研究移动GIS的标准与规范。面向资源调查的移动GIS应用涉及各种海量异构数据的存储和兼容性管理、行业数据的一致性、业务服务的规范性等内容，更要面对移动端的业务操作流程规范和后台服务端的应用规范，行业间的差异也面临更多的规范工作。

突破大数据存储、管理技术，从而整合我国油气资源地理空间信息，实现跨平台、跨部门分布的多源、多专业、多时相、多类型、海量异构（大数据）地理空间信息数据进行一体化组织和管理，能有效支持电子政务系统和社会需求的规模化、标准化和可持续更新维护的基础性、战略性的油气资源调查地理空间信息基础平台，如油气资源调查地理空间综合信息库建设和油气资源调查信息社会化服务建设等。整合现有的油气资源地理空间信息，建成油气资源调查的地理空间信息目录体系和交换体系、油气资源调查地理空间信息共享服务平台和综合信息库。

借助云计算虚拟化技术，云GIS可以在同一物理集群（或机群）同时创建MPI和Map Reduce两种类型的地理计算虚拟集群，但这两种集群各自独立，分别创建和管理；在虚拟集群进行伸缩时，为了减少网络I/O，虚拟集群的组织和管理需要考虑地理数据分布和网络拓扑结构，使虚拟计算节点尽可能靠近存储节点，以减少网络开销；另外地理计算虚拟集群同地理数据具有紧密的耦合关系，具有明确的应用逻辑，需要通过专门的描述信息来刻画虚拟集群的应用逻辑，并需要将这些应用逻辑维护到地理计算虚拟集群目录中。

公有云与私有云是目前云计算部署的两种主要模式，为了保证数据的安全性与为公众服务的有效性，应对保密级别较高的数据，采用私有云模式，将与地质信息相关的国家政府、事业单位的硬件设备进行共享，数据资源池放在单位内部，仅供内部人员使用。

以分布式文件系统和分布式内存对象系统为基础，研发高可靠、高吞吐和可伸缩的分块、多副本栅格数据存储技术，研究"云环境"下结构化栅格数据的分析方法，实现大文件的分布式存储；研究海量栅格数据的多副本存储策略，提供数据的冗余备份；开发栅格数据的均衡分布存储方法，消除分布式文件中单一文件高访问量的文件读写瓶颈；基于分布式内存对象存储的栅格数据全局信息（如属性表、颜色表等）存储技术，实现栅格数据全局信息的多副本高效一致性维护和网络快速数据交换。

（二）2017～2020年

1.完善地质信息技术体系及其标准规范

根据前期的技术应用可行性分析，以及制定的地质信息技术未来发展路线，对以三维GIS、大数据等为代表的高新技术进行研究，融合高新技术和地质信息传统技术，从而使我国的地质信息技术体系与国际接轨。从国家地质调查信息化建设总体需求来看，我国地质信息化工作尚处在初步建设阶段，实现信息共享关键技术标准依然落后，标准化建设体系不健全，标准之间缺乏协调。应大力加强数据编码标准、数据质量评价方法研制、数据访问协议、数据分发标准，以及支持这些标准规范实施的软件工具的研究和发布及其在重点数据库空间集成中的试验或系统模拟。

2.攻克互联网技术与物联网技术的融合技术

实现设备与设备的信息交换。通过融合技术、应用互联网技术实现信息通信，传输到后台服务器端，从而实现地质信息的智慧监控、智慧管理及智慧指挥等。提高我国的地质信息化水平，有利于提高地质信息资料管理水平，实现成果资料的一体化集成与统一管理，提升地质资料的可继承性与可利用性；有利于提高地质勘查质量和勘探精度，提供项目设计施工的最优方案；有利于提高地质找矿能力，提升矿权评估效率，为国际化矿业开发提供强大技术支撑。

3.重点解决地质三维可视化技术、局部动态更新技术

（1）地质三维局部动态更新技术

基于钻孔、钻孔剖面、等值线、断层、地质图等数据源资料，实现更新数据所在的平面区域位置和深度地层范围自动和辅助判断。实现更新数据源和已有三维地质结构模型的布尔运算，获得局部重构的三维地质曲面，并利用多约束三维地质曲面建模技术，实现地质面三角网的局部重构。

基于空间模型布尔运算或曲面相交算法，实现三维地质局部重构模型地质体曲面相交的检查、相交三维地质体模型编辑与修改处理。基于三角网重构技术对存在不一致的地质体边界进行一致性重构。实现地质体模型封闭性检查，保证模型的封闭性与拓扑一致性。

（2）地质三维可视化技术

空间信息的三维可视化已经成为行业服务的一个共有趋势。在资源调查领域，三维的空间信息表达和可视化是为行业应用分析和服务的基础，因此，二维、三维的可视化技术已成为移动GIS在行业信息化服务中的一大瓶颈。

致力于解决移动GIS软件开发效率提高的问题，解决面向地质信息的移动GIS快速构建环境开发技术。

由于移动终端的多样性和硬件架构的不同，常规的开发方法往往只能解决一个平台或某个体系的操作系统，应用的开发语言和环境的巨大差异已经严重影响了移动GIS在行业中的快速应用，常规软件的开发方法已经无法解决快速出现的各类移动GIS应用需求，软件在不同设备和环境下的重复开发使得移动 GIS 应用软件在稳定性和通用性上受到极大影响。因此，针对移动 GIS 的软件开发，能够适用于多种操作系统和硬件架构的快速软件开发方法将是解决这一问题的重要手段。

4.云计算技术

解决一系列云计算发展的瓶颈，为我国早日进入云时代做贡献，具体包括以下两个方面。

（1）地理空间信息计算自动并行化技术

栅格数据并行计算建立在地理计算虚拟集群和可伸缩栅格数据存储基础上，相对于传统静态集群和存储形式，地理计算虚拟集群的可伸缩性和栅格数据存储的分布和多副本性，既给栅格数据高效并行化提供了有利的资源条件，也带来了更高的复杂性。栅格数据计算自动并行化技术综合运用栅格数据分布和栅格计算资源分布的协同优化和多层次并行化等技术手段，并以软件框架的形式屏蔽并行化的复杂性，为栅格数据计算提供简洁的扩展接口。同时，由于栅格数据计算的分类相似性，栅格数据计算可以归并为几种计算模式，同一种计算模式下的自动并行化算法具有高度的相似性，可以通过软件框架的形式进行复用，从而简化了栅格数据自动并行化开发的难度。

（2）多虚拟集群地理计算任务流协同调度技术

云 GIS 应用定义的地理计算可转化为多个虚拟集群之间协同执行的地理计算任务流。由于 GIS 计算的多样性，多个虚拟集群的计算模式可存在差异，可以是 Map Reduce 模式和 MPI 模式虚拟集群的协同调度。由于虚拟集群的可伸缩性，地理计算任务调度时不但要考虑地理计算执行的代价，还需要考虑当需要集群进行动态伸缩，特别是进行计算资源扩展时的集群伸缩代价，同时在进行协同调度时还需要考虑数据驱动逻辑和空间数据访问代价。

在解决遇到的技术难题的同时，也要探索和部署地质信息云计算模式，从原来的私有云模式逐步向公有云模式发展，最终形成两者兼有。对于无须保密的数据，采用共有云的模式，充分利用社会 IT 硬件资源，减轻政府、企事业单位的硬件投资。从而在最大化地利用社会资源的同时满足了数据的保密性。

（三）2021～2030 年

整体推进，实现地质信息共享服务。深入研究与突破与地质信息相关的关键技术，如三维 GIS、云计算、大数据等关键技术，通过对核心技术的研究打造基于大数据的地质信息服务平台等一系列基于核心技术的现代高技术含量的服务与信息共享平台，实现高新技术在行业中的全面应用，从而全面提升地质信息技术对地质各行业的指导和促进作用，也大幅提升我国地质信息化水平。

突破基于互联网与物联网的地质信息综合应用服务技术，积极开展信息实时获取技术、智能分析技术、云计算、智慧地球、物联网、海量信息存储、数据交换等关键技术在地质勘查中的研究和应用，深化信息化顶层设计研究，并通过关键技术的深度集成，为全国四级"横向整合，纵向贯通"的国土资源信息化总体格局提供技术保障。

解决基于地质二维、三维一体化空间分析应用技术。通过将传统的二维 GIS 技术与最新研究突破的三维 GIS 技术相结合，从而实现地质信息的应用服务。

对移动 GIS 有重大技术突破，主要表现在面向地质信息的跨平台的高性能可视化引擎技术及应用服务技术，从而满足行业需求。随着移动互联网的发展和智能移动终端的发展，众多行业的信息化程度也得到了相应的促进和提高，但基于移动互联网的地理信息服务和位置服务在移动终端的普及、在行业的信息化过程中发展非常缓慢。在国土资源管理的移动信息服务中，土地调查等常规业务开展中的移动端对海量数据的需求是所有工作开展的基础；在资源调查中，实时的定位服务和二维、三维可视化技术与时空数据的管理与分析服务是资源勘查业务分析和应用的重要基础。

广泛推广大数据在各行业的应用，实现基于大数据的地质信息智能挖掘与主动推送服务技术，提高我国地质信息的服务水平。包括：①基于大数据的油气资源信息社会化服务建设，建设云环境下的油气资源调查地理空间基础信息库及数据集成处理系统，构建油气资源调查地理空间数据和服务云，提供公有云服务。②基于大数据的油气资源调查远程监管平台，确保油气资源调查基金投入取得有效成果并实现滚动发展，及时地掌握油气资源调查的发展动向，为油气资源调查监督管理提供即时化、标准化和自动化的信息平台。③基于数据的信息共享平台建设等。

解决基于云环境的地质信息智能服务技术。将三维 GIS、移动 GIS、大数据和智慧地球等技术在云环境下实现智能传输与信息交流，从而大大提高我国地质信息化水平，解放地质信息设备。在云部署模式上，形成私有云、公有云、混合云等多种部署方式，从而灵活地利用社会资源，保障数据安全。

第六章 自然资源的分类利用

第一节 自然资源的含义

一、自然资源概念

（一）自然与自然环境

自然是地球上无机物质和有生命机体各种组成因子相互作用，经历漫长地质历史时期演化而成的自然综合体。开始地球上只有无机的岩石圈、大气圈和水圈，随后又形成了土壤圈和生物圈，这五个圈组成了现在地球上生物与非生物的总体。自然是人类和其他生物生存的一切物质基础。

自然环境泛指人类社会以外的自然界，通常是指非人类创造的物质构成的地理空间。阳光、空气、水、土壤、野生动植物都属于自然物质，这些自然产物与一定的地理条件相结合，形成具有一定特性的自然环境，它有别于人类通过生产活动所建造的人为环境，如城市、工矿区、农村社区等环境。所以，也可以说自然环境是人类赖以生存、生活、生产所必需而又无须经过任何形式摄取，就可以利用的外界客观的物质背景条件的总和。

（二）自然资源

自然资源是指在一定经济技术条件下，自然界中对人类有用的一切物质、能量和景观，如土壤、水、草场、森林、野生动植物、矿物、阳光、空气和风光景观等。

随着人类取得和使用资源技术进步和经济发展，资源范畴在不断地扩大。例如，远古时代人类不知道煤有用，后来知道煤可用来做燃料，现在煤不仅用作燃料，还可以从中提取多种化工原料。资源利用与经济技术条件密切相关，由于经济技术条件的限制，人们已经认识到很多有用的物质难以利用，如许多深海海底矿产资源、深层地下水、月球上的矿产、南极冰山，等等。这其中有些是技术问题没有解决，有些是经济成本太高，难以承受或得不偿失，虽然知道有用但还无力加以利用，或者现在还没有发现其用途，但随着科学技术的发展，将来有可能被利用的自然物质和能量，可称之为"潜在资源"。

（三）自然资源生态属性

自然资源是一种物质资源，可以提供人类生产、生活所必需的一切物质资料，自然资源还具有生态属性，这往往被人们忽视。组成自然资源的各种物质和能量同时构成了人类赖以维系生产、生活的环境。各种自然资源既是自然环境的组成部分，又在组成环境整体结构和功能中具有特定的作用，即生态效能。如森林，既具有提供木材、林果产品等功能，又具有涵养水源，保持水土，净化空气，消除噪声，调节气候，保护农田、草原等功效。人类在利用自然资源的过程中，要充分考虑这两方面的关系，避免过度利用和超越自然整体可承受的阈值。开发任何一项自然资源，都要从保护人类赖以生存、生活、生产的自然环境整体出发，保护和继续利用自然环境。

二、自然资源分类

自然资源按其用途、属性、生存和活动的自然空间，以及能被人类利用的时间长短等，可以进行若干不同的分类。

按用途分为生产资源、风景资源、科研资源等；按属性分为矿产资源、土地资源、气候资源、水资源、海洋资源、生物资源等；按其生存和活动的自然空间可分为空间资源、地面资源、海洋资源、地下资源等；按能被人类利用时间的长短与特性可分为有限资源和无限资源。

（一）有限资源

有限资源又分为可更新和不可更新两类。

1. 可更新（可再生）资源

它是指能够不断生长繁衍的生物资源和自循环中形成的可循环资源。这种资源在理论上讲，可以再生更新、再被利用，如水、耕地、动物、森林、草场等就属于此类资源。它们或者能够生殖繁衍，或者通过自然或人工循环过程而被补充或更新。耕地是可再生资源，主要是指土壤肥力和耕地总量可以通过人工措施和自然过程得到恢复和不断更新。

可更新资源的恢复是以不同速度进行的，有些较快，有些较慢。例如，自然形成1cm厚的土壤腐殖质层需要几百年，砍伐的森林恢复一般需要数十年至百余年，对可更新资源利用的消耗速度必须符合它们的恢复速度，以免造成资源枯竭。

2. 不可更新资源

不可更新资源是指储量有限、能被用尽的资源，它们形成极其缓慢，需要几百年到上亿年，这类资源总量人类目前尚未搞清，但可以认为数量是固定的。它们一旦用尽，自然界就不可能再提供，人类用的矿物资源就是不可更新的，一旦一个矿产地被耗尽，只能异地再勘探、再开发，直至全部耗尽，而不可能更新。

不可更新资源又进一步分成可回收资源和耗竭性资源。

可回收资源是指那些利用之后可回收，通过加工能够再次利用的资源。许多矿物资源都是可回收资源，各种金属通过开采、冶炼、加工制造成各种产品，经过长期使用后，这些产品将失去使用价值，可通过回收再冶炼成金属原料进行产品加工。

耗竭性资源是指那些自然界不能更新，使用后不可能回收的资源，这类资源最主要的就是矿物能量资源。不论是煤、石油、天然气等有机矿物能源还是铀等原子核能，利用后都以其他形式转化掉了，最终都是以热的形式耗散了，不可能回收利用。通常所做的余热利用是回收利用那些没被利用即将浪费的热量，而不是利用那些已经充分利用的热量，这是两个不同的概念。

为了提高资源的可持续利用水平，必须明确可回收资源和耗竭性资源概念，对可回收的资源要大力提倡回收利用；对耗竭性资源要大力提倡节约，提高利用效率。总的来讲，对不可再生资源的利用要从节约、回收利用、提高利用效率、研究替代资源、开发新能源等方面入手，以保障社会经济可持续发展。

（二）无限资源

无限资源是指取之不尽、用之不竭的资源，如太阳能、潮汐能、风能、洋流能等就属于这一类资源。需要指出的是，这一类资源从总体上而言，在人类可预见的将来是无限的，但在局部地区或局部空间范围内，却是有限的。人类的某些活动可以直接或间接地影响它们，如大气污染到一定程度，对一定地区人们的生命、环境和社会产生很大的影响。对该地区来说，合乎质量要求的大气数量就是有限的，近海、沿岸海水也是这样。

三、自然资源属性

不同类型的自然资源具有不同的特性，但又有共同的属性。明确认识这些属性，对人们合理开发利用自然资源具有重要意义。

（一）整体相关性

自然资源各组成成分在一定地区具有非常密切的相互依存、相互影响的关系。例如，自然界中的水在太阳辐射的影响下，不断进行循环，从而使地球陆地上的水不断得以更新，使人们能够不断获取新鲜的水。一种资源的破坏会引起相关资源的破坏，如森林植被破坏之后，导致水文循环紊乱，造成水土流失、气候变化，形成旱涝灾害。

（二）有限性

无论是物质和能量，一旦被定义为"资源"，都是针对某一物质对象（常常是人类）的需求而言。相对于人类社会的需求来说，资源社会系统的关系表现为不可逆性，它从本质上规定了资源的"单流向"特征，即资源只能是供体，社会系统的需求是受体。作为供体的资源总是被消耗的，因而是有限、稀缺的。从资源本身来说，不可再生资源的有限性是显然的。可再生资源也具有本身的再生速度，在一定空间和时间内提供的资源产品量也极其有限。

（三）地域性

自然资源的分布大都受地域性因素影响，不同自然资源的地域性分布规律十分明显，它们总是相对集中于某些区域——如我国煤炭资源十分丰富，中东地区石油储量巨大，我国南方水资源比北方丰富得多，这种资源分布的不均匀性为人类开发利用自然资源既带来不方便又带来困难，突出了一个国家或地区资源的优势和劣势。

（四）多用性

自然资源具有多种用途，例如，一条河流既可以航运、灌溉，也可以发电、旅游，一片土地既可以种粮，又可以植树，建设工矿企业等。从另一个角度讲，人们为了达到经济目的，可以在多种适用资源中进行选择，如果管理不当，会造成一些价廉、易得资源的过度消耗。

（五）阶段性

由于人类认识和应用自然资源有一个过程，因此，随着科技进步，自然资源利用具有阶段性。

四、自然资源现状及特点

（一）世界资源现状及特点

近几十年，人类才抛弃"地球资源取之不尽、用之不竭"的错误观念，深刻认识到地球资源的有限性，随着全球人口增长和经济发展，对资源的需求与日俱增，人类正受到某些资源短缺或耗竭的严重挑战。目前世界资源现状及特点如下：

1. 水资源短缺

地球上水的总量并不少，但与人类生活和生产活动关系密切又比较容易开发利用的淡水储量为 400 km³ 左右，仅占全球总水量的 0.3%。预计到 2025 年，全世界将有 30 亿人生活在水资源紧张的环境中。由于自然条件、人口增长及经济的发展，世界水资源短缺已成为现实，全球性的水资源危机正向人类走来。

2. 土地荒漠化

全世界 30% ~ 80% 的灌溉土地不同程度地受到盐碱化和水涝灾害的危害，由于侵蚀而流失的土壤每年高达 2.4×10^{10} t。近 50 年来，全球已退化的耕地面积达 1.2×10^{9} hm²。

3. 森林资源破坏

森林是木材的供应来源，并且具有储水、调节气候、保持水土、提供生计等重要作用。目前世界森林资源总趋势是在减少，近几十年来，各国分别采取了一系列有效保护森林的措施，森林减少的状况有所缓解。全球每年消失的森林仍高达近千万公顷，所以森林资源减少的形势仍是严峻的。

4. 矿产资源匮乏

矿产资源是地壳形成后，经过几千万年、几亿年甚至几十亿年的地质作用而生成、露于地表或埋藏于地下，具有利用价值的自然资源。矿产资源是人类生活资料与生产资料的主要来源，是人类生存和社会发展的重要物质基础。目前，95% 以上的能源、80% 以上的工业原料，70% 以上的农业生产资料均来自矿产资源。随着经济的不断发展，许多矿产资源的储量正在锐减，有的甚至趋于枯竭。在人口增长和经济增长的压力下，全世界对矿产资源的开采加工已达到非常庞大的规模，许多重要矿产储量随着时间的推移，日益贫乏和枯竭。

5. 物种资源灭绝

由于森林锐减，动植物赖以生存的环境遭到破坏，物种正以前所未有的速度从地球上消失。

（二）人类与自然资源的关系

人与自然资源同属环境系统的组成要素，在环境系统中，人类依附于自然资源，也就是说，人类的生存与发展离不开自然资源，受到自然资源状况的制约。自然资源的形成先于人类，正是由于地球这一环境系统中，有大量的适于人类生存与发展的自然资源与气候等条件，人类才得以在这里繁衍生息。而人类的生活，无时无刻不在改变自然资源的数量与质量。如果人类的各项活动能够遵循自然生态规律，就能够在这一环境中得以生存和发展。如果人类的活动不断地破坏环境和无休止地毁坏自然资源，势必造成自然资源耗竭，自然资源枯竭之时，将是人类在地球上消失之日。因此，人类必须认识到这一点，应该反思自己的过失，保护和利用好自然资源，以维持人类在地球上生存。

五、开发自然资源原则

自然资源是人类创造财富的物质基础，是人类社会经济和文明持续发展的基础，在自然资源利用中，应根据自然资源的特点和变化规律，合理规划，因势利导，扬长避短，防止浪费和破坏，充分发挥自然资源潜力，达到永续利用的目的。

（一）经济、社会、生态效益相结合原则

自然资源既具有经济效益，又具有社会效益和生态效益。只注重自然资源的经济效益或社会生态效益，最终都不利于社会生产的发展，必须讲求三者的结合和统一。从长远来看，自然资源的生态效益是经济效益的基础和前提，这是一条基本规律。现代科学技术发展带来的大规模生产活动，愈来愈要求有较多的自然资源作为基础，各种自然资源表现出的相对有限性越来越突出，以自然资源为基本组成要素的生态系统所受到的压力也越来越大。另一方面，当社会经济发展水平提高时，更加需要可更新资源能够永续利用，不可更新资源永不耗竭，同时还需要生态系统净化社会生产所排放废物的能力越来越强，而这一切都存在矛盾。如果处理不好，一味追求经济效益，不顾生态系统的固有特性，必然会导致资源枯竭，社会生产受阻，经济效益下降。

（二）因地制宜、合理布局原则

要按照各地的具体情况，采取相应的措施。首先，要弄清楚各地自然资源具体情况和特点；其次，要根据这些特点和社会经济条件，在开发利用上扬长避短，发挥地区优势。

（三）统筹兼顾、合理安排原则

在开发利用和治理保护某种自然资源时，会对相关的资源及有关单位的利益产生影响，出现局部利益与整体利益的矛盾；由于自然资源的数量有限性和潜力无限性，在开发利用与治理保护过程中，存在自然资源的开采量与枯竭时间问题，出现长远利益与当前利益的矛盾。这些矛盾将贯穿自然资源开发利用的始终，必须统筹兼顾、合理安排，总的来说，就是要树立全局、长远的观点。

（四）综合开发利用原则

大部分自然资源本身具有综合性、多用性，人类对自然资源的需要也是多方面的。这就要求从区域资源整体上，根据资源特点和社会经济需求以及长期保护要求，安排资源开发的次序、深度和层次，进行综合开发利用，以达到充分利用自然资源，取得最佳经济效益的目的。

（五）开发、保护与更新并重

人类要生存，就不能停止消费，同样也就不能停止生产和消耗自然资源。为了满足人类对自然资源及其构成的生态系统服务功能需求的不断扩大，必须坚持开发、保护与更新并重的原则。具体来说，对可更新资源的开发利用强度要保持在其更新的限度和能力之内，使其得到持续利用。如森林采伐与人工育林并重，农田耕养相结合等。对不可更新资源要坚持节约利用的原则，提高回收利用率，开发替代资源，延缓其枯竭时间，为人类采用科学技术方法解决资源枯竭问题争取时间。

（六）自然资源保护对策

1. 进一步加强法制建设，严格执法

为了确保各种自然资源能得到合理、综合地开发利用，使自然资源得到适当、积极地养护和增殖，必须对人们开发利用各种自然资源的活动，通过立法加以干预和管理。目前，我国自然保护法规建设日趋完善，但尚存在两个主要问题：一是缺乏实施细则和明确法律责任；二是执法不严，必须进一步加强法制建设，特别要强调严格执法，使现有的法律、法规能够得到认真地贯彻落实。

2. 加强自然资源开发项目环境管理

对自然资源开发项目全过程实施严格地环境管理。首先，要在技术经济评价基础上，进行生态环境影响评价，特别要注意分析项目实施过程对生态系统的长期影响，并制定相应对策；其次，要对开发过程进行严格监控，把开发过程对自然植被、资源系统、景观的破坏等降低到最小限度；最后，在资源开发中要长期采取必要的恢复性措施，避免造成严重的水土流失等生态破坏。

3. 建立自然保护区

对珍稀资源的保护要建立自然保护区，如对珍稀物种、地形地貌、水源地、典型生态系统等都应建立保护区，以便合理地开发利用自然资源，使珍稀资源得到永续利用。

4. 强化市场经济手段的运用

长期以来，资源低价或无价是造成资源浪费、乱采滥挖的主要原因之一，目前对资源价值理论已进行了较为深入的研究，许多地区尝试实行了收取资源开发生态补偿费等方法，取得了较好的效果。一方面，对规范开发行为有促进作用，减少开发过程的浪费行为；另一方面，也为生态系统恢复、重建积累一定的资金。

总之，建立自然资源开发利用收费制度，目的是为了有效地制止和约束自然资源开发利用中损害生态价值的行为，促使自然资源保护工作成为开发利用者全部经济活动中一个同样被视为合理的活动，并由此达到某种保护标准。通过建立收费制度，可以激励开发利用者主动强化自然资源的保护，筹集防治生态环境破坏的资金，增加生态环境保护技术的研究投入，补偿被破坏地区的损失。

5. 加强有关科学技术的研究

自然资源及其生态作用的相关研究在我国还是一个薄弱环节，特别是地区性自然资源对当地生态环境效益及影响机理的研究还很落后，必须认真做好基础研究工作，并鼓励开展保护性研究。

6. 加强宣传教育

要将自然保护的宣传教育工作纳入环境教育之中，编写人们喜闻乐见的宣传材料和科普读物，特别要注意对少年儿童进行热爱自然、亲近自然、保护自然的教育。此外，还要进行自然保护法制宣传教育，使人们认识到保护自然不仅应该成为自觉行动，而且在有些方面应有法制措施，必须遵守。

第二节 土地资源和矿产资源利用

一、土地资源保护与利用

（一）土地资源概念

1. 土地和土地资源

土地包含地球特定地域表面及其以上和以下的大气、土壤及基础地质、水文和植物。它还包含这一地域范围内过去和目前人类活动的种种结果，以及动物对目前和未来人类利用土地所施加的主要影响。一般来说，土地是地球陆地的表层，它是由地形、土壤、植被、直接影响土地的地表水、浅层地下水、表层岩石，以及作用于地表的气候条件等各种自然要素组成的自然综合体。土地是各种自然资源和人类活动的载体，土地最能反映各种自然因素相互联系、彼此作用、紧密结合的总体关系，同时也反映人类过去、现在的活动对它产生的影响。

土地资源是指土地总量中，现在和可预见的将来能为人们利用，在一定条件下能够产生经济价值的土地数量和质量总和。从科学技术进步的观点看，有些难以利用的土地，随着科学技术的发展将陆续被利用，从这个意义上看，土地资源与土地是同义语。

土地是自然环境的立地基础，又是自然资源的重要组成部分。所以，土地是人类赖以生存、生活最基本的物质基础和环境条件，是人类从事一切社会实践的基地。对农业生产来说，土地既是农业生产最基本、最主要的生产资料，又是劳动对象，土地是植物生长发育的营养供给源和动物栖息、繁衍后代的场所。土地在人类出现之前为自然物，但是人类出现之后，人类过去和现在的活动，如开垦、耕种、灌溉、防洪、围海、围湖、整修土地及建设房屋、道路、工矿等都强烈地改变土地的自然性状与面貌，随着科学技术的发展，人类的影响将越来越强烈和广泛。因此，土地资源也可以说是自然与人工结合作用的产物，它既具有自然属性，又具有社会属性。

2. 土地资源是可更新资源

土地资源是可更新资源是指土地本身可以反复利用，如果利用合理、保护得当，可以永续利用。对农业生产来说，如果实行科学种田、种养结合，注意采取施有机肥等措施，土地肥力还可以提高，土地的生产力也可以提高。需要注意的是，土地总量不能大规模扩大，对绝大多数地区（如内陆地区）来说，只能改变土地类型，改变土地用途，提高土地资源价值，不可能扩张土地面积，使土地自然增长。同时，由于土壤自然形成的速度极其缓慢，一旦农田被破坏，恢复很困难，由于我国人口众多，必须特别注意保护农业用地。

（二）土地资源特点

1. 土地资源基本属性

土地资源具有如下特点：

（1）数量有限

土地是自然历史过程的产物，不像其他生产资源那样，单纯是人类劳动的产物，可以创造从而数量不断增加。从地球形成之日起，土地面积就基本固定了，生产活动可以改良土地，促进土地质量提高；可以改变地形地貌，如变沙漠为绿洲，变高山为平地等；也可以围海、围湖造田，但这只是改变了土地的类型和特征，并未改变土地总量。鉴于土地资源总量有限以及各类土地资源数量相对稳定，在社会经济发展中，必须珍惜每一寸土地，使之得到合理地开发利用。

（2）位置固定

各种类型土地资源的地理位置是固定不变的，不能像搬动各种物品那样把土地从一地运往另一地，不能移动的土地和特定的社会经济条件结合在一起，使土地利用具有明显的地域性差异。与位置固定相联系的是土地自然条件的地带性规律，如气候条件、温度条件、水文条件都与此相联系，所以土地利用要因地制宜，宜农则农，宜牧则牧，宜林则林，合理布局。

（3）不可替代性

土地无论作为环境条件还是作为生产资料都不能用任何其他东西来代替，人类为了解决粮食问题，开发了许多工厂化的作物生产线，这只是将土地的部分功能采用人工技术提高、集约化了，而不是从根本上代替土地。

2. 土地资源分类

土地资源类型多样，既可以按照自然特征分类，又可以按照与人的关系和人类的作用分类，这里仅介绍一些常见的分类方法。

按地形地貌：分为山地、丘陵、盆地、平原、漫岗等。

按土地自然生产特点：分为耕地资源、荒地资源、林地资源、草场资源、沼泽资源、水面资源、滩涂资源。

按经济用途：分为耕地、园地、林地、牧草地、城镇村及工矿用地、交通用地、水域、未利用土地8大类。

按生态系统类型：分为沙漠、戈壁、冰川、冰冻土地、热带雨林、湿地，等等。

3. 土地资源生产力

土地资源生产力也就是通常所说的自然生产力，它的基本含义就是一定时间内，单位土地上自然生态系统的生物总存量和增长量，包括数量和种类。土地生产力是土地本身的性质、阳光、水、空气、气候条件、人类干预等多种因素综合作用的结果。从满足人类需求、保护生态环境系统角度看，目前开发建设的人工生态系统要优于自然生态系统。如生态农业，不仅能得到综合产出的最佳效果，而且可以不断改良土壤，提高土地的生产力。研究表明，一般草本植被生长量比木本植被生长量大些，而人工植被生长量又比天然植被生长量大些。但一个特定地区的土地，由于受到各种环境要素和社会经济技术条件的限制，其生产力是有限的，可供养的人口也就受到限制。对一个国家来讲，这是一个非常现实的问题，为此必须保证有足够的耕地，供养我国十几亿人口，同时又要不断开发各种高效生态技术，提高产量和品质，改善人们的食物结构，既要使土地发挥最大效力，又要使土地能够永续利用。

（三）保护土地资源对策

1.加强土地管理

保护土地资源也是我国的基本国策，加强土地资源管理，一是建立健全土地管理机构，二是要坚决施行《中华人民共和国土地管理法实施条例》（2021年4月21日国务院第132次常务会议修订通过）。另外，要采取一系列配套的行政和经济政策，严格控制城乡建设用地，保护土地资源。

2.做好土地资源调查和规划工作

做好土地资源调查工作，是合理开发利用、保护土地资源的基础和前提，应加强对土地资源的综合调查，查清其数量、质量和分布，在此基础上认真进行地籍管理。开展土地资源动态监测和预报工作，土地资源利用涉及国民经济所有部门和所有群众，必须按照经济规律和自然规律，分级制定土地利用总体规划，加强对土地资源的宏观控制，协调各部门、各单位用地矛盾，促进国民经济均衡发展。要认真搞好农业区划，因地制宜地安排农、林、牧、副、渔业用地。

3.搞好水土保持

搞好水土保持，要实行预防与治理相结合，以预防为主；治坡与治沟相结合，以治坡为主；生物措施与工程措施相结合，以生物措施为主。总之，因地制宜，山、水、田、林、草综合整治，农、林、牧、副、渔业全面发展。水土保持的关键是植树种草，恢复植被。坡耕地应农林结合，采取等高线耕作法或修筑梯田，进而增加植被覆盖，坡度较大的山地应退耕还林，退耕还草，封山育林、育草，发展林牧业经营。

4.防治沙漠化

首先，应调整生产方向，一般以牧为主，农、林、牧结合，严禁滥垦草原，加强草原建设，控制载畜量，严禁过度放牧，以保护草原植被。防治沙漠的重点要放在自然条件、经济基础较好的地区，这样防治沙漠化的工作难度较小，而农牧业生产潜力又较大，沙区森林用以防风固沙，不应采伐，只能在水分条件好、土地肥沃的河谷地带才能发展农业，另外还可以引洪淤地，建立人工沙障和防沙干草网格以防风固沙。我国宁夏中卫沙坡头沙漠研究站在这方面积累了许多经验，得到联合国的表彰，并为联合国举办过防治沙漠化培训班，培训一些来自干旱区国家的学员。

5.土地次生盐渍化和潜育化治理

治理土地次生盐渍化，要建立完善的排灌系统，实行科学的灌溉制度，采用先进的灌溉技术，防止水位上升至临界深度以上。修筑沟渠、台田、条田和洗盐，也可以治理盐渍化土地。另外，可采取增加绿地覆盖率，增施有机肥，加强套种和中耕等措施治理盐渍化土地；在碱土地中施石膏、黑矾有改良作用；煤矸石粉也能用于改良盐碱地。

二、矿产资源保护与利用

（一）矿产资源概念

1.矿产资源概念

矿产资源是天然赋存于地球内部或表面，由地质作用形成，呈固态、液态或气态的具有经济价值或潜在经济价值的富集物。广义上说，它不仅包括已经发现并经工程控制的矿产，还包括潜在的矿产。

矿产资源量一般用储量来度量。由于用途不同，储量的概念又可分为以下几种：

（1）矿产储量

矿产储量是查明资源的一部分，即指已被地质勘探并基本控制的矿产资源蕴藏量。从技术经济角度来说，矿产储量是指当前条件下可行并能经济合理地开采及提取有用矿产品和能源产品的已查明矿产资源。

（2）储量基础

矿产储量只包括可采收的矿物质，储量基础则是指能满足现行采矿和生产实践最低物理化学标准的探明资源，它不仅包括目前经济技术条件下可以利用的资源，还包括一定计划范围内成为经济可用部分的潜在资源。

（3）其他储量概念

为了进行统计、规划，还有一些其他储量概念，如探明储量、预测储量、证实储量、概略储量、经济储量、边际经济储量、次经济储量、可采储量、设计储量、规划储量等。

2.矿产资源开发利用中的环境影响

矿产资源开发全过程包括的环节有：区域地质调查、矿产普查、矿床勘探、矿山建设可行性研究、矿山设计、矿山建设、采矿、选矿、冶炼或加工、矿山关闭等，进行矿山建设可行性研究以前主要是地质工作阶段，其后则属于开发利用阶段。矿产资源的开发利用常伴有景观破坏、环境污染、生态破坏等。

（二）矿产资源分类及其特点

1.矿产资源类型

矿产资源分类与利用的方式方法和途径等有关，目前我国矿产分成七大类：

（1）能源矿产

指作为能源利用的矿产，主要有煤、石油、天然气、油页岩、铀、钍等。

（2）黑色金属矿产

为钢铁工业所需的主要金属原料，主要有铁、锰、铬、钒、钛。

（3）有色及贵金属矿产

主要有铜、铅、锌、铝土矿、镍、钨、锡、钼、钴、汞、金、银等。

（4）稀有、稀土和分散元素矿产

主要是20世纪以来在工农业各方面逐步被应用的数量少的元素矿产，主要有铌、钽、铍、锂、稀土、锗、稼、铟等。

（5）冶金辅助原料矿产

指在冶炼金属过程中所需要的熔剂等辅助原料，主要熔剂有石灰岩、白云岩、菱镁矿、耐火黏土、萤石等。

（6）化工原料非金属矿产

主要有硫铁矿、磷、钠盐、硼、明矾石、芒硝、天然碱、重晶石等。

（7）建材及其他非金属矿产

主要包括建筑用石材、水泥生产用原料、玻璃用砂以及云母、石磨、高岭土、石墨、石膏、滑石、压电水晶、冰洲石、光学萤石、金刚石等。

2.矿产资源特点

（1）不可更新

尽管有些矿产资源还有形成的现象，如泥炭，但其生成速度极其缓慢，数量微小，特别是绝大多数矿产资源在正常条件下不可更新。因此，不论其储量是否已被探明，总量都是一定的，也就是说是有限的。随着人类对矿产资源的开发利用，矿产资源会逐渐减少，以至于枯竭，事实上，目前有些矿产已濒临枯竭。

矿产资源不可更新和再生，但大多数矿产资源产品在加工利用之后得到的产品却可以回收再用，如废旧的机器可以回炉冶炼还原为钢铁等金属材料，然后再加工成需要的产品。为此，一方面要珍惜有限的矿产资源的开发利用，另一方面要加强矿产资源加工产品的回收利用，延缓矿产资源的耗竭。

（2）分布不均

矿产资源的丰度与一定的地质条件相联系，地区与地区之间，国与国之间矿产资源有很大差别，同一种矿产资源在不同地区的存在形态、含量也有区别，不均衡之处还表现在开发利用条件上，有些地方的矿产埋藏较浅，容易开采，而另一些地方的矿产可能难以开采。

（三）保护矿产资源对策

近年来，我国矿产资源保护工作得到了较大的发展。《中华人民共和国矿产资源法》（2009年8月27日第十一届全国人民代表大会常务委员会第十次会议第二次修正），为矿业活动和矿政管理走上法制轨道创造了前提条件，为维护我国矿产资源国家所有权，打击滥采乱挖等破坏资源的行为提供了法律依据。为适应改革开放，建立社会主义市场经济体制，新的《中华人民共和国矿产资源法》进一步强化国家对矿产资源的所有权，明确了探矿权、采矿权的财产权属性，进一步明确了县级以上地质矿产主管部门行政执法主体地位及其违法或不适当行政行为的法律责任，这些为矿产资源的规范化管理打下了基础。

此外，我国已基本形成了从中央到地方的四级矿产资源管理体系，在资源管理方面紧紧围绕维护矿产资源国家所有权问题，加强矿产资源开发的监督管理，完善资源规划配置等管理工作。

尽管如此，由于我国正处于高速发展的社会主义初级阶段，正向建立健全社会主义市场经济体制过渡，在矿产资源保护中还有很多方面的问题需要解决。

1. 认真贯彻国家有关矿产资源开发利用的方针政策

首先，要强化矿产资源国有权概念，任何地区、单位和个人在开发利用矿产资源时，都必须从全局出发，从合理开发利用国有资产出发，通过合法途径，采取科学先进的方法，避免随意性造成的浪费和破坏。

坚决贯彻国家对矿产资源勘查、开发实施统一规划、合理布局、综合勘查、合理开采和综合利用的方针，有关主管部门要切实负起责任，开展矿产资源勘查、开采的监督管理工作，执行区块登记管理制度，严格执行采矿许可证制度。

2. 严格执法

各执法部门和有关主管部门要认真学习《中华人民共和国矿产资源法》，严格执法，依法行政，做好矿产资源保护工作。

集体矿山企业只能开采国家指定范围内的矿产资源，个人只能采挖零星分散资源和只能用作普通建筑材料的砂、石、黏土，以及为生活自用采挖少量矿产。对此要进行经常性的监督检查，发现违法行为要坚决制止，依法责令停止开采、赔偿损失，没收违法所得、罚款直至追究民事和刑事责任。

3. 采取适宜的经济政策

进一步完善矿产资源开发经济管理办法，全面征收矿产资源税和资源补偿费；制定合理的矿产品价格政策和保护矿产资源的扶持政策；充分发挥市场经济手段在提高资源开发利用效率、减少浪费和破坏方面的作用。

4. 加强科学管理，提高开发利用矿产资源的技术水平

采取科学合理的开采顺序、开采方法和选矿工艺，提高矿山企业的开采回收率、采矿贫化率和选矿回收率。

5. 防治环境污染和生态破坏

开采矿产资源必须遵守有关环境保护的法律规定，防止废水、废气、废渣、尾矿等污染环境。要节约用地，因采矿受到破坏的耕地、草原，要因地制宜采取复垦利用、植树种草或其他利用措

施。要特别注意减少采矿中和关闭后的植被景观保护工作，防治水土流失，大型矿山开发前要做好环境影响评价工作，大型矿山企业要设立专门的环境保护机构，采取积极的措施，防止重大生态破坏事件发生，改善和恢复矿区的生态环境。

第三节　水资源保护与生物资源利用

一、水资源保护与利用

（一）水资源概念

1. 水资源概念

水资源定义为：可以利用或有可能被利用的水源，具有足够的数量和可用的质量，并能在某一地点为满足某种用途而可被利用。一般来说，水资源可以理解为人类长期生存、生活和生产过程中所需要的各种水，既包括对数量和质量的要求，又包括它的使用价值和经济价值。从广义上讲，水资源是指人类能直接或间接使用的地球水圈各个环节、各种形态的水；狭义上是指人类在一定的经济技术条件下能够直接使用的淡水。

水是自然界中组成部分，水的用途很广，主要用于日常生活、工业（包括采矿和加工工业）、灌溉、水力发电、航运、渔业、旅游和娱乐等。水的使用形式、使用效率与每个国家和地区的社会经济状况、技术水平、风俗习惯等因素密切相关，从全球来说，农业是最大的用水行业，用水量占总耗水量的80%。

2. 水循环

地球上的水不是静止的，而是不断运动变化和相互交换。在太阳辐射和地心引力作用下，地球上各种状态的水从海洋、江河、湖沼、陆地表面，以及植物体表通过蒸发、蒸腾、散发变成水汽，进入大气中，随大气运动进行迁移，在适当条件下凝结，然后以降水的形式（雨、雪、雹、雾、霜等）落到海面或陆地表面。到达地面的水在重力作用下，部分渗入地下形成地下径流，部分形成地表径流流入江河，汇归海洋，还有一部分重新蒸发回到空中。自然界的水就是这样，通过蒸发、输送、凝结、降水、径流、渗透、汇流构成一个巨大、统一的连续循环过程。

水循环不是一个简单的重复过程，因为循环过程各个环节都交错进行，使循环复杂化。如蒸发并非单纯在江河、湖沼和冰雪表面，而是土壤、植物体的蒸发、蒸腾同时进行，而且随时、随处都可以蒸发。水之所以能够循环，首先是水本身的性质决定的，即水具有气、固、液三种形态，且在常温下三态可以相互转化；其次，太阳辐射和地球引力提供了转化和流动的动力。

3. 水在地球上的分布

地球上的水分布较复杂，主要是由三大部分组成：大气水、地表水及地球内部水。其中，地表水包括大洋水和海水、冰川和永久积雪、河流水、湖泊水和沼泽水；地球内部水包括地壳深层水、地壳活动带水、土壤水。

（二）水资源分类及特点

1. 水资源分类

按水的分布将水分为三大类，即大气圈水、地表水和地下水。

（1）大气圈水

大气圈水主要来自海洋面、陆面、土壤蒸发和植物蒸腾。大气圈每时每刻都有大约 $1.38 \times 10^3 km^3$ 的气体不间断地转化成液体。蒸发到大气圈的水常常是以汽、水滴和冰晶固体微粒的形式存在。

（2）地表水

地表水是指地表上各种水体，包括洋、海、湖、沼、池、河、溪、涧水。高纬度地区冬季水体的水常呈固体状态，如极地区有巨厚的冰层，山区雪线以上有雪和冰川等。地表中绝大部分是海洋水，占总量的 97.45%。其他水体的水相对于海洋水很小，但是它们对生态系统具有十分重要的意义。

（3）地下水

地下水是地球内部含水的总称，根据估算，仅存于地壳中的水就有 4 亿多立方千米，有人称为地下海洋，地下水既有液态水也有气态和固态水。地下水可分为四种：

①重力水

溶洞、大裂隙、大孔隙中的水，在重力作用下，由高向低自由流动，这种水称为重力水。地下河流、地下湖泊、泉水和井水等属于重力水，它们能被人类广泛利用。在重力水中，人们常用的是潜水、承压水、喀斯特水和泉水。

②毛细水

在直径小于 1 mm 微小孔隙和宽度小于 0.25 mm 狭窄裂隙中的水，既受重力作用又受毛细管作用控制。自然界的毛细水一般作垂直运动，通常分布于地下潜水面以上，形成毛细水层，它是地表水与地下水之间联系的重要纽带。在农业生产上，把在毛管力作用下，土层中达到最大毛管悬着水量称为田间持水量，田间持水量是计算农业灌溉用水定额的重要依据，因为植物根的吸水作用是以毛细水作为它需要的主要水源。

③吸附水

在细颗粒土层中被吸附在各颗粒表面上的水叫吸附水，它是靠分子引力和静电引力吸附在颗粒表面上。它不受重力作用的影响，也不受毛细管作用的控制，甚至植物根也不能使它离开岩石。

④矿物水

在组成岩体、土体的岩石和土的固体颗粒内部也有水，它通常作为矿物的一部分存在于矿物结晶结构之中，称为矿物水。例如褐铁矿（$2Fe_2O_3 \cdot 3H_2O$）是由 2 个 Fe_2O_3 分子和 3 个 H_2O 结合而成，水分子的重量占总重量的 25.2%。许多矿物都含有这类水，如芒硝、蛋白石、绿泥石、滑石、黏土矿物等。矿物水又可分为结构水、结晶水、沸石水和层间水。

（4）生物水

生物水是指包含于生物体内的水量，在生物界中，生物总量约为 1.4×10^{12} t，生物体中水含量平均为 80%，即有 1.12×10^{12} t 生物水，生物体内含水总重量的 60% 参加水循环，所以在地球水循环中，生物水是一个重要环节。例如，大部分陆面水蒸发是通过植物蒸腾从土壤到达大气，地表蒸发有 12% 是通过植物产生的，所以地表植被是影响局部气候非常重要的因素。

2. 水资源特点

水是一种动态可更新资源，也可以重复使用。在同一个流域，水从上游流到中游、下游和河口，都可以被利用。在一个区域内或工厂内，可以通过人工再生将废水重复利用。水资源具有其独特的特点：

（1）储量有限

从全球看，地球表面尽管 71% 覆盖着水，但人们需要的淡水仅占 2.7%，其中绝大多数不能被利用。全世界实际使用的江河、湖泊中，全部地表水估计还不到可用淡水的 0.5%，然而，正是这部分淡水成为供人类使用的基本可用水量。

从局部地区来看，水资源量也是有限的。河流具有一定的保证流量，湖泊、地下水同样具有一定的稳定供给限量，超过限量使用就会引起一系列严重后果，乃至影响水循环、局部气候和生态系统，造成恶性循环，所以水资源往往是一个地区社会经济发展的限制性因素之一。

（2）循环补给

尽管水资源总量是有限的，但由于水是循环的，自然界的水循环源源不断地供给人类新的水资源。只需人类对水资源的使用量保持在当地水资源可供给范围内，人类就可以永久地获得可用水资源。从这个意义上说，水资源是无限的。

（3）时空分布不均

水资源循环过程在自然界中具有一定的时间和空间分布，并且这种分布具有规律性，例如我国水资源在地区分布上具有东南多、西北少，沿海多、内陆少，山区多、平原少等特点，在时间分布上一般夏多冬少。这种分布给人类利用水资源带来了很大困难。

（4）难以替代

对生物来说，水是不可替代的，没有氧气可以有生命存在，如厌氧细菌，但是没有水便没有生物。人身体 70% 由水组成，血液含水 79%，淋巴液含水 96%，3 天的胎儿含水 97%，3 个月的婴儿含水 91%，哺乳动物含水 60% ~ 68%，植物含水 75% ~ 90%。如果缺水，植物就要枯萎，动物就要死亡，物种就会绝迹，人类就不能存在。

水资源在国民经济建设的各行各业中占有重要地位。没有水，各项建设事业就没有发展前景，水既是生活资料，又是生产资料，工农业生产和生活供水都要消耗大量水。所以水资源是人类生存、发展和社会进步不可替代的资源。

（二）保护水资源对策

1. 统筹规划，科学管理

人们对资源开发利用的认识经历了漫长的历史时期。在原始社会，人类为了谋求生存，必须适应水环境变化，趋利避害；以农业为主的古代社会中，人类一方面适应水环境变化，另一方面有目的地增利减害；到了以工业为主的近代社会，人类采取措施兴利除害，提高技术，对水资源进行多目标开发；现代社会，人们开发利用水资源时，充分考虑社会与自然的关系，注意社会、经济与环境效益的统一。

（1）以水资源特点出发进行统筹规划

水资源最突出特点是它的整体性、有限性和对生态环境的基础性作用。在开发利用时，必须对此有充分的认识和理解，全面考虑区域生态系统的健康发展。

地下水、地表水、湖泊水等各类水资源之间的互补关系非常明显，具体到一个地区，其互补性在很大程度上是直接的，在一个流域内，不同的水资源保持一定的动态平衡关系，河流水量与地下水位、湖泊面积大小、水深等紧密相关，在一条河流、一个湖泊、地下水径流的不同部位取水，必须考虑其他部位的取水需求。否则很容易造成类似黄河断流现象发生，直接影响其他地方社会经济发展和人民群众生活。

（2）设立保护区，重点保护饮用水源

明确饮用水源地，划定保护区范围，依法严格控制保护区内社会经济活动和饮用水资源，保证把为人民群众提供合格的饮用水放在最重要地位。

（3）运用经济手段管理水资源

合理确定水价、水资源补偿费等，是促进节约用水、合理配置水资源的重要手段。适当提高水价，既可以促进节约用水，又可以筹措一定资金，用于开展水资源保护工作，以及开展科学研究、宣传教育等活动。

2. 强化监督执法

我国与水资源有关的法规已比较健全，以及防治水土流失、资源开采等方面的有关规定和条例等。这些法规对政府有关部门、企业和个人在水资源开发利用方面的关系、责权利等都有明确规定，各部门要各负其责，严格执法，运用法律武器保护水资源。

3. 发展科学用水技术

（1）发展和推广节水技术，建立节水型社会

推广、鼓励节约用水技术和产品，限制高耗水行业的发展规模和布局，鼓励循环用水，发展分质供水以及中水技术。

农业是用水大户，我国农业用水浪费非常严重，发展农业科学用水技术是我国节水技术的重点，当前要鼓励有条件的地方发展喷、滴灌技术。

（2）发展替代技术

在有条件的地方和淡水资源紧缺的地方，要鼓励发展替代技术，如以海水替代淡水，以风冷替代水冷等。我国大连、秦皇岛等沿海城市在钢铁、电力等行业用海水代替淡水冷却方面已取得较好的效果。

（3）运用新技术解决水资源紧缺问题

进一步研究应用人工增雨技术，解决干旱地区农业生产缺水的困难，提高海水淡化效率，降低淡水化成本，解决沿海有关城市淡水资源严重匮乏问题。

4. 积极防治水污染

全面贯彻落实各项有关水污染防治的方针政策和法规措施，目前在全国环保重点工程"三三二一一"中，有三项是防治水污染，即三河、三湖及近海污染防治。有关地方政府要借此东风，全面实施总量控制，保证从水环境质量出发，科学规划，合理布局，积极防治污染源，综合整治水环境污染，扭转水环境恶化的趋势，实现环保目标。

5. 保护和改善水资源生态环境

水资源生态环境是整个陆地生态系统重要组成部分，是自然界物质和能量交换的重要枢纽。森林在这个系统中起主要作用，它能调节气候，促进大气水、地表水和地下水的正常循环，森林能涵养水源，使水源漫溢于河道和其他水体。历史证明，因毁林等不注意保护水资源生态系统而造成的恶果遍布全球，巴比伦文明的毁灭，丝绸之路的荒芜，北非部分地区和中东一些国家的沙漠化，近现代一些地区的黑风暴，都与森林被破坏、水资源缺乏有关，最终使一些地区整个生态系统严重退化。要大力提倡植树造林，恢复一些重要流域的森林和植被，坚决执行国务院有关禁伐林木的规定，重建良好的水资源生态系统。

6. 加强水利建设，有计划有步骤地跨流域调水

我国水资源地区分布不均衡，为了开发缺水地区，促进这些地方社会经济发展和人民生活水平的提高，必须进行跨流域调水。只要做好工程环境影响研究和评价，采取适当措施，这些工程不仅能提高水资源利用率，避免环境变化，还会对缺水地区的环境恢复与重建起到巨大推动作用。

二、生物资源保护与利用

生物资源是生物长期进化过程中形成的一种可更新资源，它包括植物资源、动物资源和微生物资源三大类。常见的有森林资源、草原资源及生物多样性资源等。

（一）森林资源保护与利用

森林是人类最宝贵的资源之一，保护和利用森林资源已成为举世关注的大问题。

1. 森林的功能

森林是地球上最大的陆地生态系统，是维持生物圈物质循环、能量流动和保护生态平衡最重要的基础。世界上没有任何一种自然资源像森林那样，在人类早期文明生活中具有如此深远的影响。在人类现代文明中，森林在很大程度上对一个国家的农业及环境质量有着决定性的意义。森

林在自然界中的作用越来越受到人们的关注，它除了给人类提供大量的直接产品外，在维护生态环境方面的功能也十分突出，主要表现在以下几个方面：

（1）涵养水源和保持水土

森林能阻挡雨水直接冲刷土地，降低地表径流的速度，使其获得缓慢下渗的机会。森林土壤疏松，枯枝落叶层又可保水，因此林地能将全部或大部分降水储存起来，防止流失。

（2）吸收 CO_2，放出 O_2

森林在其生命过程中，通过光合作用吸收 CO_2 并放出 O_2。1hm² 阔叶林每天能吸收 1 000 kg CO_2，放出 30 kg O_2，这对于维持空气清新具有重要意义。

（3）吸收有毒有害气体和监测大气污染

随着工业的发展，不断排出大量的 CO_2、SO_2、HF、Cl_2 等有毒有害气体，林木可在低浓度范围内，吸收各种有毒气体，净化空气。人们还选择一些敏感植物，测定其伤害阈值，用以监测、指示大气污染情况。

（4）驱菌和杀菌

研究表明，橙、柠檬，园柏、黑核桃、法国梧桐等许多林木能分泌出具有杀菌作用的挥发性物质，将细菌杀死或驱逐。

（5）阻滞粉尘和减低噪声

林木枝叶茂盛，对大气中粉尘污染可起到阻滞过滤作用，较大的尘粒掉落地面，较小的被叶子吸附。据统计，每公顷树林，一年可滞尘 34t。森林还通过其枝叶的微振作用，减弱噪声。

（6）保护野生生物和美化环境

森林是许多野生生物的栖息地。同时，林木又是美化环境的重要因素。

（7）防风固沙

森林通过其林冠摆动和树身阻挡降低风速。同时，发达的根系密布于土壤中，具有保水固沙的作用。

（8）调节气候

森林通过其蒸腾作用，不断向空中散发水分。平均一棵树在一个夏天要蒸腾掉 2 000 L 水。因此，林地的空气湿度比无林地高出 15% ~ 25%，降水量也有所增加。

由于森林的上述功能和作用，其生态效益或间接效益要比其提供木材的直接效益大得多。

2.森林资源现状

生物圈的多样性是地球这个庞大生态系统稳定的基础。生物种类是人类的宝贵资源，森林、草原犹如天然的世界基因库。遗憾的是，当人们尚未把人工世界绿色基因库建立起来，很多物种尚未被人类利用的时候，它们就已经从地球上消失了。

3.森林资源利用与保护

（1）健全法制，依法保护森林资源

国家对森林资源实行以下保护性措施：对森林实行限额采伐，鼓励植树造林，封山育林，扩大森林覆盖面积；根据国家和地方人民政府有关规定，对集体和个人造林、育林给予经济扶持或长期贷款；提倡木材综合利用和节约使用木材，鼓励开发、利用木材代用品；征收育林费，专用于造林、育林；煤炭、造纸等部门，按照煤炭和木浆纸张等产品的质量提取一定数量资金，专用于营造坑木、造纸等用材林；建立林业基金制度。

（2）实施生态建设规划，坚持不懈地植树造林

从规划实施期到 2010 年，新增森林面积 $3.9 \times 10^7 hm^2$，森林覆盖率达到 19% 以上，退耕还林 $5.0 \times 10^6 hm^2$，建设高标准、林网化农田 $1.3 \times 10^7 hm^2$，目前我国已经提前超额完成了近期目标。中期目标是 2011 ~ 2030 年，新增森林面积 $4.6 \times 10^7 hm^2$，全国森林覆盖率达到 24% 以上；远期目标是 2031 ~ 2050 年，宜林地全部绿化，林种、树种结构合理，全国森林覆盖率达到并稳定在 26% 以上。

（二）草原资源保护与利用

1. 草原资源功能

草原是以旱生多年生草本植物为主的植物群落。草原是半干旱地区把太阳能转换为生物能的巨大绿色能源库，也是非常宝贵的生物基因库。它适应性强，覆盖面积大，更新速度快，具有调节气候、保持水土、涵养水源、防风固沙的功能，具有重要的生态学意义。草地是一种可更新、能增值的自然资源，它是畜牧业发展的基础，并伴有丰富的野生动植物、名贵药材、土特产品，具有重要的经济价值。

2. 我国草原资源利用概况

我国是草地资源大国，据中国环境状况公报公布，我国可利用草地面积近 4 亿公顷，占国土总面积的 40%，仅次于澳大利亚，居世界第二位，但人均占有量仅为 0.33 hm^2，为世界人均草地面积 0.64 hm^2 的一半。按照地区大致可分为东北草原区、蒙宁甘草原区、新疆草原区、青藏草原区和南方的草山草坡五个区。

我国草地利用面积比例较低，优良草地面积小，草地品质偏低，天然草地面积大，人工草地比例过小；天然草地面积逐步减少，质量不断下降；草地载畜力下降，普遍超载过牧，草地"三化"（退化、沙化、碱化）面积不断扩展。

我国草地资源分布和利用开发具有以下特点：面积大、分布广和类型多样，是节粮型畜牧业资源，一些草地还适宜综合开发和多种经营；大部分牧区草原和草山草地都居住着少数民族，其中相当一部分是老区和贫困山区；草原和草地大多是黄河、长江、淮河等水系的源头和中上游区，具有生态屏障功能；目前草地资源平均利用面积小于 50%，在牧业草原中，约有 $2.7 \times 10^7 hm^2$ 缺水草原和夏季牧业未合理利用。

3. 草原资源利用与保护

草原资源利用和保护具体措施如下：

（1）加强草原建设，治理退化草场

从世界各国畜牧业发展现状看，建设人工草场是生产发展的必然趋势。我国牧区人工草地也有所发展，今后要进一步实行国家、集体和个人相结合，大力建设人工和半人工草场，发展围栏草场，推广草仓库，积极改良退化草场。

（2）加强畜牧业科学管理，合理放牧，控制过牧

要合理控制牧畜头数，调整畜群结构，实行以草定畜，禁止草场超载过牧。建立两季或三季为主的季节营地。保护优良品种，如新疆细毛羊、伊犁马、滩羊、库车羔皮羊等，促其繁衍，要加速品种改良和推广新品种。

（3）开展草原资源科学研究

实行"科技兴草"，发展草业科学，加强草业生态研究，引种驯化，筛选培育优良牧草，加强牧草病虫鼠害防治技术研究，建立草原生态监测网，为草原建设和管理提供科学依据。

（4）开展草原资源可持续利用工程建设

一是加强自然保护区建设，如新疆的天山山地森林草原、内蒙古呼伦贝尔草甸草原、湖北神农架大九湖草甸草场、安徽黄山的中小灌木草丛草场等；二是开展草原退化治理工程建设，如新疆北部和南疆部分地区、河西走廊、青海环湖地区、山西太行山、吕梁山等地区；三是建设一批草地资源综合开发示范工程，如华北、西北和西南草原地区的家畜温饱工程，北方草地的肉、毛、绒开发工程等。

（三）生物多样性保护与利用

1.生物多样性含义

生物多样性是指一定空间范围内各种活有机体（动物、植物、微生物）有规律地结合在一起的总称，它由遗传多样性、物种多样性、生态系统多样性三个层次组成。

遗传多样性是指存在于生物个体内、单个物种内，以及物种之间的基因多样性。任何一个特定个体和物种都保持大量的遗传类型，可组成单独的基因库。一个物种的遗传组成决定它的特点，这包括它对特定环境的适应性，以及它对人类的可利用性等特点。基因多样性包括分子、细胞和个体水平上的遗传变异度，因而成为生命进化和物种分化的基础，也是物种以上各水平多样性最重要的来源。一个物种的遗传变异愈丰富，它对其生存环境的适应能力便愈强，而一个物种的适应能力愈强，则它的进化潜力也愈大。

2.保护生物多样性的意义和作用

生物多样性是自然环境重要组成部分，又是宝贵的自然资源，既有巨大的经济价值，又有难以估价的环境、科研和精神价值。

（1）提供食物来源

物种多样性是人类生存和发展的基础。人类生存需要通过农、林、牧、副、渔业生产获取动植物资源，来满足对食物、药材和多种工业原料等基本生存的需要。生物资源作为农业生产的基

础，为地球上 70 多亿人口提供了基本的食物需求。从当前看，人类从野生和驯化的生物物种中，得到了几乎全部食物、许多药物、工业原料与产品。就食物而言，据统计，地球上大约有 7 万 ~ 8 万种植物可以食用，其中可供大规模栽培的约有 150 多种，迄今被人类广泛利用的只有 20 多种，却已占世界粮食总产量的 90%。野生物种方面，主要以野生物种为基础的渔业，每年向全世界提供了大量食物。实际上，野生物种在全世界大部分地区仍是人们膳食的重要组成部分。人类目前仅利用 20 余种植物生产粮食，其他未被人类食用的生物有许多可以食用，是今后潜在的食物来源。尤其在许多发展中国家，野生动物是蛋白质的重要来源之一。野生动植物可以成为新型食品的来源，尤其在环境污染日趋严重的现在，无污染的天然动植物食品将更加受到人们的喜爱。丰富的生物物种，不仅为人类提供了生存的基础，还有供人们观赏、旅游和装饰的功能。

（2）野生物种是培育新品种不可缺少的原材料

遗传多样性是提高生物生产量和改良生物品种必不可少的条件。从生物多样性"遗传库"中的野生物种取得的材料，对作物产量提高做出了近一半的贡献，这主要是通过生物技术和农业研究开发来完成。现在，100 多种植物物种对全球粮食供应直接或间接地做出了 90% 的贡献，而水稻、玉米和小麦 3 种植物的贡献率达 60%。还有成千上万种植物在地球某处种植或消费，其中一些可能更有营养，或者比现在广泛种植的物种更适应某种广泛存在的生长条件。

（3）物种是许多药物的来源

我国传统医学的中草药绝大部分来自野生植物和动物，现代医学依靠野生动植物的程度越来越高。近代化学制药业产生前，差不多所有的药品都来自动植物，现在直接以生物为原料的药物仍保持重要地位。世界最常用的 10 种处方药中，有 9 种是以天然化合物为基础，这些化合物来自植物、菌类、动物和微生物。

（4）物种资源能够提供大量工业原料

自然界中的动植物向人类提供毛皮、皮革、纤维、油料、香料、胶脂等各种原料，其价值十分可观。现代工业中有很大一部分原料，来源于野生动植物，许多野生动植物至今仍是人类的主要食物。

（5）物种具有科研价值

仿生学研究表明，生物的各种器官和功能，可以给科技发明以莫大启示。例如雷达、红外线追踪、声呐等先进技术的发明，都得益于生物机制的启迪。最近，通过对萤火虫发光功能的研究，搞清了化学发光原理，科学家据此设计出一种可以不发热的发光装置，特殊条件下可做光源应用。

（6）生物多样性是保持生态平衡的必要条件

不同生物或生物群落通过占据生态系统中不同的生态位，采取不同的能量利用方式，以及食物链网的相互关联作用，维持生态系统中基本能量流动和物质循环。生态系统多样性在维持地球表层水分平衡、调节气候、保护土壤免受侵蚀和退化，以及控制土地荒漠化等方面的作用已逐渐被人类认识和利用。

（7）物种资源具有美学价值

许多野生动植物具有令人陶醉的观赏价值。动物中的大熊猫、丹顶鹤、金丝猴等，植物中的金茶花、杜鹃花等，都有很高的美学价值，可以美化生活，陶冶情操，而且还是文学艺术创造的源泉，给人以美的享受。

（8）生态价值

生物多样性的生态价值主要表现为固定太阳能、防止水土流失、调节气候、吸收和分解污染物、储存营养元素并促进养分循环和维持进化过程。

总之，生物多样性确实是人类生存"必不可少的生命支撑系统"，保护生物多样性，也就是保护人类的生存环境。

3.生物多样性现状

生物资源提供了地球生命的基础，有人估计，世界上生物物种多达 5 000 万种，其中只有约 140 万种已经被命名或被简单描述过。全球生物物种并不是均匀分布的。

从区域分布看，物种的丰富度从极地到赤道呈增加趋势，其中热带雨林和温带地区是物种主要集中区域。热带雨林面积虽只占全球陆地面积的 7%，却至少拥有世界上物种数的一半。即便在热带雨林这类世界上生物量最丰富地区，也只有较少数特别茂盛的地区才蕴含世界生物多样性的一个极大比例，这些地区物种格外集中，其特有物种分布也极为丰富。需要说明的是，热带雨林地区也是目前世界上物种消失威胁最严重的地区。

4.生物多样性的丧失

自从生命第一次出现，生命灭绝已经是一种正常的自然过程，现在地球上物种估计是曾生存的几十亿个物种的幸存者。对于大多数生物类群来说，一个物种的平均寿命为 100 万～1 000 万年。按 5 000 万物种来计算，每年有 5～50 个物种可能消失。据推测，20 世纪 80 年代，地球上每天至少有一种生物灭绝，90 年代则达到每小时有一种生物灭绝，而现在平均每 20 分钟就有一个物种灭绝。按这样的速度，到 2050 年，地球上 1/4～1/2 的物种将会灭绝或濒临灭绝，并且这种灭绝仍存在明显的加速趋势。许多迹象表明，世界已经在经历规模和影响更大的灭绝速率，比地球历史上任何时期更大。据粗略估计，1 万年来，哺乳动物和鸟类的平均灭绝速率已大约增加了 1 000 倍。就我国而言，生物多样性丧失的威胁也显而易见，估计约有 5 000 种植物在近几年内处于濒危状态，占中国高等植物总种数的 20%，大约 398 种脊椎动物濒危，占中国脊椎动物总数的 7.7%。

5.生物多样性加速丧失的原因

导致目前全球生物多样性加速丧失的原因既有诸如火山爆发、洪水泛滥、陆地升降、森林火灾和特大干旱与病虫害等自然因素的影响，但主要还是因人类活动引起。概括起来可包括以下几个方面：

（1）生境交替

生境的改变和破坏，如大面积森林乱砍滥伐、围湖造田、草地滥垦和过度放牧等都会破坏和改变生物生存环境，致使物种濒危或绝灭。如中国南海的珊瑚礁，作为石灰原料而遭滥采，使珊瑚礁鱼类失去了生存环境和营养供应地，因而受到严重的威胁。

（2）滥捕乱猎和滥采乱挖

对个体的采猎高于被采猎种群自然生殖能力所能承受的比率时，必然威胁到物种的生存安全。例如，猕猴在 20 世纪 50 年代因过度捕捉出口，加上栖息环境的破坏，造成种群数量剧减，迄今尚未得到恢复；又如中国淡水鱼类资源，由于不断加大捕捞强度以及渔具的不合理使用，20 世纪 70 年代年均产量 31.58 万吨，仅为 50 年代年均 52.36 万吨的 60% 左右；许多传统中药和重要经济植物由于长期过量采挖和开发利用，致使产量越来越少，种群数量急剧缩减。

（3）化学污染

化学污染主要是指由于人类活动大量排放到环境中对生态系统有毒有害物质。如排放 SO_2 等物质所致的酸雨，引起森林破坏、土壤酸化等；人类施用的信息激素类物质干扰部分物种正常的信息交流及引起的致畸、突变等；大量的化肥农药施用、重金属等污染物的排放所致的生态危害。

（4）气候变化

气候变化是气候自然波动与人类活动所引起的气候变化的叠加。目前的气候变化则主要表现为由于人类活动所导致的全球变暖。据估计，在未来的 100 年内，地球气温将会上升 1℃，海平面升高 10 ~ 120 cm。温度每升高 1℃，陆地物种受温度控制的分布界线就向两极移动 125 km，或者由山下向山上移动 150m。这样的气候变化就可能会对北方森林、珊瑚礁、红树林和湿地产生剧烈的影响，也可能改变世界生物群落的边界。另外，气候变化也包括地区的影响，如厄尔尼诺海流和季风系统，以及地方性影响，如局域植被、地形的变化等。

（5）引进物种

外来物种的引进可能打破原来生态系统的平衡，对当前物种的生存构成威胁，这引起世界各国的高度重视。在美国，植物引进种问题已被认定为国家公园系统面临的最严重威胁。在我国，被带入南方的野蔷薇，已引起了当地大片林木死亡。苏伊士运河开通使地中海和红海海洋生物得以交换，使得红海的部分海洋鱼类资源枯竭。在大洋洲曾发生过"兔灾"，澳大利亚原本没有兔子，1859 年，英国人引进了 24 只兔子，为打猎而放养了 13 只，在这个没有天敌的国度里，它们至今已繁衍 6 亿多只后代，这些兔子常常把数万平方千米的植物啃吃精光，导致其他种类野生动物面临饥饿的威胁，许多野生植物也濒临绝种。

（6）大型工程建设

大型工程建设，特别是大型水利工程建设对生态系统的危害是显而易见的。水利工程建设改变了淹没区的生态环境，拦河闸坝也隔断了某些鱼蟹类洄游的通道，使它们失去了产卵场所（如阿斯旺大坝所致的当地沙丁鱼资源枯竭），水利工程建设也可能带来诸如地下水位上升、土壤次生盐渍化等系列问题。

（7）人口增长

伴随着工业革命、全球贸易、化石燃料的利用，以及更为有效的公众卫生措施，地球人口在19世纪初达到10亿，到20世纪20年代达到20亿，现在的总数已超过70亿。乐观主义者预计，发展、教育、提供生育卫生服务，以及明智的自我控制将使人口在21世纪后半叶稳定在80亿～100亿左右。人口过快增长导致土地开垦盲目扩大、森林减少、草场破坏、土地沙化等生态危害程度加深。

6. 生物多样性保护途径

生物多样性保护不仅依赖于生物科学的发展，也与国家和地区相关法律、法规的制定、管理水平、经济状况，甚至伦理道德等有着极为密切的联系。目前对生物多样性保护的途径主要包括：

（1）就地保护

就地保护是生物多样性保护最有效措施。就地保护就是以各种类型自然保护区（包括风景名胜区）的方式，将有价值的自然生态系统和野生生物生境保护起来，以保护生态系统内生物的繁衍与进化，维持系统内物质能量流动与生态过程。全世界面积在1 000 hm² 以上的保护区已建成4 500多个，其覆盖面积约占全球陆地总面积的5%～6%。

（2）迁地保护

迁地保护仅对单一物种可能得到保护，它主要适用于受到高度威胁的动植物种的紧迫拯救，包括植物迁地保护和动物迁地保护，这种保护主要是针对野生生物而言。

①野生植物迁地保护包括：

a. 利用植物园迁地保护

植物园或树木园可以在植物多样性保护方面发挥有效作用。20世纪80年代以来，中国植物园（树木园）发展很快，至今已有160个。在地区性植物保护方面，华南植物园建立了木兰科、姜科、苏铁科植物保存园；昆明植物园建立了杜鹃花科、山茶科保存园；西双版纳植物园建立了龙脑香科、肉豆蔻植物保存园等；昆明、杭州、南京、广州、九江、西双版纳、四川、北京、西宁、新疆等地建立了地区性珍稀濒危植物引种地和人工繁育中心。这些植物园中保存的各类高等植物有23 000种，除去重复和引进种，属于中国野生植物区系成分的约有16 000～18 000种，占区系成分的55%～65%。

b. 迁地保护基地与繁育中心

为了加强珍稀濒危植物保护，中国有关部门自20世纪80年代初着手建设地区性珍稀濒危植物迁地保护基地和繁育中心，对珍稀濒危野生植物以及林木、果树、观赏植物、药用植物、农作物、食用植物和茶、桑等经济植物进行了保护性繁育。

②野生动物迁地保护包括

a. 利用动物园迁地保护

我国共建有动物园41个，加上设在大型公园中的动物展区，总数达175个。这些动物园和展区共饲养脊椎动物 600 余种，动物个体总量达 10 万多只（头）。在珍稀动物保护和繁育技术方面不断取得进展，许多濒危珍稀动物繁殖成功。

b. 野生动物迁地保护基地与繁育中心

全国已建各种野生动物繁育中心 126 个，以商业为目的的养鹿场、水貂场、马鸡场等共 230 多个，并建立了大熊猫、朱鹮、海南坡鹿、扬子鳄、麋鹿、高鼻羚羊、野马、白鳍豚、东北虎等珍稀动物驯养中心和珍贵动物救护中心共 14 处，目前已有少量驯养动物进行野化回归大自然的试验。一度濒临灭绝的大熊猫、扬子鳄、朱鹮、东北虎等近 10 种濒危动物开始恢复，60 多种濒危珍稀野生动物人工繁殖成功。

野生动植物人工养殖和栽培。发展野生动物养殖业和野生植物种植业是保护和合理利用生物资源的一条重要途径。我国野生动物饲养业始于 20 世纪 60 年代，主要饲养国内原产的鹿、麝、狐狸、貉、水貂等经济动物。80 年代后，国家实行扶持饲养野生动物政策，使动物饲养业得到较快发展。在沿海地区发展海洋动物养殖业，尤其在海珍品人工养殖方面取得重大经济效益。在野生植物栽培方面，已人工栽种 60 多种中草药。为持续利用野生药材资源，黑龙江省组建了省野生药材资源保护管理总站，设立 106 个管理站，建立药材资源保护区 35 处，实行轮作采挖。此外，珊瑚礁和红树林人工移植和栽培也取得成功。

（3）离体保护遗传种质资源的收集与保存

①作物品种及其亲缘种的收集和保存

目前，我国作物遗传资源的收集总数达 35 万份，成为世界上遗传种质资源材料保存最多的国家之一。

②家养动物品种的收集与保存

家畜和家禽是人类肉蛋奶食品的主要来源。中国目前共保存畜禽地方良种达 400 多种。在家畜品种的离体保存方面，一批具有现代化水平的动物细胞库和动物精子库、配子库已经建成或正在建设之中。

（4）建立生物多样性保护区网络

建立和完善保护区网络是维系区域生态安全、保护生物多样性的重要措施。目前，我国保护区网络建设应从我国国民经济和社会发展的需要出发，以保护自然生态系统完整性和生物多样性为中心。根据我国国力，因地制宜、合理调整自然保护区结构和分布，逐步在全国范围内建成布局合理、类型齐全的自然保护区网络。现在我国已建立了包括森林生态系统、草地生态系统、荒漠生态系统、内陆湿地和水域生态系统，以及海洋和海岸带生态系统自然保护区，已形成较为完善的自然保护区网络系统。

（5）生态系统恢复和改善

生态系统的平衡是一个动态的过程，生态系统因受人为和自然因素影响，特别是人类不合理开发利用自然资源，使生态系统向恶性方向发展，导致物种加速灭绝。对于一些特殊生态系统而言，生态系统的破坏就意味着一系列物种，特别是濒危物种的灭绝或丧失。目前，生态系统恢复和改善的重点是优先保护具有典型性和特殊意义的生态系统。

第四节 能源的利用

一、能源分类

（一）能源

能源是指可以被人类利用，以获取有用能量的各种资源，如太阳能、风力、水力、电力、天然气和煤等。能源与人类有着密不可分的关系，它既能供人类使用，造福于人类，又可以给人类带来环境污染。随着经济发展和人民生活水平的提高，能源需求会愈来愈多，必然会对环境产生极大的影响。

人们从不同角度对能源进行了多种多样的分类，如一次能源和二次能源，常规能源和新能源，可再生能源和不可再生能源等。

一次能源是指从自然界直接取得而不改变其基本形态的能源，有时也称为初级能源；二次能源是指经过加工，转换成另一种形态的能源。常规能源是指当前被广泛利用的一次能源；新能源是指目前尚未被广泛利用，正在积极研究以便推广利用的一次能源。一次能源又分为可再生能源和不可再生能源，可再生能源是能够不断得到补充的一次能源，不可再生能源是须经地质年代才能形成而短期内无法再生的一次能源，但它们又是人类目前主要利用的能源。

根据能源消费是否造成环境污染，又可分为污染型能源和清洁型能源。煤和石油类能源是污染型能源，水力、电能、太阳能和沼气能是清洁型能源，为保护环境应大力提倡应用清洁型能源。

（二）世界及我国能源消耗情况

能源是近代工农业生产和人类生活必需的基本条件之一。在一定意义上说，人均能源消耗量是衡量现代化国家人民生活水平的主要标志。随着工农业发展和交通工具数量增加，世界能源的消耗速度在急剧增加。

由于天然气使用方便，对环境污染也较小，其应用具有广阔的前景；随着石油开采量过大，储量减少，今后能源消耗结构有从石油重新转向以煤为主要能源的趋势；核能源的利用及新型清洁能源的利用将迅速增长。

（三）我国能源解决方向

1. 提高能源利用效率，大力节约能源

由于我国能源效率较低，所以节能潜力很大，可在以下方面采取有效措施：①电厂节煤；②严格控制热效率低、浪费能源的小工业锅炉；③推广民用型煤；④积极发展城市煤气化和集中供热方式，逐步淘汰小型、分散的落后供热方式；⑤逐步改变能源价格体系，实行煤炭以质定价，扩大质量差价。

2. 调整能源结构，增加清洁能源比重

降低煤炭在我国能源结构中的比重。我国能源以煤为主，要调整能源结构，必须尽快发展水电、核电，因地制宜地开发和推广太阳能、风能、地热能、潮汐能、氢能和沼气等清洁能源。

二、能源利用对环境的影响

任何一种能源的开发利用都会给环境造成一定的影响。例如，水能的开发利用可能造成地面沉降、地震、上下游生态系统显著变化、地区性疾病蔓延、土壤盐碱化、野生动植物灭绝、水质变化等。在诸多能源中，以不可再生能源引起的环境影响最为严重和显著，它们在开采、运输、加工和利用等环节都会对环境产生严重影响。能源利用对环境的影响主要表现在以下几个方面：

1. 城市大气污染

一次能源利用过程中，产生了大量的 CO_2、SO_2、NO_2、粉尘及多种芳香烃化合物，已对一些国家的城市造成了十分严重的污染，不仅导致生态的破坏，而且损害了人体健康。

2. 温室效应

随着大气中 CO_2 等气体浓度升高，大气会变得愈来愈暖，产生"温室效应"。由于温室效应，全球表面平均温度将上升 $1.5\,℃ \sim 3\,℃$，极地温度可能上升 $6\,℃ \sim 8\,℃$，这样的温度将可能使占地球淡水量95%的两极冰帽融化10%左右，导致海平面上升 $20 \sim 140$ cm。结果，一方面会淹没许多沿海地区；另一方面因地球赤道半径增大，使地球自转一周的时间增加约 0.03 s，从而引起地球动力学效应的变化。例如，地球自转速度减慢产生一个自西向东的惯性力，破坏地层结构各板块之间力的平衡，容易使某些地区积存应力，从而加剧地震和火山爆发。我国华北地区的几次大地震，几乎都发生在地球自转减慢的时期。

3. 酸雨

当大气中 SO_2、NO_x 和氯化物等气态污染物在一定条件下，通过化学反应转变为 H_2SO_4、HNO_3 和 HCl，并附着在水滴、雪花、微粒物上随降水落下，pH 值小于 5.6 的雨都称为酸雨。酸雨对环境和人类的危害主要表现在几个方面：一是改变土壤的酸碱性，危害作物和森林生态系统。酸性物质不仅通过降雨湿性沉降，而且也可通过干性沉降于土壤，使地面直接吸收 SO_2 气体并氧化为 H_2SO_4，使土壤中钙、镁、钾等养分被淋溶，导致土壤日益酸化、贫瘠化，影响植物生长，同时酸化土壤也会影响土壤微生物活动。二是改变湖泊水库的酸度，破坏了水生生态系统。由于酸雨造成湖泊水质酸化，消灭了许多对酸敏感的水生生物种群，破坏了湖泊中的营养食物网络。当湖泊和河流等水体的 pH 值降到 5.0 以下时，鱼类生长繁殖会受到严重影响。流域内土壤和湖底河泥中有毒金属（如铝等）溶解在水中，毒害鱼类，还会引起水生生态的变化，耐酸的藻类和真菌增多，而有根植物、无脊椎动物、两栖动物等会减少。三是腐蚀材料，造成重大经济损失。酸雨对钢铁构件和建筑物有极大的腐蚀作用，特别是危害各种雕刻的历史文物，我国故宫的汉白玉也被酸雨所侵蚀。四是空气中强度提高会造成雾量增加，以至改变地区气候。此外，酸雨渗过土壤时还能将重金属带入蓄水层，使地下水受污染而危及人类健康。

（一）化石燃料对环境的影响

化石燃料由于应用量很大，其利用时对环境的影响也很大，它对环境的影响包括开采、运输、加工与使用等。

1.开采和运输时对环境的影响

开采煤过程中对环境产生的影响包括：当矿井中瓦斯处理不当时，瓦斯气体进入空气而引起的大气污染；矿下开采破坏了地壳内部原有的力学平衡，引发地质灾害，如地面沉陷等现象；煤矿开采还会使地下水和地表水遭受严重污染；露天开采还会占用大量农田、草地等。

石油和天然气不合理开采会破坏地下空间平衡，可能引发滑坡、山崩和地表沉降。石油开采时加入的各种化学试剂会对其周围环境的水体及农田造成不良影响。油井事故还会污染当地环境，破坏生态平衡。天然气开采易产生污染大气的硫化氢和污染河流的伴生盐水。

煤炭运输时会造成大气污染，油船事故将会造成严重的海洋污染等。

2.加工时对环境的影响

煤在加工过程中，不仅会产生对水体的污染，在干燥时产生的灰尘、氮氧化物、硫氧化物也会对环境形成污染，煤在气化和液化过程中还会排出大量污染物。

石油在加工、炼制过程中，产生的废气有硫氧化物、氮氧化物、一氧化碳和氨等，产生的废水中含有氯化物、悬浮物体、油脂、溶解固体、氨态氮、磷酸盐等，其污染物的数量较大。

3.使用时对环境的影响

由于目前世界上能源消耗以化石燃料为主，而化石能源除极少数用作化工原料外，大都用作燃料，其中煤炭主要用作取暖和发电，石油主要用于交通运输。

化石燃料造成的污染为燃烧时产生的各种有害气体、固体废物和余热造成的热污染。

（1）有害气体的危害

有害气体是指化石燃料燃烧时产生的硫氧化物、氮氧化物、一氧化碳、烃类和其他有机化合物等大气污染物。这些气体在大气中存在时，随着大气的环流作用向四处扩散，污染空气；另一方面，这些有害气体可以通过降水形成酸雨，污染水体和土壤。

（2）热污染

化石燃料燃烧产生大量的热能，这些热能可被利用的仅占总发热量的1/3，有近2/3的热量以余热的方式被排放到环境中去，其中有一大部分被排放到水体中，破坏水体生态系统，对水生生物的生存构成威胁。如水温升高，使藻类的繁殖速度加快，固氮藻的固氮速率增大，水体各类无机氮含量增加，水体发生富营养化，改变正常的水生生态系统。

（3）固体废物的影响

化石燃料燃烧后，产生大量固体废物会对环境产生污染。如固体废物长期堆存，不仅占用大量土地，而且会造成对水体和大气的严重污染和危害。

（二）水力发电对环境的影响

虽然水电是一种经济、清洁、可再生能源，水电本身不会对环境产生污染问题，但是水力发电需要修建水库，水库的修建如不事先充分论证，周密安排好对策，可对环境产生如下几方面的影响：

1. 自然状况

建造水库将会引起流域水文改变和库区气候改变。例如，使下游水位降低，甚至断流；由于来自上游泥沙减少，可能补偿不了海浪对河口一带的冲刷作用，使三角洲受到侵蚀；水库建成后，由于蒸发量大，气候凉爽且较稳定，降雨量减少，使水库地区的气候发生改变；巨大的水库可能引起地面沉降，甚至诱发地震。库区泥沙淤积、坡岸稳定性降低、土地盐渍化也是不可忽视的破坏因素。

2. 水质变化

由于水库中各层水的密度、温度、溶解氧的量不同，因此流入、流出水库的水在颜色、气味等物理化学性质方面会发生改变。水库深层水的水温低，而且沉积库底的有机物不能充分氧化而处于厌氧分解，水体的二氧化碳、硫化氢含量明显增强，影响大气质量。

3. 生物方面

某些水库由于修建的地理位置和季节影响，会改变水库原来位置的生态系统状况。例如，上游原本是陆地生态系统，建成水库后则变为水域生态系统，下游则发生相反变化。生态系统的急剧改变，势必破坏原有的生态平衡，将明显影响原有的生物类群。

4. 社会经济方面

建造大型水库可获得巨大的社会经济效益，但同时也会产生其他方面的问题。例如，居民需要搬迁重新定居，自然景观、文物古迹会被湮没或破坏，等等。如果计划不周、措施不力，将会引起一系列的社会经济问题。

（三）核能对环境的影响

核能源是一种清洁、安全、廉价的能源。随着化石燃料的日益匮乏和使用中对环境的严重污染，核能在未来能源应用上占有重要的地位。目前，核能在世界一次能源消费构成中所占的比例还不太高。随着人口的激增与工业生产的飞速发展，核能以其他能源不可比拟的优越性，被广泛地应用。

核能主要应用于发电。核能发电对环境的影响主要是原子核在裂变反应和衰变反应中形成很强的放射性裂变产物。核能发电对环境的影响主要来自以下三个方面：

1. 核反应堆安全问题

核反应堆主要部分是核燃料、慢化剂、冷却剂、反射层、屏蔽层和控制棒等。核电站所使用的是低浓铀，组装疏松，总质量远未达到核爆炸的临界值，而且有调控装置，因此不会产生核爆炸那样大的危害。但是，如果冷却系统失灵，会使反应堆芯温度不断升高，以至堆芯自身熔融，造成放射性物质外溢，此时，如果没有壳密闭就容易造成严重危害。

2. 慢性辐射的影响问题

实际上，生物圈总是在受到低水平电离辐射。核电站对周围居民的辐射剂量，只相当于天然辐射剂量的 1/5 ~ 1/6，比一次胸胃 X 射线透视所受剂量少 11 倍。核电站每天对人的辐射剂量比每天看半小时电视的辐射剂量还小，因此，这种慢性辐射对人体的影响很小。但反应堆和核处理车间通过水或空气，释放出的放射性物质可在人体内各器官产生富集，对人体产生的危害应引起足够重视。

3. 放射性废物的环境问题

核电的放射性废物指核反应堆的核废料，如果这些核废料处理不好，产生泄漏，将会严重污染环境，对人类健康构成严重的危害。

核电具有潜在的危险性，但是技术的进步、安全的设计、严格的管理以及国际国内原子能安全机构的检查和监督，可以把这种潜在的危险降低到最小限度。

三、新能源开发与利用

随着经济的不断发展，能源消耗量迅速增大，使得能源问题越来越成为经济发展的突出问题。煤和石油等能源的开发利用越多，地球上储存的资源就逐渐减少，同时也带来严重的环境污染问题。因此，人们正在积极寻找各种方法和措施，大力探索和开发各种新型清洁能源。

（一）新型能源及清洁能源

新型能源是指近期和将来被广泛开发和利用的能源，清洁能源是指能源在使用过程中，不会对环境产生污染的能源。这些能源的使用，不仅会缓解目前的能源危机状况，更主要是减轻环境的压力。在这些新能源及清洁能源中，包含有太阳能、风能、潮汐能、生物能、水能、海洋能，以及氢能和地热能等，这些能源的核心为太阳能。

（二）新型能源利用与开发

1. 太阳能

热是能的一种形式，太阳光能使被照射的物体发热，证明其具有能量。这种能量来自太阳辐射，故称为"太阳辐射能"，它是地球的总能源，也是唯一的既无污染又可再生的天然能源。据估计，太阳每秒钟放射的能量相当于 3.75×10^{26}W 的能量，然而仅有 $1/（22 \times 10^8）$ 的能量到达地球大气最高层，还有一部分去加热空气和被大气反射而消耗掉。即使这样，每秒钟到达地面上的能量还是高达 8.0×10^{13}kW，相当于 5.5×10^{10}t 煤的能量。直接利用太阳能，目前主要有 3 种方法，即将太阳能转变成热能、电能及化学能。

（1）太阳能直接转变成热能

太阳能的热利用是通过反射、吸收或其他方式收集太阳辐射能，使之转化为热能并加以利用。我国推广应用的太阳能热利用项目主要有太阳能灶、太阳能热水器、太阳能温室、太阳能干燥、太阳能采暖等。

（2）太阳能转变成电能

太阳能转变成电能的方法很多。其中应用较普遍的就是太阳能电池，它是利用光电效应将太阳能直接转换成电能的装置。太阳能电池有多种，主要有硅电池、硫镉电池、碲化镓电池和砷化镓—砷酸铅电池等。现在已广泛应用于空间飞行器中的太阳能电池是硅电池，它的转化效率高，一般可达13% ~ 20%，在宇宙空间（如卫星）中的转换效率高达35%，它既可作为小型电源使用，又可建成大面积大功率的太阳能电站。

（3）太阳能直接转变成化学能

植物的光合作用就是把太阳能直接转换成化学能的过程。植物光合作用将太阳能转换成自身化学能效率很低，约为千分之几。为了提高太阳能的利用率，已经生产了一种使用人工"能量栽培场"的方法，即利用某些藻类催其生长，而将太阳能转换成藻类的储存热能以用来做燃料（通过处理可制成木炭、煤气、焦油和甲烷等），这种方法利用太阳能的效率可达3%。另一种是光化学反应，利用光照下某些化学反应可以吸收光子，从而把辐射能转化成化学能，此方法现今尚处于研究试验阶段。

2. 沼气

沼气是由生物能源转变而来，沼气的能量系统来自太阳的光和热。植物在生长过程中吸收太阳能储存在体内，植物死亡后在微生物的作用下，有机质发酵分解，产生蕴藏大量能量的沼气。沼气的组成为：55% ~ 65%CH_4，35% ~ 45%CO_2，0 ~ 3%N_2，0 ~ 1%H_2，0 ~ 1%O_2，0 ~ 1%H_2S。沼气具有较高的热值，可做燃料烧饭、照明，也可以驱动内燃机和发电机。1m³ 沼气约相当于1.2 kg煤或0.7 kg汽油，可供3 t卡车行驶2.8 km。用生物质能产生沼气，既可提高热能利用率，又可充分利用不能直接用于燃烧的有机物中所含的能量，因此，发展沼气是解决农村能源问题的有效途径。在城市，也可利用有机废物、生活污水生产沼气，许多国家很早就利用城市污水处理厂制取沼气，并作为动力能源使用。发展沼气有利于环境保护，原因在于：一是沼气是较干净的再生能源，燃烧后的产物是 CO_2 和水，不污染空气；二是垃圾、粪便等有机废物及作物秸秆是产生沼气的原料，投入沼气池后，既改善了环境卫生，又使蚊蝇失去了滋生的条件，病菌、虫卵经沼气发酵后即被杀死，减少了疾病的传播；三是生产沼气的废物是很好的肥料，既有较高的肥力，又不危害人体健康，同时减少了化肥和农药施用量，降低了土壤污染，间接地保护了环境。

3. 地热能

地球内部的热量主要是由于放射性分解以及地球内部物质分异时产生的能量。

在地壳中，温度随着深度增加而均衡地增加，在100 km深处为1 000℃ ~ 1 500℃。作为热源的岩浆，浸入地壳某处并加热不透水的结晶岩浆，使其上面的地下水升温到500℃左右，但由于顶岩封盖压力很高，所以水蒸气仍处于液体状态，需要打井才能喷出地面。

通常地热能源以其在地下热储中存在的不同形式分为蒸汽型、地压型、干热岩型、热水型和岩浆型五类。目前能被人类开发利用的主要是地热蒸汽和地热水两大类。其中干蒸汽利用最好，温度超过 150℃以上，属于高温地热田，可直接用于发电，但其数量也最少。湿蒸汽田储量大约是干蒸汽田的 20 倍，温度在 90℃ ~ 150℃之间，属于中温地热田。湿蒸汽在使用之前必须预先除去其中的热水，所以在发电应用技术上较困难。热水储量最大，温度一般在 90℃以下，属于低温地热田，可直接用于取暖或供热，但用于发电较困难。

我国是一个地热能源十分丰富的国家，据统计，现已查明的温泉和热水点已接近 2 500 处。我国地下热水资源几乎遍布全国各地，温泉群和温泉点温度大多在 60℃以上，个别地方达 100℃ ~ 140℃。我国在开发和利用地热能源的同时，注意了地热的综合利用工作，强调地热能源的"能源"和"物质"相结合开发利用，以防止环境污染和生态系统破坏。

4. 氢能

氢能又叫氢燃料，是一种清洁能源。氢作为燃料其优越性很多，在燃烧时发热量很大，相当于同重量含碳燃料的 4 倍，而且水可以作为氢的廉价原料，燃烧后的生成物又是水，可循环往复，对环境无污染，便于运输和储藏。若以氢作为汽车、喷气飞机等交通工具的燃料和炼铁的还原剂，可使环境质量极大地改善。目前，制取氢的方法主要是电解水法，电解水法将直接消耗大量电能，每生产 $14m^3$ 的氢要消耗 3000W 电能。由于效率低，投资和运行费用高，目前大量电解水制取氢的方法尚未成熟。制取氢还有热化学法、直接分解法等，均需在高温条件下完成水分解，消耗大量的热能，很不经济。氢是一种易爆物质，且无臭无味，燃烧时几乎不见火苗，这些不安全特性使氢的使用受到限制。

5. 潮汐能

潮汐是一种自然现象，是在月球和太阳引潮力作用下发生的海水周期性涨落运动。一般情况下，每昼夜有两次涨落，一次在白天，称潮，一次在晚上，称汐，合起来即为潮汐。潮汐能的利用形式目前主要有以下三个方面：

（1）潮汐发电

在海湾或潮汐河口建筑闸坝，形成水库，并在其旁侧安装水电机组。涨潮时海水由海洋流入水库，退潮时水库水位比海洋水位高，从而形成库内潮位差。利用潮汐涨落潮差的能量，推动水轮发电机组发电。据估计，世界潮汐能源总量不到水力资源的 1%，世界第一座大型潮汐发电站建立于法国拉朗斯，其发电能力为 2.4×10^5 kW。

（2）潮汐磨

在港湾筑坝，利用潮汐涨落水位差作为原动力，推动水轮机旋转，带动石磨进行粮食和其他农副产品加工。

（3）潮汐水轮泵

在潮流界以上的潮区界河段，有潮水顶托的江河淡水，江河潮差可达 2 ~ 3 m，江边还有一定量的河网港浦作为淡水蓄能水库，因此可利用这些条件建泵站来解决灌溉问题。

6. 风能

　　风能利用就是把自然界风的能量经过一定的转换器，转换成有用的能量，这种转换器为风力机，它以风作为能源，将风力转换为机械能、电能和热能等。我国风能利用主要有风力发电、风力提水和风帆助航等几种形式。风作为一种自然能源，是一种无污染、廉价、取之不尽、用之不竭的能源。在整个大气中，总风能估计是 3.0×10^{14}kW，其中约 1/4 在陆地上空，地球上全年的风能约等于 1.0×10^{12}t 标准煤的发电量。风具有非经常性和定向性，并具有一定的平均风速才能利用，因而在不同地区充分利用风力资源作为补充能源有一定意义。

第七章 自然资源和人类关系

第一节 资源开发中的人地关系的理论

人与自然关系反映的是人类文明与自然演化的相互作用，是一种可变的量，是一个不稳定的、非线性的、远离平衡状态的耗散结构。人类的生存和发展依赖于自然，同时也影响着自然环境的结构、功能与演化过程。人与自然环境的关系体现在两个方面：一是人类对自然环境的影响与作用，包括从自然界索取自然资源与空间，享受生态系统提供的各种服务功能，向环境排放各种废弃物；二是自然环境对人类的影响与反作用，包括资源环境对人类生存发展的制约，自然灾害、环境污染与生态退化对人类的负面影响。随着人类社会生产力的不断发展，人类开发利用自然的能力不断提高，人与自然的关系也不断遇到新的挑战。同时，人类在自然的"报复"中不断学习，积累经验，不断深化对自然规律的认识。在不同的历史时期，人与自然关系所面临的问题不同，人与自然和谐的内涵也不尽相同，和谐与否以及如何实现和谐，取决于人类当时的认识水平和生产力水平。

人地关系的研究是一项跨学科的大课题，其研究内容是多方面的，在特定的时间条件下，一是要明确研究的目标是协调人地关系，使之和谐化，即把优化人地关系的地域系统落实到区域的可持续发展上，这是研究的应用意义；二是要明确研究的重点是人地关系的地域系统，研究这一系统的形成过程、结构特点和发展趋向，从而奠定自然资源学、地理学理论研究的基础，这是研究的学术意义；三是要运用有效的研究方法，采用从定性分析到定量计算的综合集成方法，走向推理逻辑化、体系严密化和理论模式化的道路。在一个多世纪的人地关系研究过程中，主要有以下数种观点。

一、环境决定论

地理环境是人类社会发展的决定性因素，以自然过程的作用来解释社会和经济发展的进程，从而归结于地理环境决定政治体制。这种观点特别强调环境的统治地位，曾广泛流行于社会学、哲学、地理学、历史学的研究中。地理学家和旅行家对地球表面有了一个整体的认识，对各地的地理环境差异有了直接的体验，从而为他们更深入地研究地理环境提供了帮助。

二、可能性论

作为对环境决定论的批判，出现了许多新的思潮。在 19 世纪末，费朗兹·波兹（Franz borz）率先提出了人地关系中的可能性论，即所有的自然环境条件只是给人类活动提供了一个可能利用的范围，在此范围内人们可以自由地选取和利用这些环境条件。随着技术的进步和社会生产力水平的提高，人们对环境条件利用的范围也会不断扩大。然而，持可能性论的人也毫不犹豫地承认，自然环境在某种条件下所设的限制，使得人们不可能在没有应力或威胁的条件下超越它。因此，人地关系论中的可能性论包括了两种含义：一是所有的自然环境条件给人类活动提供了一个可能利用的范围；二是人类的活动又在某种限度范围内改变自然环境条件，从而使可能利用的范围发生某种程度的变化。

可能性论给人们一种很直观的感觉，即人类在同一地理环境中都具有相等的机遇。但是在人同自然的关系中，从来没有在同一自然环境中所有的人有相同机遇的可能。每一种类型的人，都有自己特定的利用方式或感受到不同的限制。不同类的人对同一的自然条件会有不同的感应，并能创造出截然不同的文化景象。因此，当人们在地理环境提供给人类利用的可能性范围内进行自由选择时，所谓的自由是被假定的。可能性论下的自然环境只是一种静态的因素，而人类的文化传统、过去的经验等却具有动态的特性，并由这种动态的综合决定人如何利用自然地理环境。

三、或然论

法国地理学家维达尔·白兰士（Paul Vidal de la Blache）认为，自然为人类的居住规定了界限，并提供了可能性，但是人们对这些条件的反应或适应则根据他们自己的传统和生活方式而不同。人类生活方式不完全是环境统治的产物，而是各种因素（社会的、历史的和心理的）的复合体。同样的环境可以产生不同的生活方式，环境包含许多可能性，对它们的利用完全取决于人类的选择能力。让·白吕纳（Jean.Brunhes）进一步指出：自然是固定的，人文是无定的，两者之间的关系常随时代而变化。法国历史学家吕西安·费弗尔（Lucien Febvre）称这种理论为"或然论"，并用一句常被引用的话来表达之：世界并无必然，到处都存在着或然。人类作为机遇的主人，正是利用机遇的评判员。

白兰士指出，同样的环境对于不同的生活方式的人民具有不同的意义，生活方式是选择自然提供的可能性的基本因素。可能性意味着可能的选择，而选择则受到生活方式的制约。至此，自然与人类社会之间一一对应的决定关系被打破了，人类的意志占据了重要的地位。法国地理学家阿尔伯特·德芒戎（Albert Demangeon）阐述了法国人文地理学传统的精要：人文地理学中的因果关系是非常复杂的。具有意志和主动性的人类自身，就是扰动自然秩序的一个原因。例如，岛屿居民不一定向往航海的生活。航海生活常常起源于文明的接触。

在美国产生并流行的"地理调节论"可以视为白兰士或然论的孪生兄弟。地理学家哈兰·巴罗斯（Harlan Barros）出，地理学应当是致力于研究人类的生态，或人类对自然环境的适应。巴罗斯所用的"适应"，不是由于自然环境的原因，而是人们对自然环境的选择。但建立在"适应"之上的选择无疑是被动的，因而调节论仍然渗透着许多决定论的观点。人类按照其文化的标准，对自然环境施加影响，并把它们改变成文化景观，人类是造成景观的最后一种力量。相同的自然环境条件，对于持不同态度、抱不同利用目的和具有不同技术水平的人来讲，会具有完全不同的意义。在农业地区内，地形对于不同的耕作方式、不同的技术水平和不同的土地利用形式具有完全不同的意义。一种文化的群体会把他们的居住点集中在平坦的高地上，而另一种文化的居民就可能集居在河谷内。

或然论的人地关系学说，虽然侧重点各有不同，但它们在思想方法上有一个共同的特点，即从多元的角度来分析人类社会文化状态形成与地理环境的关系。"生活方式""文化"这些概念，都有着非常丰富的内涵，这也反映出地理学家的思考已远远超出了"地"的范围。或然论对人地关系的解释是不彻底的，它提出一个"心理因素"来作为地理环境与人类社会之间的中介。白吕纳认为，心理因素是地理事实的源泉，是人类与自然的媒介和一切行为的指导者，心理因素是随不同社会和时代而变迁的，人们可以按心理的动力在同一自然环境内不断创造出不同的人生事实。或然论仍旧未摆脱把人地关系看成是因果链的思想怪圈。

可能性论者所阐述的人地关系的哲学基础，使人们有一种很直观的感觉，即所有的人似乎都具有相等的机遇。但是在人同自然的关系中，同一自然环境中不同的人所能感觉到的活动的可能性范围从来都不是等同的。

每一种类型的人，都有自己特定的利用自然环境的方式或感受到自然环境的不同的限制。当人们在地理环境提供的人类利用的可能性范围内进行自由选择时，在可能性论者眼中的自然环境只被看作一种静态的因素，而人类的文化传统、过去的经验等却具有动态的特征，并由这种动态的综合决定人如何利用自然环境。因此持或然论的学者们强调，当自然环境施加某种限制，以影响人类利用自然环境时，这种实际的利用更会取决于人（一群人或一个集团的人）的文化背景和人生价值观念的差异。在这种论点中，文化背景被放到一个占统治地位的基础之上。

四、人类生态学观点

人类生态学是应用生态学基本原理研究人类及其活动与自然和社会环境之间相互关系的科学。它着重研究人口、资源与环境三者之间的平衡关系，涉及人口动态、食物和能源供应、人类与环境的相互作用以及人类社会经济活动所产生的生态环境问题，并试图提出解决上述问题的途径与措施。人地关系的人类生态学观点认为，人类所需要的自然资源及自然资源的开发利用应当被放在人地关系研究的中心位置上。在这种学说中所采用的基本概念、术语和方法，多取自生态学理论。它既不同意自然环境一方，也不同意人类文化一方，而是作为人与环境之间相互作用的控制者。按照这种论点，人类生理上的、文化上的、行为上的调节和顺应，都应当保证对资源的有效利用，为此人们对资源的开发利用应当有适宜的对策。倘若假定人也像其他生物一样服从于相同的自然规律，那么在该学说中使用生态学和生态系统中的术语和理论也并不是不可取的。但是这一理论过分强调了人与自然界中动植物的相同功能，忽略了人不同于其他生物的一面，因而使该理论失之偏颇。

五、人类决定论

由于在特定的时间和空间内人可以生存在正常情况下难以想象的地方，即具有生存于自然限制之外的能力，于是导致了人地关系研究中这一论点的产生。人类决定论者将人作为环境的主宰，他们始终认为：应用人类的技术、才能和智慧，任何潜在的环境威胁和限制均可被克服。人们举出许多事例来证明这种理论的正确性。例如，在沙漠中可通过引水灌溉改变严酷环境，变沙漠这一不毛之地为生机盎然的绿洲；在夏天过热时可以应用空气调节制冷，冬天过冷时又可利用房间取暖，从而使人不受酷暑严寒之苦；沼泽地可排水、疏干，改造为农田或牧场；为便利山区交通，可开山打洞等。持人类决定论观点的人们认为，科学和技术的发展与进步，能解决在环境中所遇到的所有问题。而在事实上情况并非如此，尤其是当人们把这种论点引向极端时，就常常会得出许多荒诞不经的结论。

六、人地协调发展论

这一论点强调了人与地理环境的相互影响和相互作用，人类活动对地理环境的结构和功能产生一定的影响，环境对人类的生存发展也有一定的反馈作用。人类与地理环境相互影响的程度和性质，随着人类历史的发展而变化。人类社会早期的采集和渔猎活动，对地理环境的影响程度有限，这属于本能型影响。这时，环境对人类生存发展的反馈作用也不明显。农牧业发展后，人类不仅更广泛地利用自然资源，而且对环境有了较为深刻的影响。人们培育或驯化一系列作物和家禽家畜，把大片森林、草原、河滩和沼泽垦为耕地，建立了人工灌溉网和人工水体，开采出大量矿产资源等，从而增强了对地理环境的影响程度，这属于生产型影响。在这一阶段，环境对人类生存发展的反馈作用也日渐明显起来了。产业革命以来，随着科学技术的发展，人类开发利用自然资源的规模越来越大，不仅把地壳中的矿产大量地转移到地表人类环境，而且制造出许多自然界所没有的人工合成化学物质，人类对地理环境的利用、改造及其产生的影响都达到空前规模，物质文明也提高到新的阶段，这属于智慧型影响。特别是20世纪60年代以来的工业化、城市化及现代科学技术的迅猛发展，给环境造成的影响更加广泛和深刻，其中包括许多不良的环境后果。人们普遍意识到，人类活动导致的环境变化，潜伏着对人类生存的巨大威胁，保护环境成为举世瞩目的问题。人类与自然生态系统的和谐与发展的研究正成为地理学、自然资源学和环境科学发展的前沿领域。地球系统科学是可持续发展战略的理论基础，地球系统科学研究工作的目标和中心任务是揭示"人与自然相互作用所应采取的对策"，主张开展跨人文和自然科学的综合研究。

第二节 人类活动与地理环境

一、人类活动对地理环境的影响

人类活动对自然环境的影响主要表现在以下几方面。

/147/

（一）对地理系统中能量流的改变

地理系统中的能量流是指能量在地理系统中流动的过程，太阳辐射能是自然地理系统循环运动的主要驱动力，植物作为地理系统的生产者，其光合作用固定了约 1% 的太阳辐射能，进而转变为植物体内的化学能。生物圈的初级生产总量约 4.24×10^{21} J/a，其中海洋生产者的总产量约 1.83×10^{21} J/a，陆地的约为 2.41×10^{21} J/a。总产量的一半以上被植物的呼吸作用所消耗，其余称为净初级产量。各级消费者之间的能量利用率平均为 10% 左右，即每经过食物链的一个环节，能量的净转移率平均只有 1/10 左右。只有当生态系统生产的能量与消耗的能量大致相等时，生态系统的结构才能维持相对稳定状态；否则，生态系统的结构就会发生变化。食草动物只能利用植物能量中的一小部分，被摄食的植物大部分被消化，其余部分随粪尿排出体外；被消化的一部分能量又被呼吸作用消耗，剩余部分才用于构成食草动物自身。食肉动物对食草动物能量的利用也大致如此。动物的尸体及排出物经物理或生物的作用，变成碎屑，碎屑为碎食性生物所利用，并流经腐食食物链而到达捕食者体内，这就是生态系统的能量流基本过程。此过程说明：①从太阳辐射能转变为植物的化学能，然后通过食物链，使能量在各级消费者之间流动构成能量流；②能量流是单向性的，每经过食物链的一个环节，能量都剧烈地减少一次，食物链越长，散失能量越多；③由于能量在流动中的层层递减，所以必须不断补充太阳辐射能，生态系统才能维持正常功能。

人不可能大量地改变整个地理系统中所输入的能量，因为除核能与地热能之外，绝大部分都来自太阳。但是，人可以通过调整地理系统的状态，或控制系统内某个关键要素，改变能量流的方向和速率。例如，人们通过砍伐森林、开垦农田、植树种草、修建水库、建设城市等活动，改变了植物对太阳辐射能的吸收与利用；改变地表状态，从而引起地表反射率的变化，导致地表能量收入的相应变化。又如，人们所进行的工业生产活动，会向大气发送各种化学成分，尤其是二氧化碳气体等温室气体，可以造成显著的温室效应，阻挡长波辐射的逃逸，从而起到改变能量流的效果。

（二）对地理系统中物质流的改变

人类在日常生活和生产活动中，时刻在改变着地理系统中的物质流。例如，人类对于水流的控制，就是改变物质流的一项重要内容。人们拦河筑坝、修建水库，把原来的线状水体改变成为一个具有广阔水面的蓄水体，使大片陆地变成水面。一方面，地表覆盖物的变化会引起区域能量输入的变化；另一方面，这种活动也引起了物质流的改变。原来天然的径流状态受到人为的控制，主要是径流的时程分配被改变了。大规模地跨流域调水也是改变物质流的典型例证。当人们引水灌溉时，在大面积灌区由于水分蒸发会引起降水量的增加。此外，矿产资源的开发利用以及工业生产活动中三废的排放等，都是改变地理系统物质流的表现。

（三）对地球引力的抗拒或利用

这是人类活动对地理环境所产生的又一效应。在自然地理过程中，尤其是在涉及地表形态的地貌过程中，地球的引力始终被视为一个十分重要的因素。因为地球上一切运动的物质，无论是固态的岩石、土壤，还是液态的水及气态的大气，都无一例外地受到地球引力的作用。因此，地球引力决定了自然资源的空间分布格局。人们对自然资源的开发利用总要受到地球引力的影响，而同时也是对地球引力的抗拒或利用。城市建设、修筑大坝、跨流域调水、油气输送等，人们都在抗拒或利用地球引力，不可避免地引起地理环境的变化。

1.跨流域调水

跨流域调水古已有之，2500多年前我国的大运河，开跨流域调水的先河。国外最早的跨流域调水工程可以追溯到公元前2400年前的吉埃及时代，从尼罗河引水灌溉至埃塞俄比亚高原南部。公元前486年修建的引江（长江）入淮的邗沟工程，是中国跨流域调水工程的开创性工程。始建于2200多年前的都江堰引水工程引水灌溉成都平原，成就了四川"天府之国"的美誉。20世纪50年代以后，国外提出了许多调水规划。据不完全统计，全球已建、在建或拟建的大型跨流域调水工程有160多项，主要分布在24个国家。印度的恒河、埃及的尼罗河、南美的亚马孙河、北美的密西西比河都进行了跨流域调水工程的建设。

美国已建成的跨流域调水工程有10多项，著名工程有联邦中央河谷工程、科罗拉多水道、加利福尼亚北水南调工程等，这些工程年调水总量达200多亿m³。通过调水工程，不仅加利福尼亚许多城市的生活和工业用水得到了保证，而且在干旱河谷地区发展灌溉面积134万hm²，使加州发展成为美国人口最多、灌溉面积最大、粮食产量最高的一个州，洛杉矶市跃升为美国第三大城市。

苏联已建的大型调水工程达15项之多，年调水量达480多亿m³，主要用于农田灌溉。

澳大利亚为解决内陆的干旱缺水，修建了雪山工程。该工程位于澳大利亚东南部，通过大坝水库和山涧隧道网，在雪山山脉的东坡建库蓄水，通过自流或抽水，经隧道或明渠，将东坡斯诺伊河南流入海的一部分水量引向西坡的需水地区。沿途利用落差（总落差760m）发电供应首都堪培拉及墨尔本、悉尼等城市。为调水建造的16座水库，点缀于绿树雪山之间，成为澳大利亚重要的旅游资源。

巴基斯坦从西部向东部调水，灌溉农田153多万hm²，使巴基斯坦由原来的粮食进口国变成粮食出口国。

伊拉克的底格里斯—塞尔萨尔湖—幼发拉底调水工程，不仅具有防洪、灌溉的功能，还有效地控制了西部沙漠沙丘的推移。

埃及西水东调工程是从尼罗河三角洲地区，引尼罗河水向东穿过苏伊士运河，到达东部干旱的西奈半岛。通过调水，苏伊士运河两岸将新增耕地25.33万hm²，为150万人口提供生活用水，缓解了粮食的短缺状况，促进了当地的全面发展和繁荣。

跨流域调水会诱发一系列生态环境问题。在水量调出区的下游及河口地区，因下游流量减少会引起海水倒灌，水质恶化，破坏下游及河口区的生态环境。如苏联自涅瓦河调水，引起斯维尔河流量减少，使拉多加湖水盐含量、矿化度、生物性堆积物增加，水质恶化。

调水会刺激调入地区不断增加耗水量，因而水的需求量不断增加。粗放的灌溉方法和掠夺式的农业经营，会造成耕地盐碱化，使土壤生产力下降。

调水工程的距离越长、规模越大，对生态与环境的影响就越加复杂化、综合化。如北美水电联盟计划，要淹没数千千米的河谷地区，其中有些是北美最好的野生资源和风景地段，而且还牵涉国际关系问题。一些调水工程改变了河流流向，产生"逆向河流"，将导致更加严重的生态环境问题。

2. 油气输送

为了快速便捷、安全地进行石油与天然气的运输，世界各产油国纷纷建立了油气输送管道系统。苏联在 20 世纪 50 ~ 70 年代就建立了纵横交错的油气输送管网系统，形成了油气生产、输送和供应的完整体系，成为苏联当时控制东欧国家、调节与欧洲关系的重要工具。

（1）原油管道运输系统

目前俄罗斯原油大多通过管道出口，供向欧洲，主要买家是德国、意大利、荷兰、波兰和乌克兰。建立了波罗的海管道运输系统、友谊管道系统、萨马拉—新罗西斯克管道、里海财团管道、中亚方向石油管道系统和远东—太平洋石油管道系统。

①波罗的海管道运输系统

俄罗斯建设波罗的海管道运输系统，管道东起雅罗斯拉夫尔，西到波罗的海边的普里摩尔斯克港，长 709km，将俄罗斯季曼—伯朝拉地区、西西伯利亚、乌拉尔和伏尔加河沿岸等地区生产的石油运至列宁格勒州的普里摩尔斯克港，然后再用油轮运至欧洲主要的石油贸易和加工中心。

②友谊管道系统

俄罗斯原油向欧洲出口主要是通过友谊管道系统。苏联、捷克斯洛伐克、匈牙利、波兰、民主德国等经互会成员签署了共同建设友谊管道的协议，其主干线从苏联中部伏尔加河沿岸的萨马拉州开始向西延伸，途经 8 个州，最终从布良斯克州进入白俄罗斯。主干线在白俄罗斯的莫济廖夫市形成北部和南部支线，北部支线从白俄罗斯延伸至波兰和德国，南部支线从白俄罗斯经乌克兰延伸至斯洛伐克、捷克和匈牙利，管道单线长度近 8 900km。此外，该输油管道从布良斯克州的乌涅恰市还分出一条经过白俄罗斯通往立陶宛和拉脱维亚的支线。随着俄罗斯石油产量的增加，友谊管道的运输量也在不断增加。

③萨马拉—新罗西斯克管道

该管道主要是将萨马拉方向来的石油通过国内管网输至俄罗斯在黑海的主要港口新罗西斯克，然后装船经黑海和土耳其海峡外运。

④里海财团管道

连接哈萨克斯坦的田吉兹油田和俄罗斯的新罗西斯克港，通过黑海出口俄罗斯和哈萨克斯坦的原油。管道全长 1 580km，年输油能力 2 800 万 t。

⑤中亚方向石油管道系统

该管道主要是向中亚地区的炼厂供应俄罗斯原油。管道从俄罗斯的乌斯吉—巴雷克，经鄂木斯克到达哈萨克斯坦的巴甫洛达尔炼厂、奇姆肯特炼厂，最终到达土库曼斯坦的查尔朱炼厂。

⑥远东—太平洋石油管道系统

沿泰舍特—斯科沃罗季诺—纳霍尔卡分段建设东西伯利亚—太平洋管道系统。该管道线路全长约 4 284km，建设投资约 115 亿美元（不含港口建设投资），近期规划年输油量为 3 000 万 t，远期年输油量将达到 8 000 万 t。

（2）天然气管道运输系统

俄罗斯天然气工业股份公司是俄天然气系统的自然垄断企业，其天然气产量占全国天然气总产量的 86%，天然气拥有量和产量均居世界首位。该公司拥有世界最长的天然气运输系统，包括约 1.5 万 km 的输气管道干线（约占世界输气管道总长的 15%）。主要有以下管道：

① Transgas 管道

即俄罗斯经乌克兰境内输往欧盟的天然气管道。是俄罗斯通往西欧的主要输气管道，经乌克兰进入斯洛伐克后分为两条支线，一条向西经捷克进入德国，一条向西南进入奥地利向西欧延伸。

②亚马尔—欧洲输气管道

该管道计划将俄罗斯西西伯利亚亚马尔半岛的天然气经白俄罗斯和波兰运送到德国和其他欧洲国家，管道总长 7 000 多 km。

③蓝流管道

俄罗斯与土耳其签订了政府间协议，在该协议框架下，俄罗斯天然气工业股份公司与土耳其 BOTAS 公司签订了商业供气合同，总供气量达 3 650 亿 m³，供气时间为 25 年。该管道全长 1 213km，项目总投资 32 亿美元。

④俄罗斯—北欧天然气管道

俄罗斯天然气工业股份公司与德国巴斯夫公司和 EON 能源公司签署了共同建设北欧输气管道的原则协议。根据协议，俄德双方建立了北欧输气管道建设合资公司。管道气源为位于秋明州亚马尔—涅涅茨自治区的南俄罗斯气田，未来还将把亚马尔、奥普斯克—塔佐夫湾和什托克曼诺夫气田的天然气作为补充气源。管道全长 2 106km。管道线路始自俄罗斯巴伦支海的格利亚佐维茨，在俄北方的科拉半岛登陆，经摩尔曼斯克、白海向南延伸，并在梅德韦日耶戈尔斯克加压站分为东西两支线：东线与亚马尔—欧洲天然气管道的沃洛格达至塔林、里加和维尔纽斯等波罗的海三国（立陶宛、拉脱维亚和爱沙尼亚）的支线相交于白俄罗斯的沃尔科维斯克；西线经拉多加湖畔至维堡经波尔托瓦亚湾入芬兰湾，计划经波罗的海到达德国北部格赖夫斯瓦尔德，将俄的输气管网与西欧的输气管网直接连在一起。管道建成后，俄罗斯每年向德国输送 550 亿 m³ 天然气。

⑤中俄天然气管道

中俄之间的天然气管道目前主要有四个在谈项目：第一，西线天然气管道项目。根据这份文件，俄计划修建东、西两条通往中国的天然气管道。西线管道（也称"阿尔泰管道"）设计全长 2 800km，将运送西西伯利亚开采的天然气，由俄罗斯阿尔泰出境，进入中国新疆。第二，东线天然气管道项目。将从萨哈林地区经哈巴罗夫斯克（伯力）进入中国境内的天然气管道项目确定为"东线"。上述两条管道总输气量为每年 680 亿 m³。第三，中俄韩天然气管道项目。管道起点为俄罗斯科维克金气田，从满洲里进入中国境内，并经黄海到达韩国。管道全长近 5 000km，年输气规模 300 亿 m³。第四，萨哈天然气管道项目。俄罗斯萨哈石油天然气股份公司与中石油完成了该管道项目的可行性研究报告。管道起点为俄罗斯恰扬金气田，从满洲里或黑河进入中国境内，经哈尔滨到达沈阳，年输气规模 150 ~ 200 亿 m³。

我国的"西气东输"管道和中亚天然气管道连接，使我国的天然气输送管道进一步延伸。中亚天然气管道起于土库曼斯坦阿姆河右岸，蜿蜒 10 896km，先往东北方向穿越土库曼斯坦、乌兹别克斯坦和哈萨克斯坦三国，再经中国新疆的霍尔果斯口岸，连接"西气东输"二线，沿着东南方向一路贯通新疆、甘肃、宁夏、陕西、河南、湖北、湖南、江西、广东、广西、浙江、上海、江苏、安徽 14 个省（自治区、直辖市），预计每年输送 300 亿 m³。

（四）改变生物物质的分布

生物物质是人类赖以生存的基础，尤其是绿色植物中的农作物，更是人们不可须臾离开的东西。据考证，玉米原产于南美洲，7000 年前美洲的印第安人就已经开始种植玉米。由于玉米适合旱地种植，因此西欧殖民者侵入美洲后将玉米种子带回欧洲，之后在亚洲和欧洲被广泛种植。大约在 16 世纪中期，中国开始引进玉米，18 世纪又传到印度。到目前为止，世界各大洲均有玉米种植，其中北美洲和中美洲的玉米种植面积最大。核桃在我国已有 2000 多年的栽培历史。公元前 3 世纪，晋代张华所著《博物志》和南北朝时期的陶弘景所著《名医别录》等古籍中云："此果出羌胡，汉时张骞使西域始得种还，植之秦中，渐及东土，故名之。""羌胡"，即今青海、新疆一带。因此，我国西北是核桃的原产地之一。核桃被张骞引入中原后，遍及全国各地。葡萄原产于欧洲、西亚和北非一带。据考古资料，最早栽培葡萄的地区是小亚细亚里海和黑海之间及其南岸地区。大约在 7000 年以前，南高加索、中亚细亚、叙利亚、伊拉克等地区也开始了葡萄的栽培。欧洲最早开始种植葡萄并进行葡萄酒酿造的国家是希腊。中国栽培葡萄已有 2000 多年历史。

随着世界人口的增长，粮食问题越来越成为一个严重的问题，人们不得不花费巨大的气力，要么在扩大种植面上，要么在提高单产上，力争使粮食的增长适应人口增长的需要。这样一种胁迫，就成为改变自然植被的动力，并且自 1 万年以前开始的农业革命以来，这种胁迫都一直在起作用。此外，人们对野生生物的引种、驯化等，也都属于改变生物物质分布这一范畴。

（五）加快或减缓自然过程的速率

在人类出现很久以前，许多自然过程都在自发地进行着。人类出现之后，人类的活动会加快或减缓这些自然过程的速率。以土壤侵蚀为例，自然侵蚀的背景值为每年 12 ~ 1500m³/km²，实际每年损失的土壤达 1 500 ~ 85 000m³/hm²，后者是前者的数十倍乃至上百倍。具有密闭草木覆盖的土壤每年损失土壤为 0.85t/km²，可是土地一旦被人们开垦后，这个数字一下子上升到83.55t/km²，后者是前者的近 100 倍。这两个例子都说明了一个问题，即人类活动可以加快自然过程的速率。当然，也有由于人类活动而减缓了自然过程速率的例子。比如人们引水灌溉，变沙漠为绿洲，或者在干旱半干旱地区大规模地植树种草等，都有效地减少了土壤侵蚀量，从而提高了自然地理质量。

长期以来，人们在对由于人类活动而引起的地理环境的变化进行评价时，常常难以得出明确的定量结论。虽然已有不少学者试图寻求解决这个难题的理论与方法，但直到目前为止仍无突破性进展，有待于人们继续努力。

二、土壤侵蚀问题

曾有人按照人类影响程度的大小将自然的和人为的灾害进行排序，土壤侵蚀被排在第一位。据研究，全球每年流入海洋的泥沙比人类出现以前多 3 倍，全球水土流失危害的土地面积为 $260 \times 10^8 hm^2$，每年流失土壤约 $240 \times 10^8 t$，相当于损失耕地 $8 \times 10^6 hm^2$。印度每年流失的肥沃土壤约 $80 \times 10^8 t$，损失养分多达 $6 \times 10^6 t$ 以上，比每年施用的化肥还多。美国每年流失的土壤在 $10 \times 10^8 t$ 以上，每年约有 $1.20 \times 10^6 hm^2$ 的土地因水土流失而退化。全世界每年大约有 7×10^6 ~ $9 \times 10^6 hm^2$ 的农田因水土流失而丧失生产力。人类活动规模的日益扩大，加剧了土壤侵蚀过程，主要表现有如下几个方面。

（一）过度砍伐森林

虽然自 20 世纪 40 年代到 60 年代，在一些国家开始了对森林的保护和经营管理，加强人工造林和森林经营工作，森林面积有所增加，但在大部分发展中国家森林退化的趋势有增无减，其中尤以热带森林，特别是生物多样性最为丰富的潮湿热带雨林的减退最为严重。据估计，巴西、印度尼西亚、墨西哥、玻利维亚、委内瑞拉和哥伦比亚等国家砍伐森林量占热带地区砍伐森林的1/2 左右，而非法采伐已经成为森林消失的主要原因。

（二）草地退化

草地退化包括草地退化、沙化和盐渍化。天然草地由于干旱、风沙、水蚀、盐碱、内涝、地下水位变化等不利自然因素的影响，或过度放牧与割草等不合理利用，引起草地生态环境恶化，草地牧草生物产量降低，品质下降，草地利用性能降低，甚至失去利用价值的过程称为草地退化。其特征是：①草群种类成分中原来的建群种和优势种逐渐减少或衰变为次要成分，而原来次要的植物逐渐增加，最后大量非原有的侵入种成为优势植物种群；②草群中优良牧草的生长发育减弱，可食产草量下降，而不可食部分的比重增加；③草原生境条件恶化，出现沙化、旱化及盐碱化，土壤持水力变差，地面裸露；④出现鼠害、虫害。

全球草地总面积为 $6 757 \times 10^6 hm^2$（据世界粮农组织的统计资料），其中，永久放牧地 $3 211 \times 10^6 hm^2$，疏林草地和其他类型的草地 $3 546 \times 10^6 hm^2$。目前，世界各地的草地资源存在着程度不同的退化。轻度的退化草地经过一段时间的休闲或能量物质的输入等管理措施可以得到恢复，而退化严重的草地则需要高额的技术投入，有些甚至是不可逆转的生态环境恶化。

草地退化诱发了严重的生态问题，导致土壤侵蚀加剧。据估算，每年全球草地的土壤侵蚀量约为 500 亿吨。

（三）耕地面积增加

在历史上，粮食需求的满足主要是靠扩大耕地面积得以实现的，尽管 20 世纪 50 年代以来提高单产的意义变得更为重要，但耕地面积仍在继续扩大。这种耕地面积的增加是以损失草原、湿地和其他生态系统，特别是森林生态系统为代价的。自 20 世纪 70 年代以来每年有 $6 \times 10^6 \sim 8 \times 10^6 hm^2$ 的疏林地和林地被开发为农地，而且目前耕地有日益被大量占用的倾向。耕地土壤侵蚀速率的大小取决于作物的类型和种植范围。据估测，小麦与大麦地的土壤侵蚀量为 $30t/（hm^2 \cdot a）$ 左右，玉米、谷子和高粱地则可达 $180t/（hm^2 \cdot a）$。调查资料表明，美国农田土壤侵蚀的速率大约是 $30t/（hm^2 \cdot a）$，比表层土壤形成的速率快 8 倍。一年中全球耕地的土壤侵蚀量约有 1000×10^8t。

（四）工业采矿

采矿是在生产过程中和自然环境相互作用最强烈的人类活动形式之一，在此过程中人类成为改造地貌的强有力因素。在开采矿产过程中，人类往往要从天然储藏地点移走大量岩土到相当远的地区，所有这一切不仅在采矿点，而且在距采矿点相当远的地方也会造成自然界的重大变化，不仅改变岩石圈的组成和结构，而且改变包括生物圈在内的整个自然综合体。由于开采矿产所产生的自然综合体的变化通常对生物圈是不利的，导致周围环境的恶化，水土流失严重。由不同类型的工业采矿活动所累积的土壤侵蚀数量目前尚无完整的统计数字，较为保守的估计为 $50 \times 10^8t/a$，其中，由于建筑材料的开采所引起的土壤侵蚀量约为 $10 \times 10^8t/a$。

（五）城市建设和道路建筑

城市化也可以造成土壤侵蚀速率的明显变化。在建设阶段，由于地面大面积裸露以及车辆和挖掘对地面的扰动，常出现最高的侵蚀速率。据研究，建设区一年的侵蚀量相当于该区建设前几十年的自然和农业引起的侵蚀量。

由于自然原因所引起的土壤侵蚀称为自然侵蚀或正常侵蚀。因侵蚀而消失的表土层同由风化产生的新土层之间存在着暂时的平衡，实际是自发的不断进行着的土壤更新。这种侵蚀速度缓慢，一般危害不大。而以上所述由于人类活动所引起的土壤侵蚀称为加速侵蚀，这种侵蚀有极高的侵蚀速率，它可使在正常侵蚀速率下需要千百年才能移去的表土在极短时间内流失殆尽。土壤侵蚀对水土资源的破坏作用极大，对水利、交通及工农业生产等造成极为严重的不利影响。因此，严重的土壤侵蚀已经成为当今世界上的重大环境问题。

三、城市化及其对自然环境的影响

城市的出现已有 5000 年的历史，但到 1800 年，城市人口仅占世界人口的 2%。近 200 年来，城市化趋势加快，城市不再是距离遥远、相互分离的孤岛，现代化的交通和通信手段，已经把世界城市编织成一个紧密联系的网络。目前，世界人口约有一半居住在城市，城市居民人数达到30亿。预计到2030年，世界城市人口将接近50亿，约占世界总人口的60%。

全球化可以定义为资本、生产、服务、思想和文化等在世界性大城市间相互联结，特点是这些要素大量和高速地流动，促进了城市规模的扩大。全球化诸多力量正在影响着大城市的发展和变化，特别是从大城市到超大城市到国际性的全球城市（例如纽约、东京、伦敦、巴黎、香港等）。

虽然城市化是人类社会文明进步的显著标志和经济发展的大趋势，但也加剧了人类社会的生态危机。在新的世纪里，全球化、工业化、城市化与多样化的矛盾更加尖锐，一方面工业化、城市化后，人类利用自然、改造自然，建设了众多的城市，GDP不断上升，取得了骄人的成就；另一方面，在无序发展的城市化过程中，人们也付出了高昂的代价——人口猛增，农田被吞噬，土地利用失控，水土资源日渐退化，环境祸患正威胁着人类的生存空间。沿海城市和城镇的增加速度已到了失控的地步，开发区产业的蔓延根本无视对周围环境的影响，各种资源被恣意滥用，世界沿海发达地区都处于沉重的压力之下。随着人类生产活动规模的不断扩大，人类历史发展到了一个新的阶段，全球城市化的倾向变得越来越明显。在工业革命初期，城市工业的发展依靠掠夺农业的办法，不仅从广大农村中吸取原料，而且还从农村中吸引劳动力。同时，由于与农村的生活水平存在着比较显著的差异，现代文明的步伐又总是从城市扩展到农村，这样也就使大量人口涌入城市。在近几十年来，全球的城市化倾向既改变了社会结构，又改变了自然生态环境结构。

城市化对自然环境的影响是多方面的，其中尤以对气候和水文的影响最为显著。

由于世界性的城市化过程不断加速，城市对气候的影响越来越明显，近几十年来这种影响已由小气候进入中尺度气候的范畴，并有影响大尺度气候的趋势。

城市化对区域下垫面辐射平衡有明显的影响。第一，城市严重的大气污染和明显增加的云量使太阳直接辐射明显减少，散射辐射增加，使总辐射减少；第二，太阳辐射在城市中的多次反射和吸收以及建筑物的高效储能作用，使城区反射率明显地小于周围地区，下垫面吸收的太阳辐射较多；第三，城区较高的下垫面温度使其地面辐射明显地大于郊区；第四，城市中各种辐射体的立体辐射和高密度污染物对长波辐射的高效吸收及放射作用使大气逆辐射也明显地大于郊区。由于城市是人类生活和生产高度集中的地区，大量生活和工业余热被释放到大气层中。目前城市人为热释放已占净辐射的很大比例，有些城市人为热甚至超过净辐射的量。所有上述因素综合作用的结果，使得城区温度高于周围地区，从而形成城市热岛效应。实测资料表明，在城市的形成和发展过程中，随着城市规模的不断扩大，城市热岛效应也不断加强。由于城市热岛的影响，城市温度直减率大于乡村，大气易发生对流，而且大气中凝结核较充足，所以城区云雨天气比较多，日照较少。在雨量分布图上，城区多为闭合多雨中心，人们把这种现象称为雨岛效应。特别是当有剧烈天气发生时，城市的动力和热力作用对其有强化作用，使城市成为雷暴、冰雹等剧烈天气多发中心。

城市化对水分循环的各个环节均有明显的影响。由于城市绝大部分地区都被不透水层所覆盖，隔绝了土壤和大气之间的水分交换，大量水分都通过径流排出，所以其储水能力很低，蒸散发量很小。

人类活动如果遵从自然的规律，那么改造自然的结果必然会使人类受益；相反，如果人类活动违反了自然规律，则人类必然会受到自然的惩罚。

随着生产力水平的不断提高，人类活动的规模越来越大，活动范围也日益广泛，对自然环境的触及也越来越深入。可以说，目前在地球表面已经没有一寸土地能够摆脱人类的影响而孤立地存在。人类对于自然环境直接与间接的干预和影响与日俱增，已经出现了大量危及人类自身的征兆，这就要求人们要努力保护养育自己的摇篮——自然环境。在这种形势下，有关自然保护区的研究日益增多，不少关于自然保护的理论和方法在许多国家都有较为深入的研究。人们在许多国家和地区划定了国家公园、森林公园、野生动物基地、自然保护区等，这些充分说明了人们对于自然保护问题的重视。

第三节 自然保护区的建立

一、建立自然保护区的意义

自然保护区是国家为了保护珍贵和濒危动植物、各种典型的生态系统、珍贵的地质剖面，为进行自然保护教育、科研和宣传活动提供场所而划定的特殊区域的总称。保护对象还包括有特殊意义的文化遗迹等。自然保护区又称"自然禁伐禁猎区""自然保护地"等。自然保护区往往是一些珍贵、稀有的动植物物种集中分布区，候鸟繁殖、越冬或迁徙的停歇地，以及某些饲养动物和栽培植物野生近缘种的集中产地，具有典型性或特殊性的生态系统；也常是风光绮丽的天然风景区，具有特殊保护价值的地质剖面、化石产地或冰川遗迹、岩溶、瀑布、温泉、火山口以及陨石的所在地等。按照保护的主要对象来划分，自然保护区可以分为生态系统类型保护区、生物物种保护区和自然遗迹保护区三类；按照保护区的性质来划分，自然保护区可以分为科研保护区、国家公园（即风景名胜区）、管理区和资源管理保护区四类。其总体要求是以保护为主，在不影响保护的前提下，把科学研究、教育、生产和旅游等活动有机地结合起来，使它的生态、社会和经济效益都得到充分发挥。

自然保护区的发展可以分为三个阶段：

第一阶段开始于公元 700 年。法国建立了以狩猎为目的的保护区。1200 年，在蒙古出现了保护性狩猎的地区，只允许一定程度的狩猎，并做一些恢复工作，让物种种群数量维持在一定水平上。

第二阶段是现代自然保护时期，标志是建立国家公园和自然保护区。1872 年美国建立黄石国家公园（Yellowstone National Park）。这是世界第一个通过国家公园来保护当地野生动植物的尝试。

第三阶段是20世纪60年代。随着物种越来越多地处于濒危状况，许多国家开始通过立法手段保护濒危物种。

传统自然保护的概念就是保护、保育、恢复生物多样性或生态系统的完整性。生物多样性包括遗传物种、生物群落和生态系统。

自然保护区是指在不同的自然地带和大的自然地理区域内，划出一定的范围，将自然资源和自然历史遗产保护起来的场所。这种场所既是一个活的自然博物馆，同时也是自然资源库自然保护区包括那些需要加以特殊保护的、具有典型意义的自然景观地域，诸如丰富的物种资源分布区、珍稀的动植物分布区、能揭示内在自然规律的特定风景区、名川大河的水源涵养区、具有参照标准的地质剖面和化石群产地，以及一些人们至今尚未认识的、在探索自然中有特殊意义的自然区域等。自然保护区中的绝大部分应该被严格地保持在天然状态之下；少部分虽可置于人为影响之下，但要求它们能够维持生态系统的正常功能。此外，自然保护区还应当包括极个别的受到严重破坏又必须加以恢复的地区。自然保护区应当是一个活的自然博物馆和重要的自然资源库，它应当为观察研究自然界的发展规律、保护和发展稀有的和珍贵的生物资源以及濒危物种、引种驯化和繁殖有价值的生物种类、进行生态系统以及与工农业生产有关的科学研究、环境监测、开展生态学和环境科学教学和参观游览等提供良好的基础。目前许多人对自然保护区的认识还停留在某些表象的解释上，似乎建立自然保护区的目的纯粹是为了保护某些快要灭绝的动植物物种。诚然，这是自然保护的重要内容之一，但绝非全部内容，就建立自然保护区的长远目标而言，甚至还不能算是最主要的任务。可以从以下四个方面说明建立自然保护区的意义。

（一）建立自然保护区可以使人们更准确地认识生物间的相互关系

整个生物界在进化过程中，形成了极为精巧的相互依存、相互制约的内在关系。这种关系犹如一架精密设计的机器，清楚地反映在食物链或食物网络的组成上，从而维系着一个地区最为适宜的生物结构的状况。这当然是长期的、严酷的自然选择的结果。人们只有充分认识到这种确切的关系，才有可能充分利用自然，进而调节和控制它向着对人类有利的方向发展。人们一旦认识到生物间、生物与环境间的协调规律并加以合理的干预，就会引起人类文明史上的巨大变革，农业的起源就是一个明显的例证。古代人对自然充满了神秘感，因而敬畏神灵成为一项必不可少的活动。为了表示虔诚，便需要有稳定而可靠的祭品。人们逐渐地从许多野生动物品种中，选择出性情温顺、适应性强、繁殖力高、食源丰富的几个品种作为常用祭品。更为重要的是，这些作为祭品的动物在祭礼后还可供人们享用。这种有目的的选择，渐渐地把野生的动物转化为驯育的动物，于是牛、羊、猪等被大量家养，产生了初期的畜牧业。饲养家畜需要有充足的饲料，于是也就有了植物的栽培，农业活动也随之产生。一个有趣的事实是，凡能作为人类食源的物品，也必定可以作为家畜的饲料，这一点绝非巧合，其间存在着合理的食物链关系。农业的发展引起了历史的巨大飞跃，但它也确实是在人类认识生态关系的前提之下才得以实现的。从远古推及将来，人类只有在更深刻、史全面地洞悉生物间的相互关系时，才能进一步推动自身的发展。建立自然保护区的基本目的之一，就在于它能提供给人类认识生态规律的理想空间。

（二）建立自然保护区可以使人们最大限度地利用物种资源

自然保护区应当是一个巨大的物种资源库，对于遗传工程来说更应是一个天然的基因库，从而可为培育具有突破性的新品种提供充足的后备资源。我国杂交水稻的育成，以及 20 世纪 60 年代初引起世界粮食产量显著增加的"绿色革命"，均是依靠野生的天然种质作为基本材料的。20 世纪 60 年代中期，科学家们第一次发现了在光合作用过程中碳 -4 型植物的特性和产量明显地优于人们通常所熟知的小麦、水稻、大豆等碳 -3 型植物。假如能将碳 -4 型植物的基因植入碳 -3 型植物中，那么农业产量必定会有大幅度的提高。人们现已找到的许多碳 -4 型植物都是天然的野生植物，它们的消失无疑是十分可惜的。动物资源也是如此，据统计，每消失一种植物，就会有 10 ~ 30 种依附于该种植物的动物随之消失。现在一个严酷的事实是，由于人类活动的范围和强度日益加大，许多物种在被充分认识之前就消失了，这给自然资源的开发利用带来了不可估量的损失。因此，建立自然保护区的又一重要任务就是保护物种资源、挽救物种资源、储备物种资源，为农业的发展提供尽可能雄厚的物种基础。

目前已知的动植物数目有 150 万种，但可为人类大量利用的只是其中一个极小的部分。以农业为例，经过选择驯育的主要动植物品种不过千种，因此野生动植物的用途有待于进一步发现和开拓。如我国最近在海南岛发现的油楠，就是一种能直接生产"柴油"的能源树种；作为工业原料的橡胶、漆、桐油等，作为食品的木本油粮，作为药物的许多野生动植物等，均可以从天然生态系统中获得；而为数更多的野生生物对人类的利用价值尚属未知数。目前，一个不祥的事实是热带雨林正以 $10hm^2/min$ 以上的速度消失。这种严酷的现实，促进人们必须设置自然保护区，以便保存动植物物种并研究其新的用途。当然，世界上珍稀动植物，应当首先放在被保护之列。

（三）建立自然保护区对于人们研究合理的生态结构和积极保持生态平衡具有重大意义

生物与环境之间的关系是相当复杂的，生物必须在适应环境的前提下才能维持生存。由于人类活动的干扰与破坏，目前地球上完全天然的生态系统已不复存在，许多原始状态的自然系统都程度不同地打上了人文的烙印。在失去天然"标准"的情况下，人们很难去估计人类活动的强度与后果，因此急需建立一些具有原始状态或最近似于原始状态的自然保护区，作为人们研究生态变化的参照与基准。由此出发人们才能更加准确地评价生态系统在天然条件下与人工条件下的演化方向、演化速率以及演化终极。几千年来，人类在改造野生动植物的性状方面，其变革的速率与影响的深度是相当大的，远远超过了农业起源以前几百万年间的天然变化。因此在建立自然保护区以后，也就是当有了一个可资比较的标准后，就能恰当地体现人类活动在生物进化史上的合理延续，而且也能恰当地估计出人为因素在生物变异方面所起作用的大小，计算出天然生态系统所能忍受的最大压力，从而对于生态的变化做出合理的预测。

在改造自然中，人们曾经取得了巨大的收益，同时也遭到过自然的惩罚。人们不能不冷静地思考这样一个问题：既不能盲目地触动自然界这架精密的机器，又不能陷入在自然面前完全屈服的自然拜物主义，那么到底应如何处理人同自然的关系呢？近年来，人们动辄使用"不要破坏生态平衡"这一口号，去呼吁保护自然，但是这种提法在全部意义上却失之于片面。须知打破生态平衡本身并不总是坏事，因为成功地改造自然的事例，首先就要在"破坏"原有生态平衡的前提下才能实现。因此，评价一个地区生态系统的优劣，单纯地使用生态平衡是否被破坏作为指标是不充分的，必须同时衡量相伴随的"生态质量"的数值，才能准确地表达该生态系统的根本演变方向。而当评定生态质量的数值时，天然的自然保护区就成为该地区生态质量的判别标准，同时它也是衡量该地区生态质量的"本底"值。

（四）建立自然保护区有利于人们积极探索并合理利用自然

自然保护区首先应当保护自然资源，尤其是濒临灭亡的动植物物种，但这只有在全面保护生态环境，并积极地探索自然规律的条件下才会成为可能。中华人民共和国成立后在我国各地都发生过一些严重破坏自然资源的情况：四川金佛山、广西花坪所发现的"活化石"银杉，遭到了不应有的砍伐；被誉为"中国桃花心木"的红椿，被砍伐后用来制造家具和木箱；枫木的材质坚硬，百年不朽，具有特殊用途，但长期以来被锯成菜板出口；一些珍贵的动物和水生生物也受到严重的危害等等。首先保护这些价值巨大的物种，当然是自然保护区应当起到的作用。但如果把建立自然保护区的任务仅仅停留在一些应急的消极保护上，就难免大大降低了自然保护区的价值和作用。因此，应当在统一规划和统一管理下全面地开展工作，对于诸如自然生产潜力、自然生态平衡、最优生态结构、生物和环境间的制约规律、生物内部各物种间的制约与调控、地理环境因子改变可能带来的后果、自然演替的方向和速率、引种的可能性和分布范围、人类活动的干扰与生物群落的自然恢复能力、可逆变化与不可逆变化的环境阈值、寻求有远大发展前途的种质和基因以及可供人类生产生活使用的新的资源等，都必须进行深入的研究。应从理论到实践完整地利用自然保护区，把建立自然保护区同发展经济、促进社会福利的提高紧密地结合起来。只有这样，才能够说，自然保护区真正起到了它应有的作用。

自然保护区的目标和任务是超越物种的，因此，要做好科学的规划。一种是单一物种保护的规划，考虑的是具有重要保护意义或生物学意义、具有特有性或重要特点的物种。另一种是多个物种保护的综合区域规划，这要考虑整个区域内生物资源的特有性、物种丰富程度和多样性、不可替代的特点、脆弱性和濒危状况以及区域生态系统的完整性。

现代自然保护的概念除了保护之外还要考虑生态系统的健康或者功能的完整性，生态的可持续的能力、生态系统的服务功能、人们的生计以及可持续发展，都属于自然保护的范畴。目前主要有三个方面的内容需要重点考虑：第一，在自然资源被大量利用的条件下如何进行自然保护；第二，如何把自然保护区和保护区内居民的生存结合起来；第三，在气候变化的大背景下，如何进行自然保护。

二、自然保护区建设的理论基础

世界保护区委员会（WCPA）对保护区的定义为："专门用于保护和保持生物多样性、自然和有关文化资源，并通过法律或其他方法进行管理的陆地和海洋区域。"世界自然保护联盟（IUCN）和世界保护区委员会针对管理目标，把保护区分为六类。Ⅰ类：严格自然保留完全自然区。本类保护区的管理主要以科学或完全野性为保护目的。其中又可分为：Ⅰa严格自然保护区，保护区管理的目的是为了保护一片拥有出众或具代表性的生态系统、地质学的或生理学的特色与/或物种的陆地或海洋区域，主要用作科学研究或环境监察；Ⅰb荒原保护区，保护一大片未被更动或只被轻微更动过的陆地与/或海洋区域，仍保留着其自然的特点和影响，没有永久性的或显著的人类聚居地，保存其自然状态。Ⅱ类：国家公园。保护一片陆地与/或海洋的自然区域，即保护一个或多个生态系统于现今及后代的生态完整性；禁止不利于该区域的指定目的的开发或侵占；为精神的、科学的、教育的、休闲的以及参观的活动提供基础，所有活动必须是环境上及文化上兼容的。Ⅲ类：自然纪念地。保护一片拥有一个或多个独特的自然的或自然的/文化的特色区域，该特色因其固有的珍稀性、代表性、审美性特质或文化上的重要性而具有出众的或独特的价值。Ⅳ类：自然环境/种群管理区。保护一片因管理目的而受到积极干预以确保生境的维护与/或达到某物种的需求的陆地或海洋区域，通过管理的实施，使保护区的自然环境与生物物种得到保持。Ⅴ类：陆地景观/海洋景观保护区。保护一片陆地及合适的海岸、海洋区域，在该区域内人类与自然界的长时间互动使该区域拥有重大审美的、生态学的或文化价值的与众不同的特征，并经常有高度的生物多样性。保护此旧有的互动的完整性对诸如该区域的保护、维持和进化必不可少。保护区管理的主要目的是为了陆地景观/海洋景观的保持和娱乐。Ⅵ类：管理资源保护区。一个区域拥有占优势的未经更动的自然系统，设法确保生物多样性受到长期保护和维持，而同时提供自然产物及服务的可持续性供应以满足社区的需要。保护区管理的主要的目的是为了自然生态系统的持续利用。

（一）物种—面积关系和均衡理论

建立自然保护区最根本的目的，在于尽可能多地保存自然物种，以便研究自然界演进的内部有序和自然平衡等基本问题。同时，利用这些自然物种，还可为人类的发展寻求新的资源。自然保护区的设计，应当在正确的理论指导下进行。在数十年有关自然保护的理论基础的研究中，物种—面积关系和均衡理论占据着十分重要的地位。

1. 物种—面积关系

群落遗传的稳定性是随群落所包括的物种群数的增加而增强的。从岛屿生物地理学的研究原理可推算保护区的适宜面积。

$$S = CA^z \quad \text{或} \quad \log S = \log C + Z \log A$$

式中　S——代表生物物种的数目。

A——代表所研究区域面积的大小。

C——表示物种分布的密度，指数 *Z* 是一个复杂的函数。

Z 可表示为：

$$Z = f[X(u,v,w),Y(x)]$$

式中 *X*（*u*，*v*，*w*）——代表由空间坐标 *u*、*v* 和 *w* 所决定的空间分布位置。

也就是由纬度、经度和海拔高度所共同确定的地理位置；*Y*（*x*）则代表与空间位置；*X* 相邻的地域状况。直到目前，函数 *Z* 仍是一个无明晰表达式的不分明函数，*Z* 值是在实际工作中采用统计的方法由经验公式求出的，取值范围一般在 0.15 ~ 0.35。按照岛屿生物地理学的研究，群落物种数量每增加 1 倍，保护区的面积要增加 9 倍。

在一般情况下，式 *S*=*CA*ᶻ 反映了区域面积与其上所分布的生物物种数目之间的基本关系。但它只是一种静止状态的描述，不完全符合自然状态下的实际变化过程，因此它的使用受到一定的限制。

在一个生物地理区域内，只建立一个面积有限的保护区是不够的。因此，是否要在一定区域内重复设置一些保护区，可用一个简单的公式来表示保护区复设与维护物种生存的关系。

$$\frac{-\mathrm{d}S}{\mathrm{d}t} = KS^2$$

式中 $\frac{-\mathrm{d}S}{\mathrm{d}t}$ ——物种消失率，

S——物种数，

K——灭绝系数。

灭绝系数 *K* 的计算式为：

$$K = \frac{\frac{1}{SP} - \frac{1}{SO}}{t}$$

式中 *SP*——当前物种数，

SO——起始物种数。

2. 均衡理论

均衡理论认为，一个区域中物种数目的多少，是由新物种向此区域的迁移和老物种在该区域内的消失这两者之间的均衡所决定的，也就是说，维持物种的数目是一种动态平衡的结果。因为在一个自然保护区中所保护的生物物种，本身就处在一种动态演化的状态之中，因此，均衡理论更加符合实际发生的情况。

（二）自然保护区设计的理论指标和合理性判别

1. 关于自然保护区设计的理论指标的几点结论

（1）在自然保护区的设置中，不应当割裂自然保护区与非自然保护区之间的联系。

（2）自然保护区内的物种数目是一种动态演化过程，人们的目的在于维持这种动态的平衡，而不应只做单纯的消极保护。

（3）生物物种的迁移指标，是设立自然保护区、维系物种数目的基本依据之一，也是规划和管理自然保护区的理论基础。在实际工作中应当选择哪一类指标，应当根据具体条件并经过研究工作的论证后加以确定。

（4）在使用迁移指标时不仅应当考虑自然保护区周围区域的风向、物种特性等因素，还要考虑到自然保护区本身面积大小等的综合调节功能。

2. 自然保护区设计合理性的判别

建立自然保护区的目的在于维系区域的物种的稳定。在考虑到自然保护区物种迁移的动态特征时，可以利用迁移指标 I_i 随时间 t 的变化，来判断自然保护区设计的合理程度。

$$Q = \frac{\mathrm{d}I_i}{\mathrm{d}t} \begin{cases} > 0 & (\text{物种增加}) \\ = 0 & (\text{物种稳定}) \\ < 0 & (\text{物种减少}) \end{cases}$$

根据判断值 Q 的不同情况，可以对保护区做出相应的决策：当出现第一种情况时，即 $dI_i/dt > 0$，则应考虑适当缩小自然保护区的面积，以使其逐步接近 $dI_i/dt=0$ 的稳定状态。当出现第二种情况时，则说明自然保护区的设计是合理的。当出现第三种情况时，即 $dI_i/dt < 0$，则说明自然保护区的设计是不适当的。此时有两种处置方式：一是完全放弃该自然保护区；二是保留该自然保护区，但应扩大保护区范围，利用面积的调整功能使其达到 $dI_i/dt=0$ 的目标。

自然保护区设计合理性的判别式，具有普遍的正确性。至于专门为保护某一种或几种特定珍稀物种而设置的自然保护区（目前我国多数保护区基本上属于此种），则是一种特例，因为在这种特殊情况下，不存在所谓的迁移指标。自然保护区是一个孤立的和封闭的"岛"，这时迁移活动随时间的变化为零，其他诸如邻接地域面积的大小、风向、自然保护区面积的大小等，均已失去对物种保护的调节作用。因此，这种特定情况下物种稳定与否的判别，只能用在该封闭区域内物种数目或某一物种的个体数目随时间的变化来确定，即

$$q = \frac{\mathrm{d}N}{\mathrm{d}t} \begin{cases} > 0 & (\text{个体数目增加}) \\ = 0 & (\text{个体数目稳定}) \\ < 0 & (\text{个体数目减少}) \end{cases}$$

所期望得到的是 $dN/dt=0$ 的情况。如果未能得到这个结果，则需加以适当调整。

（三）自然保护区的几何设计原则

只有综合地考虑物种—面积关系和均衡理论，才能设计出较好的、符合自然规律的方案来。根据这一指导思想，人们得出了自然保护区几何设计的如下原则：

1. 唯一的一个较大面积的保护区，将比一个只有较小面积的保护区更有利于保护自然物种。

2. 自然保护区的空间布局应有利于它发挥最优的功能。

3. 自然保护区应当具有最佳的形状。

三、自然保护区的评价

自然保护区是建立在它所包含的自然系统、保护管理系统与社会经济系统之上的一个综合体。自然保护区的评价的主要目的有两个：一是为选择适宜地点及确定分类性质和所属级别提供客观的根据和标准；二是为了加深人们对其重要性和作用的了解与认识，以便做好自然保护区的有关工作。因此，对自然保护区的评价包括生态评价、经济效益评价和管理水平评价三个部分的内容。

（一）生态评价

生态学是自然保护的基础，所以要了解一个自然保护区的意义和作用，对其进行生态评价是十分重要的。国内外在自然保护区评价方面的研究始于20世纪60年代后期，在过去50多年的研究历程中，其研究大致经历了三个阶段：第一阶段是20世纪60年代后期，工作的重点主要是评价指标的选定，指标的选定倾向于自然保护区和野生生物的生物学特征。第二阶段是20世纪70年代，自然保护区评价研究进展较快，评价指标的选定不仅涉及生物学特征，而且还涉及自然保护区及野生生物对整个生态环境、社会所起的稳定作用。评价研究主要集中在自然保护区比较评价和功能评价、为选择和确定自然保护区而进行的评价和对自然保护区内野生物种的评价三个方面。第三阶段是20世纪80年代以后，自然保护区评价的主要工作是理论上的探讨和更新，针对20世纪70年代实际工作中的评价体系混乱、指标定义不统一和评价方法等问题，对评价指标体系进行标准化、系统化处理。

自然保护区的生态评价包括动植物物种的评价、生物群落的评价以及生态系统和自然保护区的综合评价。

1. 动植物物种的评价

要对动植物物种进行评价，首先要在详细调查的基础上编制物种目录，了解它们过去和现在的物种数量动态如何、是否为迁移种、空间分布范围多大、需要多大面积才能维持其生存和繁殖的需要、生态学和生物学的特性如何、对人类影响的敏感程度怎样。然后了解它们在生态系统中占有什么位置、有何经济用途、今后的发展前景如何。这就需要人们确定它们受威胁的情况，从中找出需要特别加以保护的濒危物种。

为了确切弄清野生生物受威胁的程度，人们已经提出了一些对单个物种实现自然保护评价的方法。它是通过对某个物种在自然保护区内的消失率、分布范围、对人们吸引的程度、人们抵达其分布地点的难易程度、人们接近其个体的难易程度、人们对其保护的措施及其有效程度6个因素进行综合分析，根据打分权值确定物种的受威胁程度。具体的权值标准如下：

（1）消失率

根据连续 10 年的观测，对某个物种的消失率进行评分，0 分表示消失率小于 33%，1 分表示消失率为 33% ～ 66%，2 分表示消失率在 66% 以上。

（2）分布范围

根据区域内该物种分布地点数目评分，0 分表示在 16 个地点以上，1 分是 10 ～ 15 个地点，2 分是 6 ～ 9 个地点，3 分是 3 ～ 5 个地点，4 分是 1 ～ 2 个地点。

（3）对人们吸引的程度

它指诸如观赏、食用、药用和人们对其了解的程度，0 分表示没有吸引力，1 分表示具有中等程度的吸引力，2 分表示具有很高程度的吸引力。

（4）人们抵达其分布地点的难易程度

0 分表示不容易抵达，2 分表示中等程度容易抵达，2 分表示十分容易抵达。

（5）人们接近其个体的难易程度

有些地方人们虽然能够抵达，但是物种分布在悬崖峭壁或在深谷、峰巅等，人们不容易接近和触及它。0 分表示不容易接近，1 分表示中等程度容易接近，2 分表示十分容易接近。

（6）人们对其保护的措施及其有效程度

可以根据分布于自然保护区范围内的多少来确定。0 分表示 66% 以上分布于自然保护区，1 分表示 33% ～ 66% 分布于自然保护区，2 分表示 33% 以下分布于自然保护区，3 分表示 33% 以下分布于自然保护区且目前已遇到严重的威胁。

将上述评分逐项相加，即可得出该物种的威胁数。对于一个物种而言，其最大威胁数为 15，一般威胁数为 5 ～ 13。在算出每个物种的威胁数后，就可按照灵敏值大小将这些物种依次排列开来，从而一目了然地看出这些物种受威胁的程度，并且得出哪些物种应当立即保护、应当采取的保护措施及保护程度，并且能够知道这些受威胁的物种之间的关系。由此可见，所拟订的威胁数方案，为评价每一种珍稀生物种的相对灭绝速率，提供了一个很有价值的手段。但是，方案中评定的各个因素主观成分较大，这是该方法的不足之处。

2. 生物群落的评价

众所周知，动植物都不是孤立地单独地生长着，它们常常是有规律地结合在一起的，并创立自己的小环境。所以，对生物群落进行生态评价，必然包括生物组成及其环境特点。具体的评价内容有：

（1）主要生物群落的类型及它们在维护区域生态平衡中的作用；

（2）确定生物群落是属于演替系列类型还是顶极或者是接近顶极的群落类型及其在区域环境估价中的地位与作用；

（3）从分布区类型、科属成分等方面分析生物群落的物种组成特点；

（4）生物群落遭到人为影响的性质、程度、方式及群落的发展和退化的情况；

（5）生物群落的特有性、残遗留性等。

上述评价对于判断某区域野生生物保护的价值、土地利用情况对生物的影响及其变化趋势、是否需要以及如何去建设保护区，均具有重要的意义。

3.生态系统和自然保护区的综合评价

（1）典型性

自然保护区应具有典型性。不同类型的保护区的典型性指标显然是不同的。如果对物种、群落及其生境评价得比较清楚而具体，自然保护区的典型性评价就比较容易进行。

（2）自然性

顾名思义，自然性是指人为干扰影响的程度和保护的好坏。不管是哪一类的自然保护区，对主要的保护对象和核心区地段来说，自然性是重要的因素之一。但由于目前极难找到不受人为影响的地段，所以自然性的强弱只是一个相对的概念。

（3）多样性

可从群落、生境类型的数量及物种组成的多少得出关于多样性的判断。垂直带类型、演替系列类型和生态序列完整的区域常有明显的多样性。历史因素在物种多样性方面起着特殊的作用，不同区域的环境变化也对物种多样性有一定的影响。

（4）稀有性

一些专门为了保护特有的珍稀濒危物种、化石、孢粉和独特的自然文化遗迹等而设立的保护区，常以稀有性为指标，分析在什么范围内稀有以及稀有的原因，以便制定保护措施。

（5）脆弱性

脆弱性是指物种、群落及其在生境受到人为干扰的情况下所表现出的不稳定性。脆弱性是自然保护区生态评价的一个重要标准，脆弱性程度越高，就越需要加强保护。

（6）吸引力

吸引力指从物种、群落和生境本身的经济价值和文化、科学意义以及风景优美性等方面来分析保护区对人们吸引的程度。由于兴趣上的差异，不同的人及同一个人在不同的时期对保护区的看法会有所不同，但从综合结果分析，仍不难得出保护区吸引力的大小的客观结论。

（7）科研和教育的价值

自然保护区大多可以作为天然的博物馆和实验室，因而应能对其在科研和教育方面起到的作用做出评价。

（8）潜在的保护价值

这是指对难以从直觉中觉察出来的潜在因素进行分析，以评价自然保护区的潜在保护价值。

（9）保护的条件

在其他条件都类似的情况下，应当对不同保护区的地理位置、交通状况、经营管理等有关保护方面的条件加以对比分析，以便能在尽可能好的保护条件下达到建立自然保护区的预期目的。

上述评价标准是相互交叉、相互联系的，但有时又是相互排斥和相互矛盾的，不同类型的自然保护区的设立目的是不同的，其评价标准也应有不同的侧重点。符合多项标准的自然保护区，或者是在某一项标准方面具有特殊性的保护区，常常具有较高的保护级别。

（二）经济效益评价

建立自然保护区不像建立农场、林场、牧场和矿山那样，可以得到大量经济收入。但是，自然保护区的建立也是具有经济效益的，这种效益包括比较实的物质性效益和比较虚的生态性效益。有时受益者不仅仅是一个地区或一个国家，而是全球。因此，对自然保护区进行经济效益评价是一项十分重要的工作。

自然保护区的经济价值体现在多个方面。第一，自然保护区内的部分资源可被开发利用，在保证资源储存量保持或接近于某一限度水平的前提下，资源的经济开发能有一定的经济收益，如土特产品、野生动植物及其加工品等，都可望有较高的经济收益。第二，自然保护区也有可观的生态性经济收益。例如，在森林地区的自然保护区，在涵养水源方面具有重要的作用，其效益常可以数亿甚至数十亿元计。第三，自然保护区是物种资源和遗传资源的宝库。许多物种有巨大的经济价值，一些物种作为遗传资源的基因更是无价之宝。第四，在不影响保护的前提下，如果管理得当，自然保护区也可发展旅游业，常可带来巨大的经济效益。国际上许多国家公园和野生动物保护区开发旅游事业的收入是相当可观的，甚至成为某些区域经济收入的主要来源，成为其经济发展的主要部分。此外，自然保护区大多是科研和教学基地，人们在这里可获得大量的科学知识，并可转化为生产力。对自然保护区内任何生态系统基本规律和作用的发现与创新，或者把保护区作为生态监测的本底资料，其经济价值也是很高的。

（三）管理水平评价

我国自然保护区的数量和面积增加较快，但管理水平却比较落后。由于普遍存在着经费和技术力量投入的不足，自然保护区在机构设置、人员配备、基础设施建设和保护措施的落实等方面存在许多问题。为提高自然保护区建设和管理的质量，使保护区建设切实担负起保护自然环境和自然资源的职能，必须加强对自然保护区管理的监察和监督。监察和监督的基本手段是建立一套实用且容易操作的自然保护区管理质量评价指标和评判标准。

自然保护区管理水平的评价应从四个方面入手。

1. 管理条件评价

管理条件评价主要包括自然保护区管理机构设置与人员配备情况、基础设施建设水平及经费来源状况等。

2. 管理措施评价

实现对自然保护区的有效管理需要一套切实可行的管理措施。管理措施评价内容主要包括管理目标的确定、发展规划的编制、管理计划的制订和管理法规的建设等方面。

3. 科研基础评价

科学研究是实现自然保护区有效管理的基础，坚实的科研基础是制定自然保护区管理目标、发展规划和管理计划的依据。评价保护区科研基础主要是衡量保护区综合科学考察、专题科学研究和科技力量三个方面的水平。

4.管理成效评价

评价管理成效主要考虑四项指标，即自然保护区内自然资源和主要保护对象的保护状况、保护区经营水平和自养能力、日常管理工作的秩序、保护区和当地居民之间的关系等。

第八章 自然资源管理的体制改革

自然资源是经济发展的重要依托。中华人民共和国成立之后，以国家利益为中心，实行了生产资料公有制的社会主义经济制度，将矿藏、水流、森林、山岭、草原、荒地、滩涂等自然资源确定为国家所有和集体所有，并针对各地的资源禀赋条件和各有所长的地域组合，重建资源开发与经济建设之秩序，分门别类地组建了若干行政机构共同行使政府对重要资源的管理职能，把资源的潜力转化为现实生产力，为经济社会发展提供了支撑和保障。客观地看，我国现行体制对自然资源的可持续管理发挥了重要的作用。但随着形势任务的发展，其局限性、滞后性也日益凸显，难以适应建设生态文明、构筑现代化的国家治理体系和治理能力的新要求，因此，迫切需要从体制上进行改革创新。坚持"先易后难"的原则，重塑自然资源监管机构和资产管理机构，这是需要迈出的最紧要的第一步。

第一节 自然资源管理的基本职责

一、自然资源监管职责和资产所有者职责关系

（一）自然资源监管者的职责

在理论上，监管是指监管者"运用公共权力制定和实施规则和标准"，以干预各种行为主体的经济和社会活动，包括产品和服务的价格、质量、进入和退出等经济性内容，以及安全、健康、卫生、环境保护等社会性内容。监管的本质与核心在于，它是一种基于规则的管理，是克服自然垄断、信息不对称、外部性以及解决公平性问题的重要手段。

自然资源监督管理者的权力是指国家作为公共事务的管理者，为满足公共利益的需要，对管辖范围内全部自然资源实施的行政管理活动，是一项行政管理权。从土地、矿产资源、森林、水、草原等资源的管理相关立法和管理实践来看，监督管理主要包括源头、过程、末端三个环节。

一是源头上，进行资源调查、确权登记、用途管制。总的来看，在资源源头管理上，各门类自然资源基本都开展了相应的资源调查评价、确权登记工作，土地资源管理方面明确提出了用途管制制度，其他门类自然资源也都开展了相应的规划编制工作，划定重要资源开展针对性的保护。资源调查评价起到了摸清资源家底的作用，并且开展相应的监测预警，可以及时掌握资源生态环

境，防止自然灾害的发生。确权登记主要是对资源的所有权和使用权进行登记，明确相关权利的归属，起到定纷止争的效果。用途管制是资源管理的核心，是对资源用途、空间布局、利用数量等进行的管控，以及对重要资源进行重点保护。目前，土地方面已经明确建立了土地利用规划、新增建设用地计划制度；矿产资源管理方面也建立了相应的矿产资源规划制度；森林管理方面建立了森林长远规划，自然保护区制度以及森林年采伐量控制制度等；水资源管理方面主要有水资源规划、饮用水水源保护区制度；草原管理方面，建立有草原保护、建设、利用规划和基本草原保护制度等。

二是过程中，进行事先准入、事后监督、税费调节。事先准入主要是设定一定标准，通过行政许可的方式对从事资源开发利用的主体设定一定的门槛，保障资源有效利用。事后监督，主要是指执法监督和督察，监督行政相对人和政府合法使用与管理资源。税费调节，主要是国家通过相应的税收，实现资源收益的调剂分配。

三是末端上，进行恢复治理。主要是针对资源利用行为所引起的资源生态功能下降所采取的治理措施。

（二）自然资源资产所有者的职责

全民自然资源所有者权利是指国家作为自然资源的所有者，对其所有的自然资源所享有的占有、使用、收益和处分等权利，是一项财产权利。对于国家所有的自然资源，由国务院代表国家行使所有权。全民所有自然资源资产所有者应区别于自然资源监管者，其作为全民所有自然资源所有权的代表，具体行使所有者的占有权、使用权、收益权和处置权，其主要职能是承担全民所有自然资源的运营，即其应按照法律法规和自然资源行政管理部门的规定独立履行全民所有自然资源资产的运营职能。从理论上看，基于自然资源所有权，所有者享有以下权利：

一是使用权和收益权。作为市场主体参与自然资源使用权出让和收益等过程，对国家所有自然资源直接使用，或者采取出租、出让等方式获取收益，如土地使用权的出让、矿业权的出让和海域使用权的出让，并获取土地出让金、矿业权价款、海域使用权出让金等相关收益。同时，所有权人也可以通过出资成立专门的自然资源资产运营企业或者委托专业的自然资源资产运营机构来运营全民所有自然资源。

二是监督管理权。这种监督管理是立足于自然资源所有者地位对使用者的监管，如对自然资源资产运营状况进行考核审计和监督，所有者依据出让合同，监督使用权人合理使用自然资源等。

三是救济权。所有者具体承担自然资源利用过程中的生态保护义务和责任等，即自然资源产权受到他人侵害时，以所有权人的身份，提起诉讼维护自身合法权益的权利。

二、自然资源监管与环境保护的关系

环境保护是在人类面临环境问题的情况下提出的。环境问题，根据其产生原因的不同，可以分为原生环境问题和人为环境问题，或称第一性环境问题和第二性环境问题。第二性环境问题主要是指人类活动引起的环境污染和生态破坏。环境保护主要是指人类采用一定的手段为保护和改善生活环境和生态环境，防治污染和其他公害，保障人体健康的行动，包括环境污染的治理与预防生活环境和生态环境的破坏两个方面。环境保护是在人类面临严峻的第二性环境问题的情况下提出的。而观察工业革命以后的人类历史，不难发现，第二性环境问题主要是指环境污染和生态破坏。而环境污染和生态破坏绝大部分是因为人类不合理开发利用自然资源造成的。因此，环境保护的主要手段，无论是治理还是预防，均要涉及而且主要涉及自然资源的开发、利用、保护和管理。

自然资源监管注重源头，环境治理注重末端。自然资源不合理的开发和利用是环境问题产生的重要原因之一，健全自然资源监管制度，有利于从源头上保证环境不被破坏，或者少被破坏。自然资源监管的核心是对资源开发利用过程的管理，属于源头管理。在开发利用之前应当做好环境影响评价，衡量生态价值和经济价值，防止资源开发对环境的破坏；环境治理主要是环境污染和生态破坏的治理，核心是解决环境污染，提高环境质量，注重末端管理。环境污染从空间分布上包括大气污染、水污染、土壤污染等，主要是针对现实发生的环境问题的解决和预防。

三、自然资源监管和生态文明建设的关系

"生态文明"是一种文明形态，它既包含了工业文明的物质生活的丰富性，又包含了人与人、人与自然、人与社会的和谐关系，是继工业文明之后更进步的文明形态。生态文明首先是针对工业文明的缺点和弊病，造成人类生存环境和自然资源严重破坏而提出的，它不仅要求人与自然之间建立和谐关系，使之更适合人类的生存和发展，更要求实现人与社会、人与人之间的和谐关系。涉及人口、资源、环境、发展、产业结构、生产方式、生活方式、利益关系、价值观念等一系列相互制约、相互作用的因素。

一般认为，生态文明包括三个方面的关系。一是纯粹的人类与自然（生态圈）的关系；二是基于人与自然关系产生的人类成员形成的社会关系；三是纯粹的人类社会关系。生态文明中最本质的特征和最核心的要素是人与自然的和谐共处。因为第一种关系和第二种关系都与自然密切相关，自然是这两类关系产生的前提，而第三种关系则并不一定要在生态文明形态中才有，但第一、第二种关系在以往的工业文明时代是鲜有的。这里的"人与自然和谐共处"包括了当代人与自然的和谐共处，也包括当代人不能损及后代人与自然和谐共处的利益。

在现代文明中，生态文明占据着重要的地位。生态文明与物质文明、精神文明和社会文明构成了当今人类社会的四大文明。而生态文明是其他文明的基础和必要前提。在我国，推动生态文明建设对国家、社会和民族的现在及未来具有重大历史意义。第一，推动生态文明建设是保持我国持续健康发展的迫切需要。第二，推动生态文明建设是坚持以人为本的基本要求。第三，推动生态文明建设是实现中国梦的重要内容。第四，推动生态文明建设是实现中华民族永续发展的必然选择。第五，推动生态文明建设是应对全球气候变化的必由之路。

建设生态文明必须建立系统完整的生态文明制度体系，用制度保护生态环境，并明确提出自然资源资产产权制度和用途管制制度、生态红线制度、资源有偿使用制度、生态补偿制度和生态

环境保护管理制度等具体的若干方面的制度建设。健全国家自然资源资产管理体制和完善自然资源监管体制，健全国家自然资源资产管理体制是健全自然资源产权制度的一项重大改革，也是建立系统完备的生态文明制度体系的内在要求。

第二节 管理体制改革的探索

一、关于自然资源监管体制改革的探索

中科院政策所：按大部制重组环境保护，自然资源，综合经济等部门的相关职责。中科院科技政策与管理科学研究所所长王毅研究员领衔的一项研究认为：在政府行政管理体制上，要从生态系统的完整性出发，按照所有者和管理者分开、开发与保护分离的原则，坚持大部制的改革方向，把当前分散在十多个部门的污染防治、生态保护、自然资源管理等职能集中到重组的环境保护、自然资源、综合经济等少数几个部门。中央部委生态环境管理职能重组的目标是将污染防治、生态保护、自然资源管理的政策制定、组织执行、监管执法、协调合作、提供环境公共产品等职责进行合理配置，从而减少职能交叉，降低行政协调成本，实现权力制衡上的协调一致，提高体制运行效率。

（一）资源监管与生态保护相统一，整合污染防治的职能

该方案将自然资源监管与生态保护相统一，并把污染防治职能分离出来。这套方案主要是考虑现有立法规范和部门职能，自然资源管理部门更具专业能力来行使领土范围内国土空间用途管理职责，对山、水、林、田、湖进行统一保护和修复。成立自然资源资产管理委员会，专门负责自然资源资产管理，统一行使全民所有自然资源资产所有权人职权；将自然资源监管和生态保护监管职能合并，成立自然资源与生态保护部，负责统一空间规划和用途管制；生态环境局则定位于污染防治的"大部制"，将分散在各部门的污染防治职能统一起来，负责生态文明制度框架下的污染综合防治。

（二）设立独立的自然资源监管机构，统一生态保护与污染防治

该方案设立独立的自然资源监管机构，同时将生态保护与污染防治监管职能统一起来。根据这套方案，自然资源资产管理委员会专门负责自然资源资产管理，统一行使全民所有自然资源资产所有权人职责；自然资源保护部负责统一空间规划和用途管制等监管职能；成立生态生态环境局，统一负责污染防治和生态保护的监督管理。这套方案的主要特征是，防治污染和保护生态由一个部（委）负责，统筹管理防治、修复与保护工作，实施全面管控，其理论基础是生态系统的保护修复，和污染防治工作也是息息相关、互相影响，污染防治有利于生态系统的保护，生态系统服务功能的恢复和重建也可以推动污染防治。

（三）按大部制统筹资源与环境管理

备选方案三为资源与环境统筹的大部制方案。其中，自然资源资产管理委员会专门负责自然

资源资产管理，统一行使全民所有自然资源资产所有权人职责；组建资源与生态环境局，负责统一空间规划和用途管制、统筹污染防治和生态保护的所有监管职能。

（四）未来国家生态环境管理

相关职能配置可形成"相对集中、集中与分散相结合"的所谓"二委一部一局"的格局，即把生态环境保护的有关职能相应整合到国家发展和改革委员会、自然资源资产管理委员会、资源与生态环境局以及国家生态环境质量监测评估局中。

国家发展和改革委员会负责环境与发展综合协调，具体职责包括生态文明建设、环境与发展统筹以及"绿色化"的协调工作，把绿色发展、节能、应对气候变化和生态环境保护贯穿到生产、流通、消费等各个领域。

自然资源资产管理委员会负责自然资源管理，统一行使全民所有自然资源资产所有权人的职责，保护国有自然资源资产权益。针对自然资源监管，应当充分区分商业性资产和公益性资产，并实行不同的管理目标、原则和制度。对商业性资产，包括经营性建设用地和农业生产用地及经济林木、矿产等资源，进一步实行市场化改革，并建立相应的资产经营监管体系；对公益性资产，包括自然保护区、国家公园、公益林等特殊生态保护区域和各种政府的公共用地，要采取公共行政管理手段加以管理，严格禁止和限制经营性利用等，但可以通过特许保护等手段引入第三方机构进行保护。

资源与生态环境局主要负责自然资源保护监管、生态保护与污染防治等职能。该部可以采取"一部多局"的内部设置模式，充分考虑自然资源和环境要素的属性差异，实行专业化管理和综合管理相结合。在部下面可设若干部门管理的国家局，分别负责土地、海洋、林业等监管、公共服务等职责。专业领域以国家局为单位进行管理，综合交叉事务由部委进行协调管理。同时根据需要，还将设立区域和流域派出机构，负责区域和流域的资源环境监管。

国家生态环境质量监测评估局负责监测、评估和预警等工作。该局是独立于资源和生态环境部门的职能管理机构，直接向国务院负责，并实行垂直管理。该局应当承担以下职责：第一，制定生态环境监测制度和技术规范、布局，确立大气、地表水、地下水、海洋、土壤等领域的监测指标；第二，组织实施生态环境质量监测，对生态环境质量状况进行独立调查评估；第三，联合中国气象局等单位，对生态环境质量进行预测预警，为实施应急措施提供支持；第四，组织建设和管理国家生态环境信息网；第五，建立和实行环境质量公告制度，统一发布国家重大环境信息与综合环境评估报告。

二、关于生态环境管理体制改革的探索

（一）生态环境局规划院：按大部制统筹生态保护与污染防治的相关职责

中央政府生态环境行政管理体制是整个国家生态环境治理体系的核心。新一轮的中央政府生态环境保护行政管理体制改革的基本思路是：遵循生态环境保护治理体系原理、职责分配和事权划分，设立生态环境保护大部制，统筹生态保护与污染防治，统筹国内与国际环境问题。在这一

思路下，提出资源与环境统筹的环境与资源部、生态保护与污染防治一体化的生态与环境部、强化生态保护与污染防治监管的环境部、深化改革现行生态环境管理体制的生态环境局四种改革方案。

1. 资源与环境统筹的方案：环境与资源部

自然资源是生态环境的重要组成部分，也是影响生态环境的重要因素。从长远的角度看，生态环境的保护不能独立于自然资源开发利用之外，基于自然资源与环境统筹的体制，建议建立"国务院环境与资源行政管理部门"，将环保、国土、水利、农业、林业、海洋、气象等涉及资源管理与生态环境保护的部门职能整合，把国家发改委的应对气候变化和住房建设部的城镇村庄生态环境保护等职能纳入，增强生态环境保护与自然资源开发同国民经济政策的统筹协调职能。最终，将资源开发利用和生态环境保护职能相结合并统筹管理，形成"环境与资源部"。这个方案是一个最全面、最综合的环境资源大部制方案，建议设立的"环境与资源部"全面负责国家自然资源开发的生态环境保护监管以及生态环境保护工作。

2. 生态保护与污染防治一体化的方案：生态与环境部

统筹生态保护与污染防治，统筹海洋和陆域环境保护，统筹"山水林田湖"生态系统保护，全面实现生态保护和污染防治一体化。基于这一考虑，建立国务院生态环境行政管理部门，设立"生态与环境部"。

在原有生态环境局职能的基础上，将自然资源部的地质环境保护和地质灾害预防与治理的职责划归生态与环境部；将水利部的水资源保护和防治水土流失的职能划归生态与环境部；将农业农村部的农业资源保护、渔业水域生态环境和水生野生动植物保护职能划归生态与环境部；将海洋局的海洋生态环境保护的职能划归生态与环境部；将国家发改委的应对气候变化管理职能划归生态与环境部；将住房建设部的城镇乡村人居生态环境改善的职能划归生态与环境部；将林业局和气象局的职能整体划入生态与环境部。同时，强化生态环境保护与自然资源开发、国民经济政策统筹协调的职能。新设立的生态与环境部全面负责生态保护与污染防治，而国土与资源部全面负责自然资源产权和资产监督管理。

3. 强化生态保护与污染防治监管的方案：环境部

在生态环境保护一体化基础上，重点强化生态环境的监督管理和独立执法职能。基于这一考虑，建议建立国务院生态环境行政管理部门，设立"环境部"。新设立的环境部全面负责生态保护与污染防治，重点强化生态环境的监督管理和行政执法，重点把国家林业和草原局的生态保护与监管职能调整到环境部，强化生态保护与污染防治独立监督和执法职能，提升监督职能部门层级，加大监督执法权力，对全国生态环境进行监督管理和执法。

4. 深化改革现行生态环境管理体制的方案：生态环境局

优先解决突出的生态环保职能分散交叉问题，建立统一的污染防治监管体制、统一的生态保护监管体制、统一的核与辐射安全监管体制三大主体体制，配套健全统一的环境影响评价体制、独立的环境执法体制、统一的环境监测预警体制，同时将国家林业和草原局的生态保护职能整体划入生态环境局，将国家发改委的应对气候变化重大战略、规划和政策职责划入生态环境局，形成污染防治和生态保护等一体化的"大环境"格局。

具体包括：

第一，建立统一的污染防治监管体制。对所有污染物，包括点源、面源、固定源、移动源等，对地表水、地下水、海洋、大气、土壤等所有环境介质的污染防治工作实施统一监管。

第二，建立统一的生态保护监管体制。对草原、森林、湿地、海洋、河流等所有自然生态系统，野生动植物、生物物种、生物安全、外来物种、遗传资源等生物多样性，以及自然保护区、风景名胜区、森林公园、地质公园、自然遗迹等所有保护区域进行整合，实施统一监管，并建立国家公园体制。

第三，建立统一的核与辐射安全监管体制。将民用核设施与军工核设施进行统一监管，将核事故与辐射事故进行统一处理，建立统一的核与辐射安全监管及应急响应体系，形成独立、权威的核与辐射安全监管体制，确保核与辐射安全万无一失。

第四，建立统一的环境影响评价体制。将战略环评、规划环评、项目环评等所有层面，以及海洋工程环评、海岸工程环评、水土保持方案等所有领域环境污染和生态影响的环评进行统一管理，避免多头负责、重复审批。

第五，建立独立的环境执法体制。将环境执法力量进行整合，明确环境执法地位，强化环境执法权威，建立有力、高效的环境执法体制。完善国家环境监察制度。加强对有关部门和地方政府执行国家环境法律法规和政策的监督，纠正其执行不到位行为，特别是地方政府对环保的不当干预行为。

第六，建立统一的环境监测预警体制。将地表水、地下水、海洋、卫星等环境监测资源进行整合，建立陆海统筹、天地一体的环境监测预警体制，为环境管理提供有力的基础保障。

（二）国务院发展研究中心资源与环境政策研究所：改革环境监管的体制机制

第一，赋予生态环境部门综合协调、监督执法和公共服务的职能。

生态环境部门统一协调有关部门的生态保护、自然保护区保护、地质环境保护、水污染防治、大气污染防治、气候监测、节能减排的职能。其他部门服从生态环境部门的统一规划、统一标准、统一指导和统一监督管理。

第二，加强国家一级的环境保护监督管理能力，保障落实省一级的环保责任。

国家一级除了保留重大事项和跨区域、流域的事项管理权，如大气排放指标交易、京津冀区域大气污染联防联治，其他的环境保护监管职权下放由省一级行使。建立引导和监督地方有效实施环境保护法律法规、规章规划的行政监督、财政预算体制机制。

在基层层面，要加大环境保护执法机构建设。乡镇的监管和执法职责的设立，可以采取以下模式：一是对于机构设置，组建环境保护监管科。如果条件不成熟，可以整合现有力量，组建综合执法科。进行专业培训，并配备装备，开展安全生产、职业卫生、环境保护等方面的监管工作；对于执法工作，可以采取授权执法的模式，即由县级环保部门授权乡镇进行环境保护执法，对于一定范围内的处罚数额，由乡镇直接行使。二是各县级生态环境部门在乡镇层面设立直属的执法站，进行巡视执法。在这种格局下，强调乡镇街道的协助监管职责。三是扩大乡镇环境保护协助执法的力量，协助县级环境保护局开展环境保护执法工作。

第三，建立自然资源节约、生态保护和污染防治统一监督管理的机制。

明晰环保部门的综合监督管理职权。由环保部门组织起草环境保护方面的综合性法律和行政法规，制定环境保护综合性规章，统一发布环境信息和公报，协调与外国政府、国际组织及民间组织环境保护方面的国际交流与合作。研究拟定环境保护的方针政策、方法、标准和规程，并组织实施。优化全国的环境监测网络。组织、指导本辖区环境保护宣传教育和科技研发工作。设立统一的投诉举报邮箱和电话，并将举报事项移送分工负责部门办理，并监督办理回复的落实。对环境保护委员会成员单位履行自然资源和环境保护监管工作的情况开展监督性执法。针对监督性执法发现的问题和社会举报的问题，约谈违法责任单位、个人以及监管不力的监管部门负责人，通报环境保护事件、责任人以及违法监管和监管不力的部门。统一组织调查环境保护突发性事故，并提出处理建议。

明确地方各级环保部门的统一监督管理职责。地方各级环保部门负有研究提出环境保护重大方针政策和重要措施建议的职责。监督检查、指导协调环境保护相关单位和下级人民政府的环境保护工作，组织环境保护大检查和专项督查。参与研究有关部门在产业政策、资金投入、科技发展等工作中涉及环境保护的相关工作。负责组织一定等级的事故调查处理和办理结案工作，组织协调一定等级的事故应急救援工作。指导协调环境保护行政执法工作，开展对同级人民政府及环境保护相关单位的环境保护监管履职工作的年度考核。对发现的重大问题和群众反映的重大问题，对违法企业和单位予以建议、通报和挂牌督办。

在地方各级环保局内设立环境保护协调科室、统一监管科室和事故调查科室等，并调整其他科室和事业单位的职责。环境保护协调科室负责日常监管工作，如统一发布信息、公报，组织对省级人民政府与环境有关的职能部门开展环境保护监管履职情况的年度考核等。统一监管科室负责综合事务、国土资源统一监管事务、林业环保统一监管事务、气候变化统一监管事务、农业环保统一监管事务等。其中，综合事务包括接受和移交违法举报电话和邮箱投诉举报的案件。联合执法监察机构开展监督性执法检查，并开展约谈、通报等后续的监管工作。事故调查科室负责综合性事务、国土资源事故调查、林业环保事故调查、海洋环保事故调查、农业环保事故调查等事务，依法指出责任追究人并提出责任追究的建议。此外，执法监察机构应当负责对政府环境保护职能部门开展监督性执法工作。

明确专门监管与综合监管失职的责任和相关责任追究机制。在明确环保部门统一监管职责的基础上，各级人民政府应明确各相关职能部门的分工监管责任。为了督促各部门依法履责，建议各级生态环境部门的纪检监察机构会同与环境保护职责有关单位的纪检监察机构，建立环境保护依法履责监督机制，防止失职和渎职现象的发生。

（三）生态环境局环境工程评估中心：改革国家环境保护管理体制

按照现代政府理念，将中央政府环境保护主管部门的基本职责定位为"制度供给、源头预防、执法监察和目标考核"，其要点就是省级以上生态环境部门代表政府主导制度供给和目标考核，淡化和不直接从事污染减排、环境治理和生态建设工作，着力于制度供给、目标考核，综合决策和重大问题调处；市县一级政府以完成生态环境质量持续改善目标为驱动力，把执法监察、污染减排、环境治理和生态保护作为改善辖区生态环境质量的主要措施。新时期环境管理体制改革的总体思路是一个核心、两个基本点、三大基石和四大支撑体系，即突出围绕生态环境质量持续改善这一环境保护的核心任务，抓住制度供给和目标考核两个基本点，筑牢源头预防、信息公开和公众参与三大基石，以制度和科技创新为动力，着力构建完善的环境标准规范体系、独立的环境质量监测与评价体系、严格的环境管理和环境执法体系、环境风险应急响应和管理体系等依法、科学、廉洁、高效的环境管理和技术支撑体系，全面提高环境保护法律制度的有效性，努力探索适宜于社会主义市场经济和现代政府的环境保护管理新体制。

三、关于自然资源资产管理体制改革的探索

全国人大环资委法案室：对自然资源资产按照公益性和经营性进行分类管理。

（一）建立自然资源资产分类管理体系

首先，在主体功能区规划及相关空间规划的基础上，根据不同自然资源资产的公益性和经营性等社会经济属性进行分类：一类是公益性资产，包括自然保护区、风景名胜区、国家地质公园、国家森林公园及公益林等特殊生态保护区域和政府的各种公共用地；一类是经营性资产，包括经营性建设用地和农业生产用地及经济林木、矿产等资源，其中还可以对一些具有公共目的的资源实行严格行政管制，包括基本农田等，作为特殊的经营性资产对待。

其次，依照这两大类自然资源资产的社会经济属性，将公益性资产与经营性资产区分开来，按照不同目标和原则管理，在对公益性资产统一按国有公益性资产管理，对经营性资产统一按国有收益性资产管理。

（二）建立经营性自然资源资产监管机制

首先，明确经营性自然资源资产的管理目标和原则，对以提供市场产品为主的各种经营性自然资源资产，包括经营性建设用地、矿产资源和林木资源等，将其基本目标确立为促进相关产业发展并获取相应的国民收入，包括直接出让资产的收益和相关产业发展带来的税收收入；采用市场手段管理和运营，要按照市场规范进行出让和转让，主要考核其资产价值增值和净收益增长状况，对其经营性利用不应施加过多的行政干预。对其中一些以经营性利用为主，但因国家安全和公共利益受到严格用途管制的自然资源资产，如耕地及其中的基本农田，需要采取多功能利用的管理目标和原则，采取公共行政和市场机制相结合的手段加以管理和运营，实行严格的用途管制。

其次，依法明确规定各种经营性自然资源资产具体的代理或者托管机构，明确相应的经营管理主体，并逐步建立完整统一的自然资源资产监管制度体系，包括监管主体及其职责，资产经营活动考核、资产核算和审计等制度和措施。

最后，把政府资产监管职能和企业资产运营职能区分开来，探索建立比较完整的资产代理、资产监管和资产市场运营的管理和制度。考虑到建设用地等经营性资产的管理和运营收益多在地方市（县）一级，且成为地方政府收入的主要组成部分，在保留地方管理和运营收益的基本格局下，中央一级设立资产监管机构，主要职能是对自然资源资产实行统一登记、核算，对资产运营实行统一监督和考核；在地方分别设立专业性或区域性资产监管机构和资产运营机构或经营公司。

（三）完善公益性自然资源资产行政监管体制

首先，明确公益性自然资源资产的管理目标和原则，对以提供公共产品和服务为主的各种公益性自然资源资产，包括自然保护区等特殊生态保护区域和政府的各种公共用地，其基本目的是提供各种基础性、公共性的产品和服务，一般应当以资源的储存、保护和可持续利用为管理原则，采取公共行政管理手段加以管理，严格禁止和限制经营性利用，并主要考核自然资源资产生态服务质量的状况和管理成本等。对依托国有公益性自然资源资产开展的经营性活动，应与管理机构的职能严格分开，按照特许经营方式委托专业公司和机构经营，特许收入作为国有资产经营收入纳入财政预算。

其次，在现行各种自然资源管理体制的基础上，进一步明确规定各类公益性自然资源资产的具体代理或者托管机构，明确相应的行政管理主体，并逐步建立完整统一的自然资源资产监管制度体系，包括资产登记、资产核算和审计等制度和措施，有效加强监督。

最后，生态公益性很强的自然资源资产，如自然保护区、风景名胜区、国家地质公园、国家森林公园及公益林等的管理，是从自然资源行政管理部门分离出来建立独立的管理机构，还是发挥资源管理部门的专业管理能力保留在部门内进行管理，各有利弊，还需要深入研究和评估。当前应当考虑对各种"园区"进行必要的统一分类，并研究分析统一管理和分部门管理方案的优劣及相应的改革路线图，包括研究建立独立的或者部属的保护区管理局，统一负责各类保护区的行政监管，合理划分中央和地方管理级别，把现行最重要的国家级保护区纳入中央政府直接管理的体系。

四、关于单项资源、国家公园管理体制改革的探索

水利部水资源管理司：保持水利部架构，改革水资源管理体制。

（一）转变职能，不断提升政府监管能力

一要推进水资源行政审批制度改革。按照"简政放权，规范管理，加强监管"的原则，全面梳理取水许可、水资源论证、入河排污口设置等水资源行政审批事项，进一步理清中央和地方的事权，涉及省界水体和水事敏感地区的用水审批事项，中央要管住、管好，省级行政区总量控制范围内的用水审批事项下放地方管理。大力推进规划水资源论证制度，强化水资源对经济发展、

产业布局的约束作用。要进一步明确管理层级，简化审批程序，规范审批流程，提高审批效率，接受社会监督。在涉及公众利益的重大建设项目水资源论证时，通过引入听证制度等方式，充分听取社会公众意见。积极推进涉水行政审批事项整合，力争实现一站式审批。对水资源论证资质管理要充分发挥行业协会等社团力量，下放管理权限，转变管理方式。

二要严格水资源管理责任与考核制度。按照最严格水资源管理制度的要求，加快建立完善省、市、县三级水资源管理责任制，落实行政首长负责制。完善考核评价体系，将考核结果纳入经济社会发展综合评价体系，严格实行区域限批政策，对取用水总量已达到或超过红线控制指标的地区，要暂停审批建设项目新增取水。积极探索建立国家水资源督查制度，对地方落实最严格水资源管理制度情况进行监督检查。对领导干部实行水资源水环境责任终身追究制。

三要不断完善流域管理与区域管理相结合的水资源管理体制。进一步界定中央、流域和地方的管理权限，明确事权，落实责任。中央要把重点放在政策指导、行业监管、红线管控和区域统筹上；流域要重点做好水量分配、总量控制、统一调度和区域协调；地方要对取用水项目科学论证，严格审批把关，加强定额管理、计划用水管理，强化对取用水户的监督管理。在最严格水资源管理制度考核实施中，既要充分发挥流域管理与区域管理相结合的体制优势，又要正确处理好因流域与行政区域不吻合带来的多头考核、重复考核等矛盾。探索建立流域内行政区政府、公众及其他利益相关方参加的流域管理委员会，统筹协调管理流域涉水事务。

（二）创新机制，不断提升市场配置能力

一要加快水权制度建设，运用市场机制优化配置水资源。坚持政府和市场"两手发力"，深化水资源管理体制机制创新，下更大功夫研究和推进水权制度建设。尽快明晰初始水权，在行政区域层面，加快推进水资源控制指标逐级分解确认工作，建立覆盖省、市、县三级行政区的水资源控制指标体系。在流域层面，加快开展江河水量分配，将用水总量控制指标落实到江河控制断面。严格水资源论证和取水许可管理，完善定额标准，按照水源属性和用水户类型，科学核定取用水户的水资源使用权限，建立用途管制制度，积极推进水资源资产产权制度建设。大力培育水市场，按计划积极开展跨区域、跨行业和取水户间的水权交易试点，稳步推进水资源确权登记试点，因地制宜探索地区间、流域间、行业间、用户间等多种形式的水权交易流转方式和规则。对用水总量达到红线控制指标的地区新增项目取用水量必须通过水权转换取得，对已超过红线控制指标的地区，不仅要严格控制用水量增长，还要通过水权转换偿还超用水量。加快建立完善有利于发挥市场作用的水权交易平台，明确交易规则，维护良性运行的交易秩序。

二要进一步健全水资源有偿使用制度。牢固树立水资源资产观念，坚持使用水资源付费的原则，按照全面反映市场供求、水资源稀缺程度、水生态环境损害成本和修复效益的要求，合理调整水资源费征收标准，扩大征收范围。进一步完善水资源有偿使用制度，超计划或超定额取水的，对超计划或超定额部分累进收取水资源费。严格水资源费征收和使用管理，依法查处挤占挪用水资源费的行为。

三要建立和实施水生态补偿制度。坚持"谁受益、谁补偿"原则，建立和完善对江河源头区、水源涵养区、重要水源地和重要生态修复治理区的水生态补偿机制。

四要发挥市场机制在水资源节约保护中的作用。进一步推进水价改革，利用经济杠杆促进水资源节约保护。在节水产品推广、水生态建设、水资源计量监控设施和信息系统运行维护等方面推行政府购买公共服务，制定指导性名录，培育公共服务市场。积极营造有利于水资源节约保护的投融资环境，引导社会资金投入水务基础设施和水生态文明建设。

（三）深化改革，不断提升城乡水务管理能力

一要深化水务体制改革。总结水务改革经验，顺应水资源的自然规律和社会属性，按照精简、统一、效能的原则，鼓励地方因地制宜推进供水、用水、排水、污水处理及回用等涉水事务一体化管理。健全城乡统筹、事权清晰、职责明确、运转协调的水务管理体制；建立政府主导、社会筹资、市场运作、企业开发的水务运行机制。

二要统筹推进城乡水务服务均等化。适应新型城镇化和社会主义新农村建设的要求，统筹规划城乡水资源利用、水环境治理和水源地保护，统一配置调度城乡水资源，推进城市供排水管网向农村延伸，逐步实现城乡供排水等公共服务均等化，保障城乡供水安全、水生态与水环境安全。

三要加强部门协作。建立完善水资源保护和水污染防治跨部门协作机制，协同推进水资源保护和水污染防治工作，有效应对突发性水污染事件。充分利用全国节约用水办公室平台，组织相关部门共同推进节水型社会建设。抓紧建立最严格水资源管理制度部际考核工作组，共同实施最严格水资源管理制度考核工作。

第三节　管理体制改革的路径选择

自然资源监管机构及其资产管理机构的改革是生态文明体制改革的主要组成部分。随着经济社会的发展和生态文明建设、全面深化改革的推进，加快推进自然资源机构改革具备有利条件，具备实践基础，具备理论准备，也具备良好氛围，要把握大局、审时度势、统筹兼顾、科学实施，充分调动各方面的积极性，坚定不移朝着生态文明体制改革目标前进。

健全自然资源监管体制要解决的主要问题：一是自然资源立法遵循什么样的体系，将哪些资源纳入管理规范体系；二是自然资源的监督管理者的职权如何划分，开发利用者的权益如何落实；三是哪些自然资源可以开发利用，以及以什么方式开发利用；四是自然资源的开发利用和保护受什么样的规则制约，由谁来主导规则的适用和监督的落实；五是开发利用者和监督管理者违反规则所产生的生态法律责任应该怎样追究等事项。

一、主要原则

（一）转变政府职能，提高行政效能

一是转变职责，明确定位。转变政府职能是深化行政体制改革的核心，实质上要解决的是政

府应该做什么、不应该做什么，重点是政府、市场、社会的关系，即哪些事该由市场、社会、政府各自分担，哪些事应该由三者共同承担。因此，对于自然资源监管制度和体制的完善，应当首先尊重市场的作用，使市场在资源配置中起决定性作用和更好地发挥政府作用，将政府的职责定位于服务型政府、法治政府和有限政府，即在市场经济条件下，市场可以办的，应该由市场去办；社会组织可以办好的，交给社会组织去办。只有市场和社会组织做不了或做不好的，政府才应插手。

二是提高效能，优化管理。提高政府行政效能，必须坚持简政放权、放管结合、优化服务，进一步清理行政审批，加强事中、事后的管理，为市场松绑。同时，在机构改革的过程中，还要坚持决策权、执行权、监督权既相互制约又相互协调的权力结构和运行机制，保持行政管理权力依法规范运行，防止权力滥用。

（二）加强统筹协调，形成监管合力

分散管理、协调不畅，只关注于单门类自然资源的管理，而忽视了自然资源的系统性是当前自然资源管理体制存在的突出问题。用途管制和生态修复必须遵循自然规律，如果种树的只管种树、治水的只管治水、护田的单纯护田，很容易顾此失彼，最终造成生态的系统性破坏。因此，自然资源管理的相关部门必须加强协调，从生态文明建设和"山水林田湖，生命共同体"的角度推进机构改革。

但需要注意的是，生态文明管理体制改革并不是一味追求部门越大越好，不能一味追求"物理变化"而忽略了"化学反应"。推进机构改革和职能转变，要处理好大和小、收和放、政府和社会、管理和服务的关系。大部门制要稳步推进，但也不是所有职能部门都要大，有些部门是专项职能部门，有些部门是综合部门。综合部门需要的可以搞大部门制，但不是所有综合部门都要搞大部门制，不是所有相关职能都要往一个筐里装，关键要看怎样摆布符合实际、科学合理、更有效率。目前，大部制改革正在稳步推进之中，大家也普遍意识到单一成立大部门并不能解决所有问题，它还是会存在大部门的内部协调问题以及与外部其他部门之间的协调问题等。

（三）区分不同职责，推进统一管理

健全国家自然资源资产管理体制，统一行使全民所有自然资源资产所有者职责。完善自然资源监管体制，统一行使所有国土空间用途管制职责。这是中央在我国生态文明建设新形势下提出的一项重大改革任务。

按照所有者和管理者分开和一件事由一个部门管理的原则，落实全民所有自然资源资产所有权，建立统一行使全民所有自然资源资产所有权人职责的体制。国家对全民所有自然资源资产行使所有权并进行管理和国家对国土范围内自然资源行使监管权是不同的，前者是所有权人意义上的权利，后者是管理者意义上的权力。这就需要完善自然资源监管体制，统一行使所有国土空间用途管制职责，使国有自然资源资产所有权人和国家自然资源管理者相互独立、相互配合、相互监督。

二、改革路径

（一）将自然资源监管与自然资源资产管理分离，成立专门的资产管理机构

基本措施：资源监管与资产管理的分离这一个方案有两种选择。

一是实行资源监管与资产管理的相对分离，成立相对独立的自然资源资产管理局。鉴于资源与资产具有密切的关系，在现行的自然资源管理体制下，在中央政府层面设立相对独立（即有限分离）的自然资源资产管理局（部管局），各级地方自然资源主管部门设立相对独立的资产管理局（局管"局"）。

二是资源监管与资产管理完全分离，成立独立的自然资源资产管理委员会。将分散在自然资源部、水利部、农业农村部、林业局等机构的自然资源资产以及生态资产统一到一个部门进行管理，承担起决策中枢的使命，统一行使全民所有自然资源资产所有权人的职责，保护全民所有自然资源资产权益，推进自然资源有偿使用。

改革思路：资源监管与资产管理相对分离的资产管理机构，是在目前资源管理部门内部设立资产管理机构；资源监管与资产管理完全分离的资产管理机构，是国务院的直属机构，各级地方政府参照中央政府设立的自然资源资产管理委员会，成立地方性的自然资源资产管理机构，实行地方政府和国家自然资源资产管理委员会"双重领导"的垂直管理体制。资产管理机构主要负责监管自然资源资产的数量、价值、质量、范围和用途，落实自然资源资产所有权人的权益；地方各级政府分别设立相应级别的自然资源资产管理局。

（二）将国土空间用途管制的职能统一到一个部门

基本措施：维持目前自然资源部、国家发展和改革委员会、水利部、住房和城乡建设部、生态环境局、国家林业和草原局的架构不变。重点是：将目前分散在各部门的国土空间用途管制的规划职能，整合到一个部门（如自然资源部）；将目前各部门分类编制的各类空间性规划（含各种自然资源方面的规划），整合为统一的国土空间规划体系，实现所有国土空间用途管制规划的全覆盖。

改革思路：国土空间的用途管制来源于土地用途管制，实行土地用途管制是世界上一些土地管理制度较为完善国家采用的一种土地利用管理制度。实行这种制度是依据土地利用总体规划对土地用途转变进行严格控制，通过土地利用规划引导合理利用土地，促进区域经济社会发展与土地利用相协调。自然资源部以土地利用总体规划为基础，在健全完善土地用途管制制度方面积累了丰富的经验。根据山水林田湖是一个生命共同体的理念，应以空间规划为基础，完善土地利用分类，划定永久基本农田保护区、城市开发限制边界和生态保护红线，统筹"多规融合"，将土地用途管制扩大到各类自然生态空间。

（三）将土地、林地、草地的管理职能统一到一个部门

基本措施：维持现行自然资源部、国家发展和改革委员会、水利部、住房和城乡建设部、农业农村部、国家林业和草原局、文化和旅游部的架构不变。重点是：将分散在国土、农业、林业部门中的土地管理职能整合到一个部门（自然资源部），实行土地、林地、草地的集中统一管理；将（水利部）水土流失治理职责并入（自然资源部）土地整治的范畴；将自然保护区、森林公园、湿地公园、地质公园等事关自然和遗产保护地的管理职能整合到一个部门。

改革思路：自然资源部基本摸清了各类土地资源的家底。将草地、林地一起合到自然资源部，实行土地资源的实质性统一管理，顺应了土地的数量、质量与生态一体化管理的基本要求；由一个部统一负责国家公园管理制度的制定和审批、监督等综合管理工作，更能治理自然和遗产保护地管理纷乱无序的状态。

（四）将自然资源集中到一个部门

基本措施：以自然资源部为基础，按大部制的架构，重新组建"一部多局"的自然资源部，全面履行全部土地、矿产、能源、海洋、水、森林、草原等自然资源调查评价、规划、管理、保护和合理利用等行政管理职责，加强各门类资源的统一调查评价、统一规划、统一确权登记和统一监管。

改革思路：自然资源部组建以来，以"一部三局"的管理架构，实现了土地、矿产、海洋等主要门类自然资源的相对集中统一管理，实现了从陆地到海洋、从地表到地下空间的综合管控，也为所有自然资源的集中、统一、综合管理奠定了基础。

（五）考虑实行自然资源与生态环境的集中、统一管理

基本措施：全新组建自然资源与生态环境部，统一履行自然资源管理与生态环境保护的职责，以实现自然资源与生态环境的一体化管理；对土地、矿产、能源、林业、水利、海洋等方面的资源监管、生态保护、污染防治、公共服务等职责，可采取"一部多局"的内设模式，实行专业化管理和综合管理相结合。

改革思路：尊重资源、环境、生态的内在联系，从自然资源的系统性、整体性出发，把当前分散在多个部门的自然资源管理、生态保护、污染防治等职能集中到一个部门。以统一的国土空间规划体系为基础，以覆盖全部国土的用途管制为核心，重塑自然资源管理的制度体系，对自然资源进行统一管理，对生态环境进行统一保护。

第九章 资源的可持续利用发展

在科技进步的推动下，当今人类创造了前所未有的极为发达的物质文明，在提高人类的生活质量的同时也带来了极为严重的现实问题，如环境污染、生态破坏、能源危机等，这些无不威胁着人类的生存和发展。为了解决这些问题，人们经过探索，提出了可持续发展战略。

实施可持续发展战略，是人类面临人口过剩、资源相对不足、环境退化等巨大挑战下的唯一正确选择。这一战略已成为近年来在全球范围内居主导地位的社会发展模式，它着重解决资源与环境的再生性和可持续性问题，追求人类与自然环境的协调进化。

可持续发展主要包括自然资源、经济与社会、环境的可持续发展三个方面，其中自然资源的可持续利用不但构成了自然资源和生态环境可持续发展的重要方面，而且进一步影响到整体可持续发展战略目标的实现。

第一节 自然资源利用的经济学基础

自然资源的一个基本特性是稀缺性，也就是生态学中的资源"限制"问题。

稀缺指的是在获得人们需要的所有产品、资源和劳务方面所存在的局限性，不是指资源绝对数量的多少，相对于人类需求的无限性而言，再多的资源也是不足的。经济学从根本上说就是研究稀缺性以及由此带来的一切困难问题的学问。经济学家认为，竞争性市场上任何一种价格大于零的商品都是稀缺的。由此可见，无论是可更新资源还是不可更新资源都有稀缺性问题。

一、稀缺的生产要素

物质财富和无形服务的稀缺，是由于它们必须用稀缺的资源来生产。基本生产要素有三种：

（一）人力资源

即劳动，包括从简单劳动到具有最高技能的管理人员和专业人员的所有形式的劳动。

（二）土地

即自然资源，如土地本身、地下矿藏、野生植物和动物等。

（三）资本

包括固定资本（厂房、机器、设备等）和流动资本（资金、产品）。

在任一特定的时间内，生产要素的数量是一定的。过了这一特定时间，它们的数量和质量都会发生变化，但仍然是有限的。所以，必须确定这些资源在许多种用途中派作何用，就是寻求"稀缺资源的最佳配置"。

二、自然资源稀缺的经济学观点

从经济学观点上来看，自然资源的稀缺可分为绝对稀缺和相对稀缺。

（一）自然资源的绝对稀缺

当对自然资源的总需求超过总供给，这时造成的稀缺就是绝对稀缺，这里的总需求包括当前的需求和未来的需求。

（二）自然资源的相对稀缺

当自然资源的总供给尚能满足需求，但分布不均衡会造成局部的稀缺，这称为相对稀缺。

无论是自然资源的绝对稀缺还是相对稀缺，都会造成该种自然资源价格的急剧上升和供应的短缺，一般称之为资源危机。更严重的是，当自然资源的开发利用超越了资源基础的最终自然极限，就发生了自然资源耗竭。然而，在自然资源耗竭远未出现时，由于高质量的自然资源逐渐先被开采，余下较低质量的自然资源，其开采成本必然上升，当自然资源的开发成本超过其价值的时候，就发生了经济耗竭。

现在看来，对人类发展构成威胁的还不是自然资源的绝对稀缺和自然资源的耗竭，而是相对稀缺和经济耗竭。自然资源经济学首先关注的也是自然资源的相对稀缺和经济耗竭。

第二节 资源可得性的度量

一种事物一旦被看作是自然资源，就必须要提出一个问题，即可为人类利用的数量有多少？人们已经做了大量的工作来估算自然资源的最终利用极限，所得到的结论各种各样，甚至是大相径庭。这种差别是由于采用了不同的评估方法，做了不同的假设，同时还因为各种各样的研究并非总是考察同一类资源。

一、不可更新资源

了解了资源的性质之后，人们就要对资源进行定量的分析。由此，引出了资源基础的概念。资源基础的定义是：地球系统中物质或财富的总量。由于人们能够利用的资源是随着目前人类的知识和技术以及经济和政治环境的变化而变化的，因此在衡量未来可利用的储存性资源时一般不采用资源基础的概念，而采用探明储量（proven reserves）、条件储量（conditional reserves）、远景资源（hypothetical resources）和理论资源（speculative resources）、最终可采资源（ultimately recoverable resources）等概念。

所有这些度量的总和组成了资源基础，随着人类知识和技术的发展，这些度量在资源基础中的数量与比例会不断变化。对于每一种个别的储存性自然资源来说，随着达到资源基础的最终自然极限（自然耗竭）或是由于生产成本增加到超过那部分资源的价值的程度（经济耗竭）时，这种变化就会停止。

（一）探明储量

探明储量是指已经查明并已知在当前的需求、价格和技术条件下具有经济开采价值的资源储量。这一储量取决于生产者的判断和利润要求。例如，在私有采矿公司和生产国政府之间，关于储量水平的看法不大一样。如果一个公司只把能使投资产生15%甚至20%回报的矿区视为具有经济开采价值，这就会大大限制探明储量点的数量。所以，同样的矿藏在某国被看成是探明储量的，在他国则不一定看成是探明储量。换言之，对任何资源的探明储量绝不会得到一个确切的客观数字。

无论探明储量如何确定，当人们用来预测资源寿命时，就必定做了一个隐含的假设，即假设不再有新的发现，没有技术上的变化，不修正生产目标，价格也不会改动。实际上，这些因素之间是相互联系的。概括起来说，任一时期的探明储量水平取决于相互联系的五大因素：

1. 技术、知识和工艺的可得性

即技术、知识和工艺的发展水平。

2. 需求水平

这又反过来取决于若干变量，包括人口数量、收入水平、消费习惯、政府政策以及竞争产品或附属产品的相对价格。

3. 生产和加工成本

这部分虽然取决于资源的自然性质和区位，但更取决于所有生产要素（土地、劳动、资本要求和投资基金）的成本和政府的税收水平。此外，此类成本必然包括政治动乱或没收对固定资产的风险。

4. 资源产品的价格

价格必然反映需求水平和供给成本，但也受生产者价格政策和政府干预的影响。

5. 替代品的可得性与价格

包括循环产品的成本。

所有这些因素都是高度动态的，而它们的变动会极大地影响探明储量。此外，上述各种因素都有显著的空间差异，使得探明储量在各个区域也不相同。

（二）条件储量

条件储量是已查明的储量，但在当前价格水平下，以现在的采掘技术和生产技术来开采是不经济的。显然，这种储量也不是静止不变的，不仅受到技术革新的影响，而且在很大程度上受制于政治力量和市场力量。探明储量与条件储量之间的划分方式在不同时期和不同地方大不一样。

（三）远景资源

远景资源与前两类储量不同，它是未知的藏量，但可望将来在目前仅做了部分勘查和开发的地区发现它们。估计这些远景资源范围的常用方法是，从过去生产的增长率和探明储量的增长率外推，或根据过去每钻进单位深度的发现率外推。不过这种外推必须假设曾经影响过去发现率和生产率的所有变量（政治的、经济的、技术的）将继续像过去一样起作用。但由于价格和技术发展之类的因素是极不稳定的，所以这种估计会有很大的差别，导致不同时期所做的估计大不一样。

（四）理论资源

理论资源是指那些被认为具有充分有利的地质条件，但迄今尚未勘查或极少勘查的地区可能会发现的矿藏。估计理论资源的方法是根据已勘查地区过去的发现模式外推。但估计理论资源比远景资源甚至面临更大的问题。例如，全世界大约有 600 个可能存在石油和天然气的沉积盆地，但迄今只对其中的 1/3 做了钻井勘探。

（五）最终可采资源

最终可采资源是随着人类科学技术的进步，最终可为人类所利用的资源的数量。这与未来的技术、市场因素和政治环境都有联系，并且随着这些条件的改变而存在着很大的不确定性。

二、可更新资源

除了在考虑到不断消耗的不可更新资源的数量外，对于可更新资源，也同样需要对其进行度量。因此，需要用到最大资源潜力（maximum resource potential）、可持续能力（sustainable capacity）、吸收能力（absorptive capacity）和承载能力（carrying capacity）等概念。

（一）最大资源潜力

对未来可更新资源可得性的估计，通常以资源在一定时期内可生产有用产品或服务的能力或潜力这个概念为基础，称之为最大资源潜力、

但这种估计缺少实际意义，现实中的可得性取决于人类把这些潜力转换为实际能源的能力，以及人类是否愿意担负这样做的代价和成本（包括环境退化成本）。例如，如果人们对土地和海洋的总生物潜力做估算，如果"发挥"至其最大潜力，那么按目前的人口数量，地球每年可为每一个人生产出约 40 吨食物，这是实际需要量的 100 倍。这里还没有考虑从二氧化碳、水和氮中化学合成食物的可能性，这除了技术上的可行性以外，还要求投入大量能源。实际上，人们做此类估算对于未来可更新资源开发的实际规划并无价值。重要的并不是理论上的自然潜力，而是必要的人类投资能力，以及所涉及的社会的、态度的、组织的和经济的巨大变化。这种做法会使世界的生态系统产生可怕的单一化，并导致自然生态循环的瓦解，因而无论如何是一种灾难性的策略。

（二）可持续能力

可更新资源利用要在时间上进行分配，以便为后代留下平等的机会，当按这种要求来调节可更新资源的自然潜力时，就要采用可持续能力或可持续产量的概念。要维持可持续产量意味着必须抑制当前的消费，放弃部分消费。但所放弃的这一部分消费可看作是对未来的一种投资，其好处必须与其他潜在投资放在一起来评价。以撒哈拉为例，如果把水资源的利用控制在可持续能力

水平上，就不可避免地导致该地区经济发展的衰退。这样，未来的一代人可能会有足够的水储存，但其他方面本来可以得到增长的东西却会显著减少。生态学家们认为这是一种短见策略，因为从长远来看，遗传基因和物种多样性的损失，对于人类自己的生命支持系统是一种极大的威胁。

（三）吸收能力

吸收能力或同化能力是指环境所能承受的人类排放的废物的极限。这是一个严重依赖价值判断的资源潜力概念。人类利用自然资源的结果之一就是产生各种废物，为了排放人类活动（自觉或不自觉）产生的废物就要利用环境媒介（水、土地、大气等）。废物进入环境后都要经历自然界的生物分解过程，所以整个环境系统具有一定吸收废物而又不导致生态或美学变化的能力。但是，如果排放的速率超过了分解能力，或者所排放的物质是非生物降解的，或只有经过很长时间才能降解，那么环境变化就不可避免。

环境媒介的吸收能力随着气候等环境因素和人类的行为或价值判断原因而发生改变。

（四）承载能力

常用的最后一个可更新资源可得性度量的概念是承载能力。这个概念是从农业中借用过来的，类似于持续能力和吸收能力的概念，因为它也建立在一个假设的基础上，即应把资源利用限制在不使环境发生显著变化，或使资源生产力得以长期维持的水平上。例如，确定各区域内人类居住的极限及计算旅游区的承载能力均采用这个概念。

第三节 资源可持续利用的因素解析

一、资源可持续利用

人类生存和社会发展都需要耗费掉一定数量的资源，资源也就被人们看作生命之源和财富之母。单纯从人类延续的基本需求出发，人们自然希望能够可持续地利用资源。

人类要维系社会的持续存在，至少要使可再生资源获得持续利用，即资源利用强度不超过资源再生能力；还应使非再生资源的消耗降到合理程度，避免影响未来人们的基本需求。前者就是狭义的资源可持续利用概念。而广义的资源可持续利用概念还需包含后者的含义；对可再生资源来说，它是指能保持资源再生能力的利用方式；对非再生资源来说，它是指使资源耗竭时间能延续到替代它的新资源开发成功之后的利用方式。

实际上，对于自然资源的可持续利用，则应该理解为在人类现有认识水平可预知的时期内，在保证经济发展对自然资源需求的满足的基础上，能够保持或延长自然资源生产使用性和自然资源基础完整性的利用方式。从深层次来讲，自然资源可持续利用的基本内涵，主要包括以下几个方面：

1. 自然资源的可持续利用必须以满足经济发展对自然资源的需求为前提。人类只有通过自然资源利用方式的变革，实现自然资源的可持续利用，来协调经济发展与自然资源、环境保护两者之间的矛盾，从而保证经济发展对自然资源的需求。

2. 自然资源可持续利用的"利用"是指自然资源的开发、利用、保护、治理全过程，而不单是指自然资源的利用。合理的开发、使用就是寻求和选择自然资源的最佳利用目标和途径，以发挥自然资源的优势和最大结构功能；而所谓"治理"是要采取综合性措施，以改造那些不利的自然资源条件，使之由不利条件变为有利条件；所谓"保护"是要保护自然资源及其环境中原先有利于生产和生活的状态。

3. 自然资源生态质量的保持和提高，是自然资源可持续利用的重要体现。自然资源的可持续利用意味着维护、合理提高自然资源基础，意味着在自然资源开发利用计划和政策中加入对生态和环境质量的关注和考虑。

4. 在一定的社会、经济、技术条件下，自然资源的可持续利用意味着对一定自然资源数量的要求。自然资源的可持续利用必须在可预期的经济、社会和技术水平上保证一定自然资源数量以满足后代人生产和生活的需要。

5. 自然资源的可持续利用是一个综合的和动态的概念。为了实现自然资源的可持续利用，必须对经济、社会、文化、技术等诸因素综合分析评价，保持其中有利于自然资源可持续利用的部分，对不利的部分则通过变革来使其有利于自然资源的可持续利用。

此外，自然资源的可持续利用还是一个动态的概念。随着不同的社会历史条件的变化，自然资源的可持续利用的内涵及其方式也呈现在一个动态变化的过程中。将自然资源的开发利用放在整个社会经济发展的宏观背景下，就会发现自然资源的开发利用所产生的利益是多方面的，因此研究"利益"问题是研究自然资源可持续利用的重要内容之一。从深层次上来看，自然资源可持续利用所追求的目标主要表现为经济利益与生态利益、目前利益和长远利益、局部利益和全局利益的辩证统一。

二、自然资源可持续利用的基本因素

自然资源以其特有的方式为人类提供着诸多产品和服务，是人类生存和发展的基础。自然资源持续利用观点的提出在很大程度上纠正了人们在资源利用问题上的理念偏差，同时也引发了人们对自然资源利用这一看似简单命题的重新认识。然而，一个国家或者地区的自然资源是否能够实现持续利用或者实现程度大小总会受到各种各样因素的影响，同时在这些因素中也存在着主要与次要的差别。

（一）资源丰度

资源丰度通常意义上指自然资源的丰富程度，既可指单项自然资源（如耕地、森林、煤矿和铁矿等）的丰度，也可指某类自然资源组合（如农业资源、能源资源或矿产资源等）的丰度，又可指某个国家或地区内各种自然资源的总体丰度。

资源丰度是影响某个地区自然资源能否实现持续利用的首要因素。自然资源在经济分析中可以看作生产活动所必需的资本，向人类提供了他们所需的产品和服务。不考虑其他因素的影响，资源丰度高必然有利于当地经济社会可持续发展的实现，反之亦然。这一点对于发展中国家和地区来说更是如此，因为其资本和技术相对稀缺，从而使自然资源成为经济发展的主要物质基础，资源丰度的大小与组合状况在很大程度上也就决定了当地经济发展的选择余地。

由于自然资源的形成受气候、水文、生物、地质、地貌等地带性或非地带性因素的制约，因此资源丰度通常表现为空间上的相对增强或减弱、集中或分散以及有规律的组合和质量演替等现象，这也是资源丰度具有很强的空间地域性特征的一个重要原因。自然资源利用的空间固定性决定了任何生物种群在不同空间生存当量的客观界定。资源丰度决定了人类总数增长可供利用的自然资源条件及其限度。

自然资源丰度的衡量由数量和质量两个层次构成。就数量层面而言，资源数量的多少最终取决于资源的自然供给。所谓资源的自然供给是指自然资源以其自然固有的属性供给人类使用，以满足人类社会生产和生活的需要。自然供给的数量是固定不变的，它规定了一个国家或地区实现其经济增长和社会进步所需自然资源基础的极限。但是自然供给这个概念也并不是一成不变的。由于人们认识水平的限制、技术水平的不足以及经济能力的有限，很多在当前条件下不能投入使用的自然资源在将来的某个时候可能会因为一些限制因素的变化而进入到人类的经济社会系统中来，从而使得自然资源供给的存量发生改变。但是就某一特定阶段来说，人们仍然可以假定资源的自然供给是一个不变的量。就质量层面而言，其衡量尺度则比较复杂。同一自然资源，不同的用途有不同的质，对质的抽象方面（如美学方面）更是因人而异。

质和量这两个概念的区别在于：量通常只有一种衡量尺度（如体积），但质则可以有多种衡量尺度，这些不同的属性影响着自然资源的使用价值，如化学成分、物理结构、美学属性等。矿物质往往用化学成分来衡量储备自然资源的质量（如矿石的品位和煤炭的灰粉），其评价标准比较单一。但就一般情况而言，在自然资源利用中，由于自然资源的多宜性特点，自然资源质量的评价并没有一个统一的标准。因此，人们对自然资源质量只给出一般性的定义，即自然资源对某种用途的适宜性大小。

（二）环境容量

广义上的自然资源可分为实物资源和环境资源两大类。实物资源包括土壤资源、生物资源、水资源、矿产资源等；环境资源则包括环境容量资源、景观资源和气候资源等，环境容量资源属其中的非实物态自然资源。

环境容量的大小对人类的经济行为起到制约作用。环境容量是指在人类生存的自然生态条件不受损的前提下，某一环境所能容纳的污染物的最大负荷量。一般而言，环境对外部影响有一定的反馈调节能力，因而在一定限度内环境不会因人为活动影响而遭受破坏，但超过一定的限度后，这种功能就会急剧地受到损害，甚至被彻底破坏，环境的这种承受"限度"就是环境容量。人类的资源利用在很大程度上是一种经济行为，经济活动对环境资源的"索取"和"干扰"不能破坏环境系统的正常结构和功能，否则超过承载力的环境将失去对经济的支撑力，经济系统与环境系统之间易形成令人生畏的恶性循环，即环境承载能力衰退会打击经济系统，使之也发生衰退。在此情形下，资金和技术资源的不足会使人类进一步以环境作为代价来获得所谓的非持续发展。由于生态退化的人工恢复在经济上的代价过大，因此生态退化一旦发生则往往具有经济上的不可逆性。依靠自然演进的恢复将是一个漫长的过程。

环境容量的重要性就在于它能够给自然资源利用设立一个什么样的最低安全标准。从某种意义上讲，自然环境是人类生产和生活所必需的一种生态资本。对生态资本的非持续利用会造成对自然环境的严重破坏，使不可逆性越来越明显，而最低安全标准则设立了一条由环境条件决定的分界线，用来表示自然资源开发所允许的程度。因此，一个国家或地区的环境容量大小就直接影响到该地区自然资源开发利用中最低安全标准的设立，并进一步决定了资源可持续利用的实现难易。从通常意义上讲，一个环境容量较优的地区要比较差的地区更易实现自然资源的可持续利用。

环境容量的大小与该自然资源生态系统的阈值大小有关。一个国家或地区有可能资源丰度比较高，然而如果资源环境容量较小，生态系统的阈值较低，那么依然会对自然资源持续利用的目标构成不利影响。我国历史上的黄土高原以及广大的北方地区，自然资源生态系统的退化现象十分严重。究其原因，人类不合理的耕作制度与森林砍伐固然占据主要地位，但是当地自然资源生态系统的阈值本身较低也是一个不可忽视的重要原因。

（三）文化理念

一种文明形态主要由文化、政治和经济三个侧面构成，其中文化是文明之精髓，而政治和经济则次之，后两者是文化精神的现实反映。在传统社会里，资源利用文化又是社会文化的主要组成部分，它对社会和经济发展往往起着重要保护作用。当代人生命延续和他们后代繁衍是资源可持续利用理念产生的源头。资源可持续利用理念本身也是一种文明能繁衍和发展的必要条件。一个国家的传统文化中，是否包含着基本的、朴素的自然资源和环境保护的思想因子，对激发人们的内在力量，从而采取可持续性的资源利用形式构成影响。如果一种文化缺乏资源可持续利用理念，那么它和相应的文明迟早都会遭到自然毁灭与历史淘汰。

根据现代生态学观点，人类的生存和繁衍既有赖于自然环境，同时又影响、改变和维持着自然环境系统，可以说人类既可保护和改善自然，又可损害和毁灭自然。人类以往和现在对自然环境的开发活动，给生态多样性及生态系统生产力所带来的威胁，将直接影响到人类自身的可持续性。所以，如何处理好人与资源、人与环境及人与自然的关系，解决好发展与限制的矛盾就成为人类可持续发展的关键。

（四）人口因素

人口与资源环境的协调发展是人类可持续发展的中心问题之一，资源经济学家在讨论自然资源问题时始终将"人地关系"作为研究自然资源问题的一个重要的出发点。人口因素与自然资源利用之间的关系错综复杂，其影响可以从人口数量、人口质量和人口分布几个层次来进行讨论。

人口数量对自然资源利用的影响是从总量层次上来研究人地关系与自然资源持续利用问题。

人口越多，对自然资源和环境的需求越大，客观上造成了对实现自然资源可持续利用不利的外部环境，更容易突破资源和环境的最低安全标准，造成对自然资源的掠夺性使用。从根本上来讲，人口数量的增加是造成自然资源消费量增加的主要原因。通常使用自然资源的人口承载力这个指标来衡量人口数量可能对自然资源持续利用实现程度构成多大影响。就人口与自然资源及环境关系而言，人口数量是人口系统各要素中导致资源、环境和社会问题产生的最重要原因。区域人口数量的膨胀和人均消费水平的上升，使区域总需求水平急速增长，对自然资源和环境造成了巨大的冲击，直接面临的是自然资源的短缺和环境的恶化。

人口分布也对自然资源的开发利用产生重要的影响，人口分布通常用人口密度这一指标来反映。人口分布理应与各地的自然资源条件相适应才能更好地促进可持续发展。自然资源欠缺地区的人口应向自然资源相对丰裕的地区进行流动，减少其自然资源的承载压力。人口稠密区，耕地开发利用程度高，自然资源利用集约化程度高，自然资源产出率高，非农用地比重大，人地矛盾突出。人口稀少地区则地广人稀，自然条件差，交通困难，劳动力缺乏，自然资源开发程度和集约化程度以及自然资源产出率较低。

（五）经济发展

经济发展与资源利用之间也具有很强的相关性，两者之间是一种辩证统一的关系。一方面，经济发展对自然资源需求的总量水平和结构水平均会产生重要影响；另一方面，经济发展又会对自然资源持续利用提供必要的技术和资金支持。一般来说，经济发展对自然资源利用的影响主要表现在需求总量水平的上升、影响资源利用结构的形成以及提供先进的技术手段和财力支持等几个方面。

经济发展过程中，经济产出增大的同时也必然伴随着对自然资源等投入性生产要素的生产和服务功能的大量需求。由于实现经济的集约型增长需要一定的客观条件，而对于很多处于经济腾飞阶段的国家来说，这个条件在经济发展的初始阶段并不具备。因此，从这点上来看，经济发展的目标与自然资源持续利用的目标不尽吻合。就经济发展对自然资源环境功能的需求来讲也是这样，经济的每一步发展意味着对自然资源原有生态系统的改变，经济总量的提高对环境容量和功能的提高有着进一步的要求。尽管人们可以通过积极有效的经济增长政策，利用工业、农业、服务业及其内部各产业部门对资源依赖程度的不同，把一个国家或地区的产业结构引向资源节约和污染防范的方向，从而在相当程度上缓和这一情况，但是并不能彻底地改变这一基本规律。

一方面，经济发展影响着区域自然资源利用结构的形成。产业结构是指各产业生产能力配置构成方式，可看成是各地自然资源状况（数量、质量和组合）在各产业间配置构成的方式。产业结构的演进引起自然资源在产业部门之间重新分配，导致自然资源利用结构发生变化。只有自然资源利用结构合理，才能保持自然资源利用系统良性循环，才能取得最大的经济效益。经济发展水平影响自然资源的利用方式和结构。另一方面，经济发展通过提供先进的技术手段和财力支持客观上又有利于自然资源可持续利用目标的实现。这一条包含着两方面的含义。①人类经济发展未能达到一定程度时，人类所掌握的技术手段和拥有的财力是有限的，因而不允许也不可能对人类生产和消费过程中出现的污染情况进行处理，这种情况只有在人类社会的经济发展达到一定程度后，才有可能得到根本性的改变。②先进的技术手段和财力支持是否能够应用于污染的防治和处理还取决于人类的效用集合中技术、资本和自然资源三者效用的相对大小；而只有在人类的经济发展达到一定程度后，自然资源提供给人类的效用才有可能上升。

（六）技术进步

人类发展的历史表明：在人类的历史长河中，科学技术在改变人类命运的过程中具有伟大而神奇的力量，当人类面临着较大困难时，往往都因技术上的突破而得到解决。一个国家技术发展水平和应用程度将直接影响自然资源开发利用的广度和深度，其对自然资源利用的根本作用在于自然资源利用效率的提高，使生产要素或经济自然资源的本身性状进行了改变。如无力开垦的盐碱地、沼泽地、滩涂等变成耕地或其他形式的用地；无土栽培或沙漠灌溉使不毛之地转化为农业用地等。技术进步的同时，通过对经济资源配置的优化，即经济管理的进步来改变经济活动中各类资源形成生产过程的组织形态或相互结合的状态，从而形成结构效应，包括宏观上的资源配置优化（产业结构的优化）以及微观上的优化（企业有效的经营管理）这两个相辅相成的方面。

需要强调指出的是，科学技术往往是一把双刃剑。科学技术在给人类带来巨大物质财富的同时，也带来了大量的污染，使自然资源的生态环境受到了巨大的破坏。解决这一问题的核心在于人如何认识、掌握、发展和应用科学技术，使之与对人类福祉的追求并行不悖。

具体到自然资源利用上，判断一项技术在自然资源利用中是否具有可持续性，能否保证自然资源的永续使用时，可以从以下几个方面提供依据：①这些科技的应用可以实现自然资源的集约利用，以抵消日益紧张的人地关系的影响；②这些科技的应用可以带来环境风险的显著下降并达到费用—效果的优化，同时与现有的自然资源利用技术相比，还能具有较优的经济效益；③采纳这种技术可以同时带来社会效益和厂商、个人效益。

第四节 可持续发展的资源观

可持续发展资源观的核心是资源的可持续利用。一个完整的资源可持续利用观应包括：资源的价值观、资源的伦理观、资源的科技观和资源的生态文明观。它们相互联系，相互作用，形成了一个完整的可持续发展资源观体系，是可持续发展的基础和资源开发利用实践的前提。树立正确的资源观，有助于人们制定正确的资源开发政策，保证资源的永续利用。

一、树立可持续发展的资源观的前提

（一）正确认识人与自然的关系

要做到合理开发和保护自然资源，树立正确的可持续发展的资源观从而指导发展战略，首先要解决对资源的认识问题。长期以来，人类把自然界看作异己的力量，是对立的实体，人类是一边，自然是另一边，双方对立。基于这样的认识，人类对自然就不择手段地进行掠夺、改造和"征服"，只知索取，不知保护，只顾眼前，不顾长远，因此在开发利用资源的同时，带来了对环境的破坏。现在很多人都认识到这种对立的看法是错误的。现在大家理解到人类也是世界生态系统里的一员，人类与自然界是一个整体，如果人们一味地向自然界索取资源，排斥其他生物，最终必将破坏人类本身生存的条件，毁灭人类自己。所以，向自然索取的同时，要创造条件给它以补偿。在开发利用的同时，要进行保护，开发与保护要同时进行。今后的重要问题是要协调好人类活动与自然环境的关系，这样才能共同生存和发展下去。

（二）树立环境是资源的观点

环境资源观认为环境的各项因素是资源，环境的整体是资源的总和。各类环境因素，都是社会的自然财富和发展生产的物质基础。所以，人们进行环境保护并不只是消极地保持自然环境和生态平衡的天然状态，而是应该积极地在改造环境中合理利用资源，促进生态演进，建设优美的环境。

只有首先认识到这两个观点，才能更好地把握可持续的资源观，并以此来指导人们的工作。

二、资源的价值观

可持续发展要求摒弃资源无价值的思想。过去，一些经济学家强调自然资源是大自然对人类的恩赐。实际上在人类社会活动的触角已伸到地球每一角落的现在，自然资源没有印上人类劳动烙印的，已寥寥无几。实践证明，资源无价值思想是极其有害的，它是造成与资源有关的价格体系严重扭曲的重要原因，也是造成资源浪费的根本原因。

马克思主义政治经济学认为，一个商品的价值包括使用价值和价值两个部分。使用价值是商品的自然属性，价值是商品的社会属性。在构成自然资源使用价值的主要因素中，凡是纯属大自然的产物，如自然的丰饶度、自然地理位置是没有价值的，因为它们不是人类的劳动产物。而自然资源中附加的人类劳动显然是有价值的。附加的人类劳动越多，价值越大。因此，承认自然资源的价值，实质上就是承认人类利用、改造自然的历史，承认人类世世代代积累的劳动财富。

既然人们肯定了自然资源的价值，那么就要对它进行衡量，这便是自然资源的价格。构成自然资源价格的因素比较复杂，大致可分为自然本身的因素和人类劳动的因素两大类。

（一）自然资源价格的自然因素

构成自然资源价格的自然因素有：①自然资源的自然丰饶度。②自然资源的自然地理位置。③自然资源的有限性。自然资源的自然丰饶度及其自然地理位置虽然没有价值，但它对劳动生产率和自然资源的价格有重大影响。在其他条件相同时，自然丰饶度与价格成正比关系。自然资源的有限性是自然资源的一个重要属性，它与自然资源的丰饶性是相区别的。自然资源的丰饶性是考察某个地区、某一自然资源的内在属性。自然资源的有限性是指一个国家、一个地区以致全世界某一自然资源的总拥有量，是考察某一自然资源的整体。在一般情况下，自然资源的有限性对使用价值的影响不大，但是有限性会影响自然资源的价格，比如在淡水资源缺乏的地区，它的价格可能急剧上升。

（二）自然资源的社会因素

构成自然资源的社会因素有如下内容：①自然资源中附加的人类劳动。②自然资源的经济地理位置。在自然资源上附加了人类劳动所创造的经济地理位置，是制定价格的主要依据。③价格政策。价格政策是上层建筑对经济的干预。④影响自然资源价格的偶然性因素，例如与历史、文化有密切联系的自然风景资源，它的价格不是常规办法所能估算的。这些因素的作用是有区别的，不同的自然资源受这些因素的影响程度也是有区别的，而且，现在已经有社会因素对自然资源价格的影响越来越大的发展趋势。

自然资源的价格确立就是上述自然因素和社会因素在遵循价值决定价格和市场调节供需关系的规律下共同作用的结果。要树立资源的价值观，就要理顺与资源有关的价格体系，充分发挥市场对资源的调控作用，疏通资源的流通渠道和优化资源的流向。资源分为可再生资源和不可再生资源，资源的属性不同，其可持续利用的含义和途径也不同。因此，可持续性的可再生资源利用原则必须是利用率低于增殖率，才能保证资源的再生能力。不可再生资源的增殖，依赖于不断地发现新的可替代资源，利用新科技发展替代品和对资源进行不间断的重复利用。因此，在目前科学技术条件下，不可再生资源的利用原则只能是利用率低于发现替代品的增殖率，只能是改变生活方式，减少浪费，在资源所限定的范围内生存。

三、资源的伦理观

可持续发展对资源的开发利用和保护提出了公平性和共同性的原则，要求对资源进行伦理和道德上的管理和规范。首先，作为当代人不能肆意地开发资源，浪费资源，污染环境，破坏生态，使资源面临枯竭，生态环境面临崩溃的境地，使后代人失去了生存和发展的基础。其次，更不能存在一个国家或地区对另一个国家或地区进行资源的掠夺或通过不平等的贸易关系进行剥削。因而，要树立一个正确的资源伦理观，解决好资源在时间上的代际分配和在空间上的不均衡。可持续资源的伦理观包括两个方面。

（一）资源的代际公平观

代际公平是可持续发展的根本所在。人类社会的发展是一个世代延续的过程，人类将要在地球上生存相当长的时间，而地球上的资源毕竟是有限的。从人类历史发展潮流来看，后代人应该拥有同当代人同等乃至更好的机会，后代人的发展离不开先辈的知识以及财富积累，同样离不开资源，离不开地球上良好的生态环境。当代人在开发利用资源促进自身发展时，要为后代人的生存和发展着想，要适当考虑后代人的需求，真正从伦理上做到代际公平。资源的代际公平观要求当代人做到以下几个方面：首先，要求当代人管理好资源，进行资源的产权界定和资源的价值核算，以达到合理利用和节约资源。其次，要求当代人摸清资源的储量，保持资源总存量的动态平衡，考虑资源在时间上的增殖，保证后代人的资源水平。再次，要求当代人要对利用资源的行为进行补偿，资源是一种财富，当代人利用资源创造了更多的财富，应该从所创造的财富中提取一部分，为后代人的发展创立补偿基金。

（二）资源的区际合作观

在可持续发展中区际之间的合作是十分必要的。资源在空间上分布的不均衡性，势必造成资源在某一些区域丰富，而在另一些区域贫乏。每个区域的可持续发展都离不开各种资源的支持，因而必须加强各个区域之间的合作。为了共同的发展和繁荣，必须加强区域间的共同合作，真正从伦理上做到相互平等和彼此协调。从全球范围来看，首先，各国在占用和消耗自然资源的数量上存在着极大的悬殊。一般来说，经济发达地区具有科技、资金、人才等优势，而经济不发达地区具有资源、劳动力、市场等优势。这就为地区间的交流和合作提供了良好的基础。因此，一方面各地区要因地制宜地选择开发利用资源的途径，另一方面又要加强相互间的合作，达到共同的持续发展。

四、资源的科技观

可持续发展的内在动力是科学技术，其不断进步可以加深人类对自然规律的理解，开拓新的可利用的自然资源领域，提高资源综合利用率和经济效益，提供保护自然资源和生态环境的有效手段。对于缓解人口与经济增长和资源有限性之间的矛盾，扩大环境容量，进而扩大生存空间和提高生存质量，实现可持续发展的战略目标尤为重要。首先，科技进步扩大了资源的领域和增加了资源的存量。新资源、新能源的研究和开发改变了当今的资源和能源结构，如现在世界上核能发电的比率已近10%，如果能找到很好利用太阳能和海洋能量的途径，则前景更为乐观。紧缺资源的代用品或替代品的发现，又为解决资源的紧缺找到了出路。新的采矿和冶炼方法则降低了资源开采的品位，使原来难以开采的矿产，现在能够开采，相应地增加了资源的存量。通过发挥科技在资源利用中的作用，扩大了人类的生活、生产空间，人类正在向深海、荒漠和太空进军，寻找新的资源和能源，甚至探索在这些地方居住的方式。其次，科技进步加大了资源对人口、环境的承载能力。通过科技在农、林、牧、渔业中的应用，挖掘出各种资源的生产潜力，提高了产量和质量，直接改变了人的食物营养结构。在生产工艺、生产流程中新技术、新方法的开发和利用，节约了资源，提高了资源的利用率，而清洁生产和废物资源化的实施，治理了污染，保护了环境，增加了环境容量。另外，科学的管理方法的应用，优化了资源的配置，完善了资源的利用、保护和管理机制，规范了资源利用的行为。总之，科学技术的进步，促进了资源的可持续利用，增强了可持续发展能力。

五、资源的生态文明观

可持续发展要求走生态文明之路。一个生态文明社会的基本特征是，强调可持续发展，合理配置资源，对资源的开发投入补偿资金（补偿强度和有效性必须使生态潜力的增长高于经济增长速度）而实现良性生态循环，建立节约型的国民经济运行体系和生态化的生产力构型，建立以合理利用资源为核心的环境保护体系。可以说，资源的生态文明观是可持续发展资源观的最高层次。可持续发展是一个复杂的系统，资源、环境、人口、经济都是这个复杂系统的子系统，这些子系统之间的联系和相互作用主要通过两种生态系统来实现和完成，即以自然资源为主体的生态系统和以人类为主体的生态系统。以自然资源为主体的生态系统则对以人类为主体的生态系统具有强大的支持和承载作用，人类是社会生产和经济发展的主体，建设好以人类为主体的生态系统是可持续发展能力建设的关键所在。因而，可持续发展要求建设以人为本的超级复合生态系统，形成良性生态循环，最终走向生态文明社会。资源子系统和生态环境子系统都是可持续发展系统重要组成部分。资源与生态环境是相互依存、相互影响的，资源本身就是人类生存环境的一个重要组成部分；生态环境是资源生成的动力，生态环境的恶化反过来影响资源的生产力，保护好生态环境就是保护资源生产力。因而，在资源生产时，要做到资源的开发、消耗与保护相结合，开源与节流并举，塑造适应可持续发展的资源结构，形成资源节约型的社会氛围，并与生态环境始终处于协调状态。

第五节 我国自然资源可持续利用战略

中国是发展中国家，人口多，资源人均占有量低，且分布不均匀。所以，我们的发展战略必须适应我国的国情。

一、合理利用自然资源，实现中国经济可持续发展

（一）挖掘潜力，增加自然资源供应总量

人们在对资源尤其是不可更新资源进行使用时，必须本着"十分珍惜和合理利用"的原则。随着人类科学技术的发展，各种资源的储量也不断地发生着变化。我国领土广阔、资源种类多，但是分布不均匀，要求人们熟悉自然资源的潜力状况，为资源的可持续利用提供前提条件。否则，很可能会产生资源使用不当，有的地方资源闲置，有的地方资源利用过度，甚至破坏了生态环境。无论哪一种情况都抑制了社会的可持续发展，所以要加强资源调查，切实弄清我国的资源状况，为资源合理利用提供必要的依据。

（二）加强资源的培育与养护

除了对资源总量进行开发以外，人们还可以通过人工繁育和养护，有效增加可再生资源，通过提高利用效率，延长不可再生资源（矿藏）的利用持续时间。

二、开拓国外资源潜力，节约利用自然资源

国内要抑制需求，减少自然资源特别是不可再生资源的消耗。要在立足用好国内资源的基础上，扩大资源领域的国际合作与交流，充分利用国内及国外两个市场、两种资源，充分利用国际市场，适时适量地进口某些国内紧缺资源及成品，限制或禁止国内某些紧缺资源出口。利用我国人力资源丰富的优势，走充分利用劳动力资源的扩大再生产道路，发展劳动密集型产品出口贸易。

首先，要加强对国际资源的研究，为制定中国全球资源战略提供可靠的科学依据。其次，通过国际贸易和"资源外交"，增强资源进口能力。再次，调整对外贸易结构，保证中国短缺资源

的国际供给。最后，实行资源国际进口来源多元化战略，确保资源安全供应。

节约能源的途径主要有：

（一）发展资源替代

由于科技发展，有可能在生产中用一种物质代替另一种物质，而保持用途质量不受影响。如在建筑业中用钢铁、水泥代替木材，可以使资源循环利用；在制造电器时用塑料代替金属，用以节约重要资源，使之被用到更为重要的地方去；还可用廉价资源代替昂贵资源等。

（二）尽量延长产品生命周期

如果能够提高新产品质量，改进设计，提供良好的售后服务，延长产品生命周期，这就意味着减少原材料消耗，产生的废物减少。不仅可以节约资源，而且可以积累社会财富。

三、调整结构，合理进行资源配置

所谓资源配置是指各种不同自然资源在时间、地点、部门间量的分布关系。资源在各部门间的分配是由于它的特征及用途的可选择性特征，它会流向各被选择的领域，发挥其效用。某一经济部门在不同生产过程需投入不同的资源，且有一定的比例关系。调整自然资源在不同部门间的配置比例的目的就是要使既定资源在利用过程中产生最大的效益，从而提高资源利用的时间。

要实现自然资源在区域间的均衡配置，需要结合资源的自然属性和社会属性，充分考虑到以下不同层次的优势：

（一）自然资源赋存优势

即自然资源的储备情况，这是自然条件下的潜在优势，如山西的煤。

（二）开发优势

资源开发或开采形成的资源性商品优势。如矿产品优势、木材优势。

（三）资源加工优势

加工后形成的消费品或原材料优势。

由于我国的人均资源量少，要实现社会经济的可持续发展，就必须注意珍惜和保护自然资源，合理利用资源，发展资源节约型产业。必须逐步地改变传统的不可持续的生产方式和消费方式，建立资源节约型社会经济体系，选择有利于节约资源的产业结构和生产及消费方式。需要从生产和消费两个方面去建立资源节约型社会经济体系。在生产领域，制定和实施有利于节约资源的产业政策，通过产业结构的调整，减少对资源的消耗和浪费。要严格限制那些高消耗、高污染的企业和产业的发展，大力发展质量效益型、科技先导型、资源节约型企业，加快产业结构的升级。在消费领域，要提倡、引导崇尚节俭的消费方式。我国人民在衣食住行等基本消费方面应当采用方便实惠型，同时还要保证人民的生活水准逐步提高，过上高质量的生活。

同时，要对资源进行合理利用。首先，要求资源的开发必须以资源的保护为前提。其次，要在保护的前提下努力提高资源的利用效率（包括技术效率、产品选择效率和配置效率）。要努力提高每种资源的单位产出；要做好资源的优化配置，使每种资源都用得其所；特别对于我国来说是要用丰富的人力资源替代短缺的自然资源。再次，要依靠科技进步提高资源承载力，加强资源的综合利用。对于水资源、土地资源、生物资源等可再生资源而言，重点是要保证资源的可持续利用，对于能源资源等不可再生资源而言，重点是尽可能地提高资源的利用效率。

四、制定政策，促进自然资源可持续利用

在市场经济条件下，企业为了自己的利益，在决定生产、消费以及投资时，通常只考虑与自身有关的成本和收益，而往往不顾及环境污染问题，对治理污染、解决好资源有效利用和合理保护等方面存在严重问题，从而造成资源的浪费。作为经济发展重要基础的环境和资源，要达到合理的开发、利用和保护，最有效的手段就是制定和推行完善有效的环境和资源的法律、法规。全面实施可持续发展战略，需要法律的有力保障。所以，人们必须加强资源开发利用和保护的立法与执法。制定并完善相关的土地法、森林法、草原法、水法、矿产法等，运用法律手段切实为可持续发展提供必要的保障。

同时，人们也必须建立有效的行政管理机制，从决策的源头上控制住环境问题的产生。推行可持续发展评价制度是保证资源可持续利用的重要措施之一。通过研究可持续发展指标体系，制定评价方法技术指南，从而对资源开发利用和保护的政策、规划、活动进行分析和评估。一定要把环境保护作为一票否决制，并坚定不移地贯彻执行。各地、各部门在制定区域与资源开发规划、城市与行业发展规划、调整产业结构与生产力布局等重大决策时，必须综合考虑经济、社会和环境效益，进行充分的环境影响论证，避免走规划失误和"先污染后治理"的老路。不仅如此，国家还应该组织进行资源综合调查、勘探（包括土壤普查、林业普查、土地详查等）；制定资源开发利用和保护的规划和计划（如农业区划、土地规划）。利用政府的正确决策，将经济、社会发展与自然资源开发利用与保护相结合，以促进资源利用的可持续发展。

五、发挥市场对资源的配置作用

在计划经济时期，由于不能自由地依据市场需求对资源进行配置，将资源用到最需要的地方去，导致价格扭曲，资源浪费严重，利用效率不高。现行的经济核算在计算国民生产总值时，没有将经济增长造成的生态破坏、环境污染代价计算在成本之内，进行生产时自然资源不计价，不计折旧，不包括对自然资源现存量、使用量的统计，没有区别自然资源的增长和减少，导致对自然资源的忽视问题十分严重。所以，在计算生产成本时，必须把消耗的资源计算在内，必须利用价格机制来调节资源的配置。使自然资源价格准确反映其全部社会成本，从体制上进行深刻变革，完善资源权益制度，从体制上调动、保证各方保护资源、节约资源的积极性。应自觉利用价值规律和市场机制的积极作用，促进资源产业的发展。建立现代资源产权制度和资源核算制度，实现资源产业化管理，改变资源无偿或低价使用的状况，建立完善统一的资源市场，建立合理的资源价格体系，利用经济杠杆推动资源的合理高效利用。

六、依靠科技进步，建立节约型的社会经济体系

可持续发展战略的实施，需要当代先进的科学技术。只有大量采用先进适用技术和科学管理

方法，才能大幅度降低单位产量的能耗和物耗；只有依靠科学技术，才能开发出环境无害化的资源、能源利用和环境污染控制技术，如清洁生产技术、清洁能源和再生能源以及水污染、燃煤、二氧化硫控制技术和设备等；才能开发污染防治、清洁生产、生物多样性保护等技术，加速科技成果的转化和应用，提高资源和能源利用效率，加强除尘、脱硫、水处理和噪声防治设备的开发和产业化；只有依靠科学技术，才能提高经济发展科技贡献率和经济运行质量，实现经济增长方式的转变。从技术经济角度来看，过去更多地把环境保护的重点放在了污染物的"末端"控制和处理上，而忽略了污染物的"全过程"控制和预防。如果对可能出现的环境污染问题事先预防，环境面临的危害就会大大减少。

七、保护环境，走良性循环的资源道路（循环经济）

中国当前所有的环境问题，几乎都与人口过多有关，粮食、能源短缺，森林过度采伐，草场超牧，城市拥挤，居住条件难以改善，就业压力大，可耕地减少。比如，中国人均水资源仅为世界平均水平的25%，人均耕地面积仅为世界平均水平的43%，人均石油占有量仅为世界平均水平的13%。中国未来经济发展同资源不足的矛盾将日益突出。

要从根本上解决资源短缺的问题，必须把控制人口数量、提高人口素质放在第一位。面对知识经济时代严峻的国际竞争形势，我国必须尽快建立以企业、高校和科研机构为骨干的创新体系，着手建立与完善终身教育体系，改革学校教育，更新教材，更新传播知识的方式，在提高学员能力和素质上下功夫。在全社会真正形成尊重知识、尊重人才的社会风尚，使他们满怀激情地为经济建设服务，为实施"科教兴国"和"可持续发展"两大战略贡献自己的聪明才智。

同时，人们必须正视我国人均资源量少的基本国情，在全民中开展资源国情教育，牢固树立资源危机意识，强化珍惜资源、爱护资源、节约资源的观念。鼓励公众从我做起，从自己做起，从现在做起，自觉参加保护环境的活动，积极参加实施可持续发展战略的有关行动和有关项目，并建立可持续发展的世界观，用符合可持续发展的方法去改变自己的行为方式。可持续发展不仅仅是政府高层、学者、专家的事，不仅仅是有关人口、资源、环境等管理部门的事，它需要社会公众的共同参与；可持续发展也并不仅仅是出现在书本、杂志上的文字，它不应该只是嘴上说着环保，崇尚自然，而应该是一种踏踏实实的行动，是每个人的一种生活方式。只有当绝大多数人都从根本上改变不合理的价值观念和生活消费方式，自觉开始一种环保生活时，公众的环境意识才会形成一种真正力量，从而为可持续发展战略的实施提供无尽的源泉。

参考文献

[1] 李新民. 新形势下地质矿产勘查及找矿技术研究 [M]. 北京：中国原子能出版社，2021.

[2] 郭斌. 矿产地质勘探与地理环境勘测 [M]. 北京：中国商业出版社，2021.

[3] 王立峰. 地质工作方法概论 [M]. 北京：地质出版社，2020.

[4] 艾宁，向连格. 中国矿产地质志·宁夏卷·普及本·宁夏矿产地质 [M]. 北京：地质出版社，2019.

[5] 鲍玉学. 矿产地质与勘查技术 [M]. 长春：吉林科学技术出版社，2019.

[6] 陶平. 中国矿产地质志·贵州卷·金矿 [M]. 北京：地质出版社，2019.

[7] 王淑丽. 中国矿产地质志·钾盐矿卷 [M]. 北京：地质出版社，2019.

[8] 孙涛. 中国矿产地质志·镍矿卷 [M]. 北京：地质出版社，2019.

[9] 赵东宏，杨忠堂，王虎. 秦岭成矿带成矿地质背景及优势矿产成矿规律 [M]. 北京：科学出版社，2019.

[10] 尚红林. 中国矿产地质志·重晶石矿卷 [M]. 北京：地质出版社，2019.

[11] 王丽瑛. 天津矿产地质——中国矿产地质志·天津卷·普及本 [M]. 北京：地质出版社，2019.

[12] 姚炼，屈念念. 贵州省矿产资源潜力评价重磁场特征及应用研究 [M]. 武汉：中国地质大学出版社，2019.

[13] 刘如春. 安全安危话地质：百姓身边的地质学 [M]. 广州：华南理工大学出版社，2019.

[14] 吴雪琴. 江山地质 [M]. 武汉：中国地质大学出版社，2019.

[15] 成金华，吴巧生，余国合. 地质矿产工作促进生态文明建设研究 [M]. 武汉：中国地质大学出版社，2018.

[16] 赵文广. 安徽庐枞矿集区深部地质矿产调查与三维成矿预测 [M]. 北京：地质出版社，2018.

[17] 彭翼. 中国矿产地质志·河南卷·黑色金属矿产 [M]. 北京：地质出版社，2018.

[18] 毕颖出，程增晴. 矿产地质勘查研究 [M]. 延吉：延边大学出版社，2018.

[19] 熊先孝，曹烨. 中国矿产地质志·化工矿产卷·普及本 [M]. 北京：地质出版社，2018.

[20] 曾华杰，张红军，李俊生. 多金属矿产野外地质观察与研究 [M]. 郑州：黄河水利出版社，

2018.

[21] 李健强，任广利，高婷．西北地区矿产地质遥感应用研究 [M].武汉：中国地质大学出版社，2018.

[22] 张金带．中国矿产地质志·铀矿卷·普及本 [M].北京：地质出版社，2018.

[23] 张慧，王常微，熊兴国．贵州省矿产资源潜力评价成矿地质背景研究 [M].武汉：中国地质大学出版社，2018.

[24] 姜志刚，王红菊，韩久会．地质矿产与环境保护 [M].北京：北京工业大学出版社，2018.

[25] 王刚，王学武，李明晓．地质矿产与环境保护 [M].北京：北京工业大学出版社，2018.

[26] 崔放，王耿明，王宁涛．中南地区遥感地质及矿产资源潜力评价应用 [M].武汉：湖北人民出版社，2018.

[27] 盛继福．中国矿产地质志 [M].北京：地质出版社，2018.

[28] 王登红．中国矿产地质志 [M].北京：地质出版社，2018.

[29] 董王仓．陕西矿产地质——中国矿产地质志·陕西卷·普及本 [M].北京：地质出版社，2018.

[30] 董福辰．西北地区重要矿产资源潜力分析 [M].武汉：中国地质大学出版社，2018.

[31] 赵平．新时代煤炭地质勘查工作发展方向研究 [M].北京：科学出版社，2020.

[32] 王义忠．地质勘查工作高新技术研究 [M].北京：北京工业大学出版社，2019.

[33] 马腾，张翠光，余韵．2018 地质勘查进展 [M].北京：地质出版社，2019.

[34] 方敏．2018 年度全国地质勘查行业发展报告 [M].北京：地质出版社，2019.

[35] 马腾，王尧，张翠光．2017 地质勘查进展 [M].北京：地质出版社，2018.

[36] 崔银亮，豆松．云南铝土矿地质与勘查 [M].北京：科学出版社，2018.

[37] 柳青．新时代地质勘查安全生产应知应会 [M].北京：地质出版社，2018.

[38] 刘三昌．地质勘查单位会计制度改革研究 [M].北京：地质出版社，2017.

[39] 赵云胜，周兴和，曾旺．地质勘查安全生产常用法规与标准汇编 [M].北京：气象出版社，2017.

[40] 岳永华．辽宁省地质矿产勘查局科技论文集 [M].沈阳：辽宁人民出版社，2017.

[41] 周四春．X 荧光勘查技术及其在地质找矿中的应用 [M].北京：科学出版社，2017.

[42] 单平基．自然资源权利配置法律机制研究 [M].南京：东南大学出版社，2020.

[43] 刘金龙．自然资源治理 [M].北京：经济科学出版社，2020.

[44] 朱连奇，朱文博，时振钦．自然资源学 [M].开封：河南大学出版社，2020.

[45] 侯磊．西藏自然资源保护与管理 [M].成都：四川民族出版社，2020.

[46] 李显冬，孟磊．新中国自然资源法治创新 70 年 [M].北京：中国法制出版社，2020.

[47] 吴春岐．自然资源确权登记典型案例解析 [M].北京：中国大地出版社，2020.

[48] 许萍，吴雯彦. 自然资源资产审计问题研究 [M]. 北京：经济科学出版社，2020.

[49] 孙冀萍. 自然资源资产离任审计政策后果研究 [M]. 北京：经济管理出版社，2020.